当代城市规划著作大系

基于步行导向的城市公共活动中心区城市设计研究

Pedestrian-oriented Urban Design Research of Urban Activity Center

赵勇伟 著

U0286589

中国建筑工业出版社

图书在版编目（CIP）数据

基于步行导向的城市公共活动中心区城市设计研究/赵勇伟著. —北京：
中国建筑工业出版社，2017.7
（当代城市规划著作大系）
ISBN 978-7-112-20799-2

Ⅰ.①基…　Ⅱ.①赵…　Ⅲ.①社会活动-公共建筑-建筑设计-研究
Ⅳ.①TU242

中国版本图书馆 CIP 数据核字（2017）第 114356 号

本书首先从公共活动中心区与步行城市生活发展密切相关的三个基本城市设计维度——功能、空间和交通维度的整合切入，提出基于步行导向的功能融合、空间编织以及交通协同发展目标，并基于相关问题和机制的分析，提出相应的分维度整合模式和策略。随后从多维度整合、多层次整合以及多方利益整合三个不同视角，对基于步行导向的城市设计整合进行综合分析，试图建立基于步行导向的公共活动中心区整体城市设计框架，归纳总结基于步行导向的相关城市设计成果的综合落实策略。最后对我国城市公共活动中心区基于步行导向的城市设计发展趋势进行了展望。

本书可供城市规划设计人员及有关专业师生参考。

责任编辑：许顺法
责任校对：王宇枢　李美娜

当代城市规划著作大系

基于步行导向的城市公共活动中心区城市设计研究

赵勇伟　著

*

中国建筑工业出版社出版、发行（北京海淀三里河路 9 号）

各地新华书店、建筑书店经销

北京科地亚盟排版公司制版

北京市密东印刷有限公司印刷

*

开本：850×1168 毫米　1/16　印张：14½　字数：341 千字
2017 年 10 月第一版　　2017 年 10 月第一次印刷

定价：**45.00** 元

ISBN 978-7-112-20799-2
（30440）

序

改革开放以来我国城市发展成就有目共睹，对城市生活环境及其品质的要求也越来越高。城市化、机动化的快速发展，导致机动车交通迅猛发展，人车冲突矛盾日益凸显。而机动车导向的解决思路过度关注车行效率，忽视步行者的需求和舒适度，造成城市环境可步行性的普遍缺失。

城市生活的主要魅力就在于能为市民提供高品质的步行城市生活环境和多元化的步行城市生活体验。纵观历史，大多数传统城市都很适宜步行，当前我国城市不管规模大小与经济发达程度，步行和自行车出行仍然是非常主要的交通出行方式之一。因此，在顺应机动车交通发展的大背景下，如何改善和提升城市步行环境，引导步行城市建构，乃是当务之急。

赵勇伟的这部著作基于以步行为导向的城市设计理念，通过步行与多维度城市设计要素之间的互动机制研究，对城市公共活动中心的整体步行城市生活建构进行了深入剖析，其综合性的研究视角和系统化的研究思路，对高密度发展背景下的步行城市生活单元建构研究，具有积极的启发意义。

赵勇伟是我的博士研究生，在深圳大学从事教学科研、规划设计实践多年，积累了较为深厚的城市设计理论研究基础和丰富的城市设计实践经验。他以在职攻读博士学位为契机，对我国城市公共活动中心区的城市设计进行了系统梳理，借鉴国内外相关理论研究成果和实践经验，提出了基于步行导向的城市设计理论框架，对相关研究和实践具有较高的参考价值。本书正是在其博士论文《基于步行导向的城市公共活动中心区城市设计研究》的基础上，经过进一步优化、完善后面世的。这一著述拓展了我国城市设计理论研究的人本主义导向，也具有较强的针对性和实际可操作性。

当然，基于步行导向的城市设计研究并非一个全新的课题，在中国城市发展转型的大背景下，如何在这个相对传统的城市设计研究命题中注入更多的人文关怀、时代特色和地方特质，并拓展到更广泛的城市发展区域，还需要做更多的研究工作。希望本书能够引起学界对这一课题更多的关注和更深入的研究，从而进一步推动我国城市设计研究和实践的步行和人本主义导向转型。

是为序。

中国工程院院士 何镜堂

目　　录

第 1 章

问题的提出

1.1 研究缘起：步行城市生活的解构和异化

1.1.1 我国城市步行城市生活发展中的异化图景

传统城市以步行城市生活为主导，步行者和马车是城市空间的主角，因而逐渐形成基于步行尺度的城市：各种城市功能在步行可达的范围内集聚，城市空间也以步行的尺度展开，紧凑、连续、细密的城市肌理充分适应慢速的步行城市生活需要；各种城市生活需求在步行尺度范围内得以实现，居民也在步行可达的范围内建立基本的社交和人际网络，往往在步行活动过程中，就能遇到各种各样的熟人和朋友，偶尔也会驻足交谈。这种基于步行尺度的城市，很好地满足了市民多样化、人性化的城市生活需求。

工业革命以来，随着汽车的出现和逐步普及，传统的步行城市发展格局逐渐被解构。大量机动车交通的发展，以及对速度和效率的过分强调，与传统的适应步行的城市系统发生了冲突。如狭窄、弯曲的中世纪道路，为了适应机动车的通行需要，被取直、拓宽；为了凸显机动车的速度和效率优势，各种城市功能也没有必要再进行基于步行尺度的集中（况且，工业化初期城市快速膨胀带来的功能混杂，的确给城市生活带来了负面影响），而是划分为基于快速机动车交通联系的不同功能分区；顺应机动车交通发展的需要，城市道路结构也由细密均质的格网状向强调快速城市干道联系的等级式道路结构转变。

这些适应机动车发展需求的城市功能、空间和交通结构的转变，也带来了传统城市生活的异化。传统的社区、邻里联系被宽阔的城市道路和快速的机动车流所割裂，步行城市生活被局限在一个个缺乏联系的由城市主次干道限定的城市孤岛中，而在这些孤岛内，由于功能的纯化，已经难以支持传统丰富、多样的步行城市生活；同时，为适应机动车发展的需要，传统适应步行城市生活的人性化空间被解构，象征工业化成果的高楼大厦和作为副产品的环绕建筑的大量停车空间，破坏了传统城市中心紧密连续的传统街道生活界面；机动车的自由和可达性，给步行者留下的却是支离破碎的城市空间碎片。传统的为各种不同阶层和人群所共享的步行可达公共空间，逐渐被方便机动车驾驶者到达的特权空间所取代。

汽车并不是当代城市空间异化的唯一导火索，但毫无疑问，它是工业化革命以来城市发展异化的重要主线之一。以机动车为主导的发展，是以步行者的权利和自由为代价取得的，传统的步行城市生活逐渐被消解，重构，从而构成了当代城市普遍存在的步行城市生活异化图景。

这种异化图景在我国城市发展中也同样日渐凸显。近年来，随着城市居民收入和生活水平的提高，小汽车开始大规模地进入普通城市居民家庭，城市汽车的保有量迅速增加。机动车的迅猛发展，人多地少的城市发展背景，使我国城市发展中的各种矛盾更趋尖锐。基于以机动车为主导的发展理念和模式，众多的城市规划努力都致力于实现机动车在城市中的快速和便捷移动，对步行者及其人性化需求考虑缺失或不足，导致当前我国一些城市发展呈现明显的功能隔离、空间分异以及人文分层化图景。

功能隔离主要表现为满足日常城市生活需求的各种职能被人为分离，如一些公共和日常城市生活配套难以在步行舒适可达范围内满足，城市居民每天被迫在居住和就业地点之间奔波，或者为满足一些基本的城市生活需求，不得不借助机动车交通出行，城市居民的日常生活品质受到影响。

空间分异现象包括各种豪华社区与其他普通社区在城市空间布局上的隔离和对立，大量大尺度门禁社区对传统城市形态和肌理的割裂，以及众多小尺度城市失落空间对城市生活和公共空间多样性和复杂性的破坏等。

人文分层的主要体现包括：城市人群基于空间分异的阶层分化；单一功能片区内部相对单一的人群构成，无法激发社区生活的多样性和丰富性；人文分层还表现在城市公共交往空间缺乏，人际关系淡漠，不同阶层对立趋向激化等。城市发展中各种社会矛盾和利益冲突趋于激化，也对城市社会、人文的可持续发展带来挑战。

上述的步行城市生活异化图景，激化了城市发展中的潜在矛盾，降低了城市发展和融合所潜藏的经济、社会和人文发展效益，并对我国城市的可持续发展带来了挑战。

1.1.2 我国近年来城市发展观的逐步转型

改革开放以来，我国城市发展经历了持续的快速发展历程，尤其是一些沿海经济发达城市，城市建设速度可以用日新月异来形容。长期的快速稳定增长，使我国多数城市经济实力有了长足提高，一些城市的发展，逐步进入成熟期和稳定期，城市建设逐步呈现向精细化和可持续发展转型的需求和趋势。在这种背景下，我国城市发展理念和发展目标的转型已是大势所趋。近年来，我国政府相继提出在可持续发展观理念指导下的科学发展观、和谐发展观等新的发展理念和模式，反映到城市建设目标上，即是从传统的粗放建设型城市向高效集约型城市发展观念的转变，以及从以单纯经济发展为导向的GDP城市向以人为本的和谐城市发展观的转变。

1.1.3 步行城市——我国城市可持续发展转型的一种方向

所谓步行城市，有学者认为是"强调城市社区内部、社区之间、生活与工作场所，以及与休闲娱乐场所之间的步行或非机动车联系的城市"[1]。柯林·布南在《城镇交通》(Traffic in Towns，1963年) 一书中也指出："一个人可以四处走走看看的自由是判断一个城区文明质量的极有用的指针。"[2]笔者以为，步行城市不仅仅是对城市内部基于步行或非机动车联系的发展特征的描述，它更凸显了城市发展的一种综合理念，即对步行者的人本关怀理念、可持续的城市生活方式理念和基于多方利益协调的和谐发展理念等。步行城市不仅仅关注城市步行环境的改善，更应关注基于步行城市生活的城市经济活力和人文和谐发展。

在城市发展观转向的大背景下，我国城市发展有必要从以机动车为主导的传统发展思路，转向对步行者友好及关注其步行城市生活需求的人本化发展理念，重构城市中的步行城市生活及其活力。因此，建构步行城市将是未来我国城市可持续发展转型的必然选择。

步行城市的建构涉及不同层面的城市综合发展努力。首先，在宏观层面，需要建立城市整体的步行系统规划。欧美许多城市，在城市层面规划建设了整体的步行和自行车网络。连续的步行和自行车线路将城市的各种活动节点和出行目的地联系起来，形成与机动车线路相对独立的完整的城市步行网络。如多伦多的城市"发现之旅"是涵盖了从繁华的市中心，到遍布全市各地的完整的步行生态网络，为各城市分区及社区的居民提供了良好的步行城市生活便利和优质的步行城市生活环境。美国历史名城波士顿，也在市中心设立了自由漫步之旅的步行线路（图1-1），以连接市中心内美国独立运动时期的一些重要历史建筑和景点，通过对沿线环境和景观的持续改善，该线路成为游客和市民喜爱的城市步行走廊，并为城市带来不菲的旅游收益。

图 1-1　美国波士顿自由漫步之旅线路图

来源：《Urban Design-a typology of procedures and products》，p85

　　同时，各种支持步行城市生活的城市发展政策也需要逐步建立或完善，如鼓励公交和步行优先发展的综合交通政策、推动基于轨道交通站点的 TOD 发展模式、通过提高私家车购置费用和使用费用等一揽子政策来限制私家车的使用等；此外，在公共空间和日常城市生活设施的规划布局方面，也需要充分考虑其步行覆盖率，使多数市民能够方便地通过步行就近到达。

　　其次，在中观层面，需要落实和完善城市步行单元规划，并强化城市各步行单元之间的步行系统联系。所谓步行单元，是指内部具有相对完整的生活空间和步行联系的城市生活基本发展单位，步行城市生活空间网络往往由作为基本城市生活单位的步行单元以及联系各步行单元的多层次步行系统共同组成。

步行单元内部，需要运用多层面的策略，推动适于步行城市生活的步行社区建构。如公共交通的改善、人车平衡措施的落实、交通管理的改进以及促进多样化功能的混合等，这些步行社区层面的努力直接改善了社区居民的日常步行出行环境，有利于多层次的步行城市生活单元的建构。

最后，微观层面步行城市环境的改善和提升，如步行街道环境的改善，步行过街设施设计以及人性化的步行指引系统设计等，都是提升步行者体验和步行城市品质的重要组成部分。

欧美城市发展多经历了大规模机动化发展的时代，为了适应机动化发展的需要，也走过一些弯路，如机动化发展背景下形成的城市发展的无序蔓延以及对传统城区大拆大建的破坏性建设等。也正是因为有这些发展教训，当前的欧美城市发展主流，是鼓励和推动城市以步行和公共交通为主导的绿色交通体系，采取人车配合的交通安宁策略，鼓励步行城市生活发展。如步行和自行车出行等非机动方式大约占到德国城市出行的40%以上。德国鼓励非机动车交通方式的、利于步行城市的政策有：将居民区的车速限制到30公里/小时以下，并通过变窄街道，拓宽人行道、非机动车道等削减交通量，吸引交通分流到步行和自行车等出行方式上；所有的德国城市，甚至是一些小城镇和乡村，在主要购物区和传统的城镇中心都设有小汽车禁行的步行区。在大多数步行区，步行和骑自行车可以到达核心地带，但小汽车必须停在步行区以外的停车场或停车库。城市修建了大量的步行道、自行车专用路和专用道，行人和自行车享有交通信号优先权。征收小汽车拥有和使用税，使国内部分低收入的小汽车使用者开始转向非机动交通方式。

又如法国小城斯特拉斯堡着重于提倡公共交通与步行优先的规划整治活动。通过公共交通条件的改善与城市管理，最终完全封闭了市中心的机动车交通；带状城市公共空间沿着主要的轻轨线路发展，使得市中心成为一个步行者的天堂：那里有狭长弯曲的街道，历史遗迹，传统建筑，散发着迷人的中世纪风情。而我们的近邻，韩国首尔近年来也提出将汽车为中心的交通政策逐步转变为以人为中心的交通政策的目标，提倡要重新认识步行的重要性，建立一个尊重残疾人和老弱者的交通体系、一种尊重生命的交通文化[3]。

当前在城市发展观念转型的背景下，我国一些城市发展也已经开始逐步重视步行和公交在城市生活和交通体系中的地位和作用。2002年6月21日，中国第一部以政府名义公开发表的《上海市城市交通白皮书》正式"面世"，白皮书明确将步行系统作为一体化交通体系的一个重要部分加以完善。同时，北京、上海、深圳、广州等地区中心城市，都已经或者正在制定相关的城市步行发展规划。以深圳为例，深圳于2005年相继开展了城市公共空间以及城市步行系统的规划设计研究，并提出落实城市步行系统规划的若干重点步行单元建设的建议。

1.1.4 城市公共活动中心区是步行城市生活发展和落实的重要地区

在城市多样化的步行城市生活地区中，各级城市公共活动中心区，汇聚了城市重要的商业、商务及文体娱乐活动，步行活动类型多样，步行频率和强度相对较高，在城市公共生活和公共活动中扮演重要的角色，是步行城市生活发展的核心地区之一，其步行城市环境的改善和可步行性的提升，对城市整体发展具有多层面的意义。笔者将其总结为以下几个层面：

（1）经济意义

城市公共活动中心区往往是城市重要的经济运作中心，城市公共活动中心区的高品质步行城市生活，能够吸引更多的人群和消费需求，带动城市商务、商业、旅游以及知识型、创意型经济产业等的发展和繁荣，拉动和吸引城市投资；同时紧密的步行城市生活联系，也相应带动区内的集聚和联动发展，提高公共活动中心区经济发展的整体效益。

（2）城市形象意义

城市公共活动中心区也是城市发展实力象征，是城市发展形象的集中展示地，也是公共城市生活相对集中的城市客厅；城市公共活动中心区步行城市生活的发展，以及城市公共活动中心区生活环境品质的提升，作为城市竞争力的软环境评价指标之一，往往是一个城市综合竞争力和活力的形象展示。

（3）社会人文和谐发展意义

城市公共活动中心区的步行城市生活，促进了城市不同阶层和人群之间的交流和交往，带动了城市社会、人文生态发展的繁荣和特色化；多阶层共享的城市公共空间和步行城市生活，有利于激发市民的开放性心态，推动民主、多样化、有创造力的城市人文精神的孕育和繁荣；步行城市生活及其活力，也能够激发市民对城市的自豪感、认同感和归属感，提升市民的行为和道德素质，推动宽容、互助的社会交往和合作氛围等。

自 20 世纪六七十年代开始，面对日益衰败的城市中心区，欧美城市试图通过对城市中心区的步行化整合，带动内城的经济、社会和人文复兴，吸引居住人口重返城市公共活动中心区，以对抗城市郊区化无序蔓延的发展趋势，并带动了城市整体的可持续发展。如丹麦哥本哈根市，通过长期不懈的对城市中心公共环境和步行城市生活的改善，使哥本哈根成为一个以人为本的城市发展模式转变的典范。哥本哈根市中心在机动车迅猛发展的 20 世纪五六十年代，其面临的城市发展问题与当前我国许多城市中心面临的处境非常类似："直到 1962 年，市中心所有的街道都挤满了机动交通，所有的广场也被用作停车场。战后机动交通的猛增使得市中心步行条件迅速恶化"[4]。通过数十年的持续不断的努力，哥本哈根市中心的面貌发生了巨大改变，市中心为步行者提供的公共空间从 1962 年的 15800m² 增加到 1996 年的 95750m²，传统的城市中心街道肌理和历史建筑得到有效保护，市中心的步行流量持续增加，各种活动和事件增加了市中心的活力，市中心逐步发展成为历史特色和现代人文魅力相结合的活力场所（图 1-2）。类似的案例在欧美城市中心复兴努力中不胜枚举，城市中心通过对步行环境的改善以及综合的对步行城市生活的支持努力，取得了显著的综合发展效益。

当前我国一些城市公共活动中心区发展中普遍面临活力不足，整体发展效益不高等问题，这与区内步行城市生活及其活力不足密切相关。因此，我国城市有必要借鉴欧美城市公共活动中心区发展的经验和教训，在城市公共活动中心区发展中通过综合的城市设计策略，重塑步行城市生活活力，这也构成了本书研究的切入点和主要内容。

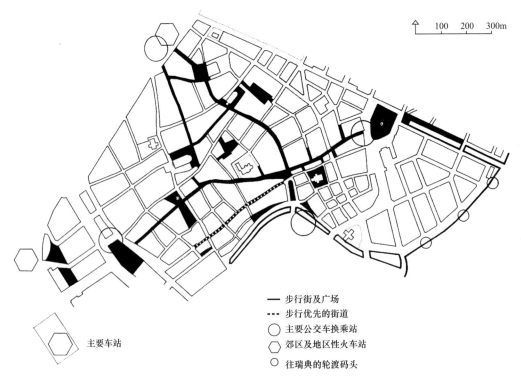

↑ 100 200 300m

—— 步行街及广场
- - - 步行优先的街道
◯ 主要公交车换乘站
⬡ 郊区及地区性火车站
◯ 往瑞典的轮渡码头

⬡ 主要车站

图1-2 哥本哈根市中心步行网络系统
来源：《公共空间·公共生活》p.11

1.2 研究对象——城市公共活动中心区的界定

1.2.1 城市公共活动中心区的概念

国内学者对城市公共活动中心区的相关学术定义，主要包括：

(1)《城市规划资料集》对城市公共活动中心的界定为[5]：

• 城市公共活动中心是城市开展政治、经济、文化等公共活动的中心，是城市居民公共活动最频繁、社会生活最集中的场所；

• 城市公共活动中心是城市结构的核心地区和城市功能的重要组成部分，是城市公共建筑和第三产业的集中地，集中体现城市的经济社会发展水平，承担经济运作和管理职能；

• 城市公共活动中心是城市形象精华所在和地区性标志。一般通过各类公共建筑与广场、街道、绿地等因素有机结合，充分反映历史和时代的要求，形成富有独特风格的城市空间环境，以满足居民的使用和观赏的要求。

(2)潘海啸等认为[6]，城市公共活动中心表现为城市公共服务（包括零售用途、商务办公）功能的集中点（区），从市级公共活动中心到社区中心的各级城市公共活动中心则形成城市公共活动中心网络系统。

从国内学者的相关定义中可知，对公共活动中心的界定，主要着重强调其公共活动内涵，以及为市民提供公共服务的功能和空间核心特征。城市中的各级、各类公共活动中心区，尽管其规模、主要功能构成以及发展背景和发展特征都呈现多样化的特征，但它们都具有一个共同的特征，即都是各种公共活动发展和集聚的中心，是市民进行公共交往、交流的集中地。公共活动和交往是各类公共活动中心区形成和发展的基本动力。

欧美城市公共中心研究中，与城市公共活动中心区对应的是 Urban Activity Center，其界定往往以单位面积的就业密度和总就业人口作为公共活动中心边界界定的标准。相关的界定主要有以下方法：

（1）在交通分析区（Transportation Analysis Zone）的基础上，单位面积就业密度和总就业人口超过一定阈值的地区，如 Guiliano and Small（1991）在对南加利福尼亚州的郊区公共活动中心的界定中设定的标准是：每英亩就业人口不少于 10 人，总就业人数超过 10000 人。

（2）也有学者不同意用一个统一的阈值设定来衡量不同类型的公共活动中心，而是倾向于采取相对比较的方法，即公共活动中心是就业人口和就业密度与周边地区差异明显的集中就业核心。

（3）在（1）的基础上，综合考虑不同就业职能对区内交通出行需求的影响动力，如假设产生相同数量的就业人口，商业职能吸引的交通出行需求就远大于高科技产业职能，区内不同的职能内容及其构成比例因而也影响对公共活动中心区边界的界定[7]。

近年来，基于对城市公共活动中心区公共活动及其活力的关注，欧美城市公共活动中心区研究中出现了一个新理念——中央活动区（CAZ，Central Activity Zone 的缩写），中央活动区的概念更强调公共活动中心区的公共活动职能本质，代表了欧美城市公共活动中心区研究的理论发展新趋势。

综合国内外的城市公共活动中心区定义，可知城市公共活动中心区与城市中心的概念有差异。传统的城市中心概念，是一个相对宽泛的城市中心地区的指称。霍伍德和博伊斯1959 年提出城市中心的核—框（Core—Frame）结构。从功能上而言，城市中心框结构是核的补充与支持，为其提供多方面的辅助和服务空间。核、框在土地利用类型、强度、发展属性、发展趋势、城市景观和空间形态等方面，都有较为明显的差别，但实际上它们又是相互联系的整体。在城市中心的核—框结构中，与框相比，城市中心的核部分，公共空间和公共活动的集聚最充分；同时，由于各种中心职能在核部分的高度集聚，核部分的步行出行需求的量和强度，也要明显高于周边的辅助服务地区。因此，笔者认为，相对于城市中心概念的宽泛性，城市公共活动中心区的指向更为集中和紧凑，即它是城市公共活动集聚最充分，城市生活活力最集中的城市核心地区，更接近于城市中心核—框结构中的核部分（图 1-3）。

在相关概念基础上，对本书所研究的城市公共活动中心区概念作如下界定：

（1）公共性界定

公共活动中心区是城市及其特定地区公共城市生活的核心。因此，公共活动中心区应能为不同阶层的使用者提供服务，满足城市居民多样化的城市生活需求，而不仅仅是针对某些特殊阶层的"贵族区"。它应该是完全对所有市民、旅游者和其他人群开放的公共地区，而不是进入或使用受到限制的特殊"公共空间"。

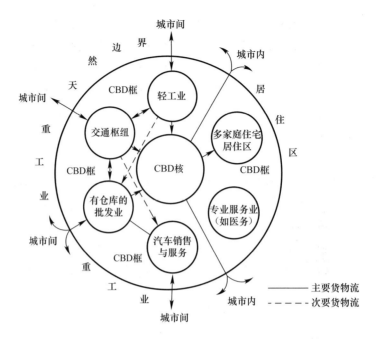

图 1-3　城市中心的核-框结构

来源：城市中心区规划［专著］吴明伟著. 南京：东南大学出版社，1999：191

（2）功能界定

从欧美的相关界定研究中可知，平均就业密度和总就业人口是界定城市公共活动中心区及其边界的重要依据，但由于不同等级城市公共活动中心区的平面尺度、功能构成差异较大，设定一个普适化的就业人口或就业密度阈值，并不适用于所有等级和规模的城市公共活动中心。因此，本书中倾向于采取第二种定性化的界定方式，即公共活动中心区应具有远高于周边地区的就业密度和就业人口，以商务办公、商业零售、休闲娱乐、文化体育及其他公共服务设施为主，居住功能相对较弱，是各种城市公共活动中心区职能高强度混合和集聚的功能核心发展地区。我国近年来一些城市中心开发中，存在一些以居住社区为主导的功能混合地区，尽管这些地区在城市中心区规划范围内，但并不在本书讨论的公共活动中心区范围。

（3）空间形态特征界定

公共活动中心区往往位于特定城市地区中的地价峰值区段，因此，开发强度较高，各种城市功能空间、交通空间和生活空间在区内高强度交叠和融汇，在空间形态上也表现出与周边城市地区差异明显的高密度、立体化发展趋向和特征，因此，普通市民往往可以通过直观的观察就能够大致确定公共活动中心区的范围，如更为细密的城市街坊/地块肌理、相对集聚的高密度发展和向高空发展的明显区别于周边城市地区的城市轮廓线等。

（4）公共交通支持特征界定

公共活动中心区由于集聚了大量的人流、物流、交通流以及高密度的公共活动，其交通组织效率是公共活动中心区运作效率的主要依托。基于公共活动中心区职能的辐射性，公共活动中心区主要通过吸引其辐射范围内的人流和各种经济、政治、文化和交流活动等，来维持其活力。大量人流在短时间内的快速聚散，已经远非普通的机动车交通所能承担，而是需要大容量的公共交通的支持。因此，公共活动中心区应具有城市或特定地区最高的交通可达性，如与快速城市干道的联系、地铁或轻轨、BRT 等大容量公共交通枢纽对公共活动中心区可达性的支持等。

同时，公共活动中心区也应有多元化的交通支持设施，为到达或离开公共活动中心区的城市居民提供多样化的交通工具和交通出行选择；除了借助大容量公共交通到达公共活动中心区以外，周边城市地区的市民也可以通过步行或其他交通工具，方便地到达公共活动中心区内部，如私家车、普通公交、的士、自行车、步行以及其他辅助交通工具等。总的来说，公共活动中心区应具有城市或特定地区最高的综合可达性。

（5）较长的发展时间界定

一个成熟的公共活动中心区的形成，往往要经历较长的时间积累。即使公共活动中心区的物质环境能够在很短的时间内建成，但其历史和人文特质的培育，却往往不是一朝一夕能够完成。因此，公共活动中心区是一个较长时间范围内发展和积累的结果。借鉴梁江等对城市公共活动中心区的界定[8]，笔者以为，一个公共活动中心区与周边地区相比，应经历了一段时期的"熟化过程"，或者说，至少经历了 5～10 年的规划建设活动。

综上所述，本书研究的城市公共活动中心区是城市及其特定地区政治、经济以及城市公共活动相对集中的城市综合活力区段，是城市中步行城市生活需求最为集中和紧凑发展的步行活动核心，也是市民面对面交往、交流和聚会的公共交往核心；以及提供多元化城市生活服务设施的公共职能核心；同时也是各种城市新功能、新活动集聚以及相互激发的适宜场所。总之，公共活动中心区，可以视为城市或其特定发展地区中的公共活动"核"，并与步行城市生活有着内在的相互支持、相互促进的紧密联系。

1.2.2　公共活动中心研究类型的界定

每个城市里都有不同等级，不同类型的公共活动中心区。本书研究公共活动中心区的主要目的，在于通过基于步行城市生活的整合，重塑其公共性和活力，推动公共活动中心区内部多种城市功能的混合，加强其作为城市居民公共城市生活核心的地位。因此，从研究的典型性意义视角，本书对所研究的公共活动中心区类型也做了明确界定。

（1）功能类型界定：以提供一站式服务的综合性公共活动中心区为主

按照主导功能来分类，城市公共活动中心区可以分为行政/文化中心、商务中心、商业中心、交通枢纽中心、体育中心、博览/会展中心以及综合性中心等。

本书主要研究探讨以商务会展、商业娱乐、文化休闲职能为主导的日常性、生活性、综合性公共活动中心区；对于职能类型相对单一的公共活动中心区，如行政中心、交通枢纽中心、体育中心、博览会展中心等，并不是本书讨论的主要内容，或者将其纳入更大尺度的综合性公共活动中心进行研究。

（2）等级类型界定：以市级、分区级等高等级公共活动中心区为主

城市公共活动中心区按照服务的范围和对象不同，可以分为市级、分区级、社区级。

市级公共活动中心区为整个城市服务，提供面向整个城市乃至周边城市群的中心服务

职能，并作为城市发展的活力源泉和活力核心。由于市级公共活动中心区辐射到整个城市甚至更远的范围，其内部的城市职能要素级别较高，各种职能要素之间的相互作用也更为复杂，往往形成等级、层次复杂、相互交织的内部职能网络和对外的快速高效联系网络。

分区级公共活动中心区，是指为特定城市分区服务的公共活动中心区。如在大城市内部的各个行政区内，往往有相对独立的公共活动中心区，或者在新城的核心，也往往会形成为新城服务的公共活动中心区，一些相对独立的城市功能区内，也会形成相对应的公共活动中心区。分区级公共活动中心区，往往着眼于特定城市分区的活力发展需求，满足特定城市分区内部的各种公共性职能和活动的集聚发展需要，并成为特定分区内部的城市公共活动核心。

社区级公共活动中心区，是指为城市内部量大面广的各种社区服务的综合公共活动中心区。如各种居住社区、学校社区、产业集聚社区或一些综合社区，会在社区内部形成相应的支持性公共职能和设施的相对集聚，并逐渐发展成为为特定社区服务的社区级公共活动中心区。

特定城市、分区以及社区，都需要有相应的公共活动中心区，以满足相关的公共活动、交往、支持服务和经济集聚职能；同时，有的城市、城市分区或者社区，可能不只拥有一个公共活动中心区。因此，城市中往往存在不同级别、不同位置以及不同主导服务职能的多层次的公共活动中心区网络。正是由于城市中这些多元化、分层级、特色化的公共活动中心区的存在，才保障和支持了城市整体，以及城市内部各个单位的发展和运作活力，并形成和推动城市发展的多样性和活力化。如日本东京形成较为完善的多级公共活动中心结构（图1-4）。

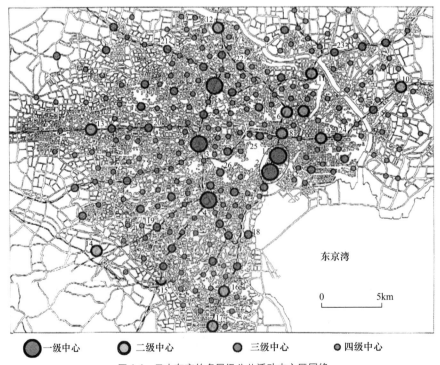

图1-4 日本东京的多层级公共活动中心区网络
来源：《城市规划资料集》，第6分册，p4

鉴于社区级活动中心需求的相对个性化，以及其功能和空间构成的相对简单化，本书没有将社区级活动中心作为讨论的重点；本书主要讨论和研究城市级和分区级公共活动中心区，其基本特征是：公共活动中心区涉及的影响因素复杂，矛盾较为突出，但这并不妨碍本书中讨论的基本原则和策略在社区级公共活动中心区的应用。

（3）多街区连续发展区段界定

当前一些城市开发中，一些单体建筑或者建筑综合体往往冠以"公共活动中心"的名称，这并不是本书研究的范畴。本书研究的公共活动中心区，其功能和空间往往在一个步行可达的区域范围内连续展开，其内部应包含连续的城市公共空间以及室外开放空间，以及由多个独立开发共同形成的多街坊建筑集群。一些较低等级或规模较小的公共活动中心区，往往由一条步行街或一个十字交叉街口组成，由于空间规模小，难以形成一个连续的城市公共活动"区域"，不作为本书讨论的重点。

1.3 研究的切入点——城市公共活动中心区基于步行城市生活的城市设计整合

1.3.1 步行及步行城市生活的界定

步行出行是最常见、也最有效的短途出行方式，并且也是比较简便的一种出行方式，其出行成本相对最低。因此，如果步行就可以方便地到达各种功能和设施，在适宜的气候、地理条件和步行环境支持下，人们就会乐于通过步行去使用这些功能和设施。同时，步行是最经济和大众化的出行方式。如杨·盖尔就认为，步行是一种便宜、低噪声、对环境友善的交通形式。它允许街道承担更大的交通容量[9]。

步行也是人类最基本的生活和交往方式。在步行活动中，可以随时停留与熟悉的朋友交谈，打招呼，或者随时加入各种活动之中；步行可以带来更多的城市生活乐趣，有许多不可预期的事件和活动可能在步行城市生活中发生，如与朋友的偶遇，与邻居的随意交谈等；步行过程中还可以遇到很多的陌生人，并可以自由地加入沿途的公共活动，或者在一旁饶有趣味地观察等。总之，步行是一种灵活的交往、体验和休闲生活方式，在步行中，人们可以灵活地调整步行的方向、速度和目的地，也需要调动全部的感官投入到所处的都市环境中，以获取个性化的步行体验和自主融入城市生活的满足感。步行是人们直接支配自身身体的出行行为，不需要特别的工具，也反映了步行者与周边环境的真实互动，人在步行中的行为往往是其社会角色的真实呈现。

当然，步行出行也有其局限性。首先，步行是一种慢速城市生活模式，而且步行活动出行的距离受到个人体力的限制，由于时间和体力的限制，一般而言，人们习惯于当目的地在步行的舒适距离之内时选择步行出行。只有在特定情况（健身、没有其他交通替代工具等）下，步行者才会选择超过舒适步行距离的步行出行（图 1-5）。一般而言，5 分钟步行路程被公认为较为舒适的步行可达距离。按照步行速度以 5 公里/小时计算，则 5 分钟路程为 417m。舒适的步行距离随着地区、年龄、种族、建成环境等的差异而有所不同，步行舒适距离与步行环境和品质有关，如 Richard Untermann 等城市设计师指出，通过创造舒适、有趣的城市空间和步行走廊，人们可接受的步行距离可以显著地增加[10]。一项实地调查也表明，在哥本哈根市中心（随着步行网络的扩大和步行环境品质的提升，笔者注），人们习惯了较长距离的步行。只有 9% 的人倾向于只走 1 公里或者更少的路程，一半被访者估计能走 1~3 公里，34% 的人可走 3~6 公里，7% 的人则超过了 6 公里[11]。可见，随着舒适的步行系统的扩展和延伸，步行舒适可达的范围也将逐步扩大。但一般而言，个人舒适的步行城市生活，往往局限在一个有限的尺度范围内。如扬·盖尔认为，大多数人都愿意一次步行 1 公里——再远就不行了，而一些保留相对完好的欧洲传统城市中心尺度，都反映了上述规律，即大约在 1km×1km（100 公顷）的范围内。如瑞典的马尔默市中心，占地 59 公顷；瑞士苏黎世市中心，占地 110 公顷；丹麦哥本哈根市中心，占地 115 公顷；挪威奥斯陆市中心，占地 98 公顷；瑞典斯德哥尔摩市中心，占地 125 公顷[12]。

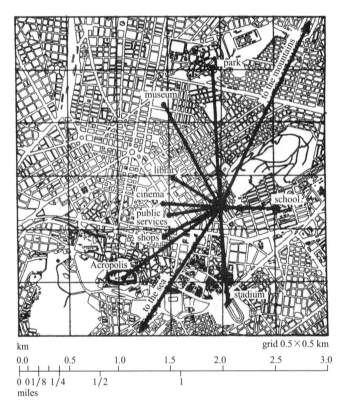

图 1-5　步行半径地图
来源：《城市设计手册》，p219

所谓步行城市生活，是指主要依托步行展开的各种城市生活行为，如购物、交往、休闲等。本书中的步行城市生活，不仅仅包括基于双脚行走的步行活动，还包括借助或使用各种非机动车交通工具（自行车、环保电瓶车、自动扶梯或自动步道等）完成的城市活动。步行城市生活依托步行及其他非机动车交通工具展开，是一种环保、节能，支持城市紧凑和可持续发展的城市活动类型和生活方式。

步行城市生活具有丰富的内涵，首先，步行城市生活需要综合的城市功能支持；其次，由于步行的慢速特征，步行者可以有充裕的时间观察和体验近人尺度的步行城市环境，对步行的便捷性、安全性、舒适性较为关注，对相关步行支持设施，以及丰富的视觉体验等环境品质要求也较高；最后，步行城市生活具有丰富的人文内涵，即在步行城市生活展开的过程中，有利于重塑城市公共空间和特色场所，促进社区交往和互动，支持有特色的地方人文生态的形成和发展。总之，步行城市生活是一种最为生活化的城市生活方式之一，它更多地代表了城市中的一种慢速生活方式和交往需求。

与传统城市以步行和马车为主导的时代相比，当代步行城市生活又具有新的特征。首先，当代步行城市生活，是建立在以机动车和快速公共交通为代表的高机动性基础上的步行城市生活，人们不仅仅在自己居住和工作地点周边步行可达的范围内展开步行城市生活，而且更多地借助机动车或公共交通等高速交通工具到达特定城市地点后，再展开步行城市生活。因此，当代城市发展背景下，城市居民开展步行城市生活的范围和可选择余地大大增强，这也使各级公共活动中心区在城市步行城市生活发展中的地位日益增强。

其次，当代城市发展的全球化、信息化背景，以及多元化人群和活动的高度集聚，使当代步行城市生活的复杂性和多元性显著提升：人们在步行城市生活中，面对的不一定是社区内部熟悉的邻居或朋友，更多的是来自不同地点，具有不同背景的多样化人群；步行城市生活区段内复杂的人群构成，与其内部多样化的功能需求、差异性的空间体验和多元化的交通组织模式相对应，共同构成了一幅复杂编织的现代步行城市生活新场景。

1.3.2 城市公共活动中心区基于步行城市生活的整合机制

基于便捷舒适的步行城市生活联系的公共活动中心区，其内部的各种发展和活动，由于步行城市生活的联系和整合作用，能够获得远远超出其中相互孤立的独立开发效益之和的综合性整合效益。这种综合性整合效益，主要依托以下内在发展机制形成。

（1）邻近性机制

公共活动中心区内部整体的可达性和中心区内部各功能和空间单位的邻近性，构成中心区功能和空间发展的基本动力。邻近性表现为中心区内部各种功能、空间以及活动的近距离依存关系。随着城市空间结构的网络化发展趋势，不同城市区位之间空间可达性的差异逐渐缩小，同时，信息化、网络化的发展也使中心区的区位优势和可达性优势的重要性逐渐削弱。在这种背景下，公共活动中心区范围内，邻近性的发展意义甚至可能大于可达性。

中心区发展的邻近性表现为相容或互补职能在空间上的自发集聚，这种集聚性在步行可达范围内表现得尤其明显，也就是说，地理位置的邻近和强有力的步行联系增加了功能和空间自发集聚的动力。因此，功能发展的邻近性有利于形成规模效应和集聚效应，以及相容职能之间的互补效应；中心区各种空间发展的邻近性，是功能发展邻近性的体现；同时，借助多层次的空间联系，加强和促进了各种邻近功能发展的联系和互动。

在单一功能的步行可达片区内部，邻近性只是单一功能之间地理位置的接近，无法激发多样性的城市生活；而基于多种城市功能的混合集聚发展，将使公共活动中心区的邻近性机制和效益发挥到极致：水平尺度的邻近性和垂直向度的邻近性相互交织，形成复杂的公共活动中心区功能和空间网络。

（2）联动性机制

邻近性激发了潜在的公共活动中心区发展联动性。所谓联动性，就是不同发展要素和发展单位之间的相互联系和互动。在公共活动中心区内，由于任何一点的功能、设施、空间、活动，都可以舒适地步行到达，就使中心区内部所有的功能、设施、空间和活动都具有了一种潜在的联动性。中心区任何一个角落的活动和功能，可能给中心区另一个角落带来潜在的消费人群或活动。中心区经济意义上的联动性带来功能、空间发展的联动性，以及开发、运营、维护等多层面的联动性，进而推动中心区内部城市生活的联动。只是在许多城市公共活动中心区发展中，这种潜在的联动性被漠视，甚至人为地被扼杀。

因此，公共活动中心区各种功能和空间单位的邻近性和基于步行城市生活的联动性发展特征，使中心区内部各种功能和空间单位的发展具有更直接的联系和互动，公共活动中心区发展的联动性不仅仅体现在中心区功能和空间实体环境发展的联动，还包括中心区场所和空间意象的联系和互动。公共活动中心区基于邻近性的发展自然形成整体，公共空间及其步行城市活动在其中扮演了联系介质的角色，多义性、丰富性和活力基于邻近性而生成，基于联动性而发展，强化。

1.3.3　城市公共活动中心区基于步行城市生活的整合潜能

如果公共活动中心区发展中潜在的邻近性、联动性潜能被挖掘，就有可能形成单元发展的整体性。公共活动中心区的整体发展潜能表现在：

（1）步行化整合潜能

城市公共活动中心区具有用步行城市生活重新连接的可能性。在公共活动中心区的所有发展特征——邻近性、联动性、整体性当中，步行及其联系的步行城市生活起到了关键的纽带作用。如果无法形成连续的有活力的步行城市生活联系，步行可达区域发展的邻近性、联动性和整体性就会大打折扣。

基于步行城市生活的人性化需求和人类多样化的发展天性，公共活动中心区内部顺应步行城市生活组织的模式和规律，对公共活动中心区内部的功能布局和空间组织有内在的需求，潜在的多样化的城市生活和活力也支持对良好的空间实体环境和功能结构的调整，这使步行可达片区内部的功能布局和空间形态的整合成为可能。因此，城市公共活动中心区具有形成完整的都市生活地区的可能性。同时，通过便捷的城市交通，尤其是公共交通网络，以及其他联系方式，也可以加强公共活动中心区与周边城市环境或其他单元的联系，使公共活动中心区成为城市整体功能和空间发展结构中的有机组成部分。

（2）集约化发展潜能

紧密的步行城市生活联系，会自发地推动中心区内部功能布局和空间形态的整合，功能之间的联系会趋于紧密、互补，空间形态顺应功能增长和人性化环境的内在需求，空间品质趋于完善、多元，空间联系逐渐紧密，逐渐形成功能、空间配合默契的整体性物质实体环境，推动中心区潜在的功能紧凑布局和空间集约化发展形态的逐步生成和发展。

（3）可持续发展潜能

基于步行城市生活的公共活动中心区的发展和演变，能够有效挖掘中心区潜在的可持续发展潜能，如自发地寻求功能混合，逐步实现中心区土地利用价值的最大化，减少机动车出行，支持公交系统运作，推动可持续生活方式的发展和单元内部生态化环境的营造等。

（4）人文和谐发展潜能

"我们中的很多人认同一个地方是因为我们使用这个地方，对这个地方了解很深且产生亲切感"[13]。可见，基于良好的步行联系，公共活动中心区居民和使用者具有自发的寻求联系和交往的潜能，如果公共活动中心区发展能够提供适宜的步行城市生活环境和氛围，并有相应城市功能和设施的支持，步行城市生活的展开和发展就会自然地出现；同时，在长期的发展中，基于紧密的地缘联系和社区认同感，一种和谐的共生共融的社区文化和具有特色的社区生活形态逐渐形成，地方性的特色会自然地生长和延续。在具有良好的步行城市生活及其活力的公共活动中心区，人们有可能重新寻回传统城市发展的某些核心价值，如多阶层的相互融合，社区及邻里之间的密切的社会联系等。

同时，基于步行城市生活的邻近性和联动性的特点，公共活动中心区范围内各种发展的整体性和互动性将不断增强，公共活动中心区内部不同利益主体和个体发展之间的潜在矛盾和冲突有可能转化成为对公共活动中心区整体利益的追求和共赢格局，在共同的整体利益发展目标的推动下，公共活动中心区和谐和互动发展将成为可能。

基于公共活动中心区内步行城市生活的整合机制及潜能的认识，本书下文将展开从步行城市生活整合视角切入的公共活动中心区城市设计研究。

1.3.4 城市设计作为公共活动中心区步行城市生活整合的中介

从欧美城市的发展趋势可以看出，当代城市设计，已经逐渐从以物质环境形态的形塑为主导，逐渐转向对整体城市生活发展品质的关注。城市设计重点关注领域的转向，将深刻影响当代城市设计的发展：即城市设计的发展，将更关注人本化的发展需求，也将更具综合性、整体性，以应对日益复杂综合的现代城市生活环境。

公共活动中心区的步行城市生活发展，涉及众多的发展要素和管理部门，也与多学科的专业成果紧密相连，如社会学、环境地理学、行为学、心理学、气候学、城市规划、景观设计、建筑与室内设计等。这些多学科发展，需要一个有效的整合平台，以共同促进区内步行城市生活的形成和发展。

城市设计作为一种综合性应用学科，其作用在于"从整体环境角度出发为建筑设计提供共同遵循的框架，确保结果的相互协调和统一"[14]。胥瓦尼也指出，城市设计的作用在于"寻求制定一个政策性的框架，在其中进行创造性的物质设计"。

城市设计的二次设计特征，使其具有联系各学科和多向度发展的中介平台特征，并通过城市设计特有的空间形态操作及环境控制，引导复杂的城市生活发展要素之间的相互协调和整合，共同形塑良好的城市生活空间环境。因此，城市设计在公共活动中心区步行城市生活的整合中扮演不可或缺的中介和整合角色，城市设计既有自身完整的理论框架和学科体系，同时，又需要综合相关学科和专业视角的成果，运用城市设计特有的环境整合能力，将公共活动中心区步行城市生活的综合发展目标加以落实。

从城市设计的视角出发，公共活动中心区步行城市生活的整合，应以区内公共空间的塑造为核心，同时，也应该强调公共活动中心区内部各基本发展单位对区内整体步行城市生活的贡献：一方面，要强调对各单体开发进行基于步行城市生活整合的明确城市设计控制；另一方面，也要建立有意识的引导机制，鼓励开发商自觉地将私有开发与城市空间和城市生活融合，并通过相关的激励机制，使开发商在获取相关经济回报的同时，也为区内步行城市生活的整体发展及更大范围的城市整体发展利益作出贡献。

城市设计有其自身相对完整的理论架构和层次体系（在下节将会有所讨论），基于步行城市生活整合的城市设计研究，也必须建立在对城市设计理论体系的充分认识和把握的基础上，并基于步行城市生活整合的视角，希望能够拓展城市设计的视角和内涵。

同时，也要意识到，在公共活动中心区的步行城市生活整合中，城市设计并不是万能的，城市设计主要借助自身的学科特点，通过对物质形态环境的操作，整合相关学科和专业视角，诱导更有活力的区内经济、社会和人文发展，从而对公共活动中心区整体的步行城市生活发展起到促进作用。但城市设计并不能改变公共活动中心区步行城市生活发展的外部宏观环境，它只能在特定的社会、经济、人文和政治体制背景下运作。因此，获得良好的外部支持条件，是城市设计基于步行城市生活的整合努力所不可或缺的。

1.4 研究方法和框架

基于步行城市生活整合的公共活动中心区城市设计研究，主要从多层次、多维度整合层面对公共活动中心区基于步行城市生活的发展进行分析和综合。

1.4.1 研究方法

通过对我国城市公共活动中心区发展中存在问题的分析，本书提出一种基于步行导向的综合城市设计理念，并就其在公共活动中心区城市设计中的具体运用进行深入研究，其主要研究内容包括：

（1）从多维度的城市设计研究切入

基于步行城市生活整合的公共活动中心区整体城市设计涉及多维度的城市设计要素。从不同的维度切入，能够较为明确地分析和解剖公共活动中心区与其步行城市生活的多层面联系和互动关系。

对于不同的城市中心区，其城市设计的要素组成、设计架构有其适应性的特点。如旧金山，其城市设计计划根据设计目标，把相关的空间组群分为四类：1）内部模式和意象；2）外部形式和意象；3）动线和停车场环境品质；4）改善环境品质（Wilson et al.，1979）[15]。而哈米德·胥瓦尼在其《都市设计程序》一书中将城市设计因素分为八类，即包括土地使用、建筑形式和量体、动线和停车场、开放空间、人行步道、支持活动、标志、保存维护等。同时，对同样的城市设计要素，各城市也可以根据城市的自身特点和特定目标，作出适应城市设计及管理机制的要素界定、分类[16]。

从步行城市生活整合的视角，借鉴胥瓦尼的城市设计要素分类，笔者将公共活动中心区的城市设计要素，进行适当的综合，将公共活动中心区基于步行城市生活的物质环境整合研究分解为功能、空间、交通三个不同维度。这三个维度构成公共活动中心区基于步行城市生活的物质环境整合的基本维度，本书的研究就是从上述的基本维度开始展开。这些维度与相关城市设计要素分类的对应关系如下：

- 功能维度——土地利用、活动支持等；
- 空间维度——建筑形式和体量、开敞空间、标识和保护等；
- 交通维度——交通流与停车、人行通道等。

上述的三种基本维度，都包含不止一种城市设计要素，各基本维度的城市设计分析，都包含相关城市设计要素在公共活动中心区内部不同发展单位之间，以及不同城市设计层次之间的整合研究。

在上述基本维度研究的基础上，本书再将基于步行城市生活整合的城市设计研究，拓展到人文发展和历时性整合维度，后者在前述三种基本维度的分析中也会有所涉及，但主要在基于步行导向的综合性城市设计整合中分析讨论。上述多维度的分析、研究和整合成为本书基于步行导向的公共活动中心区城市设计研究的整体线索。

（2）以公共活动中心区的中观整合研究为重点

城市设计本身具有不同的层次性。不同层次的城市设计，其操作的物质实体环境的尺度和范围都有明显的差异，进而也影响到城市设计的方法和侧重点。根据不同的尺度对城市设计进行分类，可以大致分为：总体城市设计、城市分区城市设计、片区城市设计、单体项目城市设计、环境细部城市设计等。

公共活动中心区城市设计，属于重点地区城市设计的范畴。笔者将公共活动中心区的城市设计，按照其关注的侧重点，也细分为宏观、中观和微观三个层次。

1）宏观层次的公共活动中心区城市设计，涉及城市乃至更大范围的城市群的整体发展规划和城市设计控制，它从更大的城市发展背景中，去考察特定公共活动中心区发展的定位、发展趋势及其与城市/城市群整体发展的关系，以及其在城市/城市群公共活动中心区网络中的地位、角色和发展潜力。基于上层次的规划和城市设计，进而确定公共活动中心区整体设计结构，以及其与周边城市区域的发展协调等。

2）中观层次的公共活动中心区城市设计，关注公共活动中心区内部各基本发展单位之间的发展协调和整合，从而落实上层次规划和城市设计成果，并完善公共活动中心区的整体设计结构。本书提出以街坊/地块作为公共活动中心区中观整合的基本单位，中观层次城市设计的重点，就是区内不同街坊/地块之间的城市设计协调和整合。

3）微观层次的公共活动中心区城市设计，主要是指公共活动中心区内部各单体项目城市设计和环境细部城市设计，该层次的城市设计着重于具体开发利益的实现和微观环境的塑造，是对中观层次城市设计的微观落实。

每个层次的城市设计都与其他层次密切相关。上一层次的城市设计对下一层次起到方向性指导和控制的作用。但这并不是说下一层次设计只是被动接受，相反，对较低层次的城市设计也必须置于更大的范围进行研究，并对上一层次设计提出建议或修改意见。

本书从多维度切入的公共活动中心区城市设计研究，也将在这三个层次上分别展开，但本书将研究的重点，放在公共活动中心区不同发展单位（街坊/地块）之间的中观整合层面，从而强调和落实以街坊/地块为基本单位进行公共活动中心区步行城市生活整合的基本研究思路。

（3）基于综合视野的公共活动中心区城市设计整合研究

公共活动中心区作为一个潜在的完整步行城市生活单位，其发展具有典型的城市子系统特征，需要运用系统理论及其研究方法对公共活动中心区基于步行城市生活的多种子系统的运作进行综合分析。因此，在多层次、多维度城市设计分析的基础上，本书采用综合融贯的研究方法，试图初步建立基于步行导向的综合性城市设计框架，展开基于步行导向的公共活动中心区城市设计整合研究，并提出相应的城市设计整合策略。

1.4.2 研究框架

本书研究按照提出问题、建立理论框架、分析和解决问题、发展展望的基本框架展开。本书分为三大部分。第一部分包含第一、二章，重点在于提出问题和建立理论框架。第一章主要通过对公共活动中心区的多层面发展问题分析，提出基于步行城市生活整合的城市设计研究视角。第二章回顾了国内外公共活动中心区步行城市生活发展的历程，对其相关的城市设计理念的发展变迁进行了梳理，结合国内城市公共活动中心区相关研究和实践的不足，提出基于步行导向的公共活动中心区综合城市设计理念，并对其内涵及主要的城市设计取向进行深入剖析，明确基于步行导向的公共活动中心区城市设计研究的重点。第二部分是分析问题和解决问题部分，包括第三～六章，是本书的核心部分。基于步行导向的城市公共活动中心区城市设计研究，首先从不同的维度入手，研究公共活动中心区基于步行导向的功能融合、空间编织以及交通协同。对各维度的城市设计分析，按照问题—机制—模式—策略的论述思路进行，即从现有的问题出发，分析不同城市设计维度对城市公共活动中心区步行城市生活塑造的影响机制，提出基于步行导向的城市设计模式和策略。在第三～五章对分维度的城市设计要素分析的基础上，第六章从综合性的基于步行导向的城市设计整合的视角，对公共活动中心区基于步行导向的发展进行多维度、多层次以及多方利益的综合整合研究，进而提出相应的城市设计综合落实策略。

最后，本书对城市公共活动中心区基于步行导向的发展趋势进行展望，并对本书进一步的研究方向作出分析。本书的整体研究框架详图 1-6。

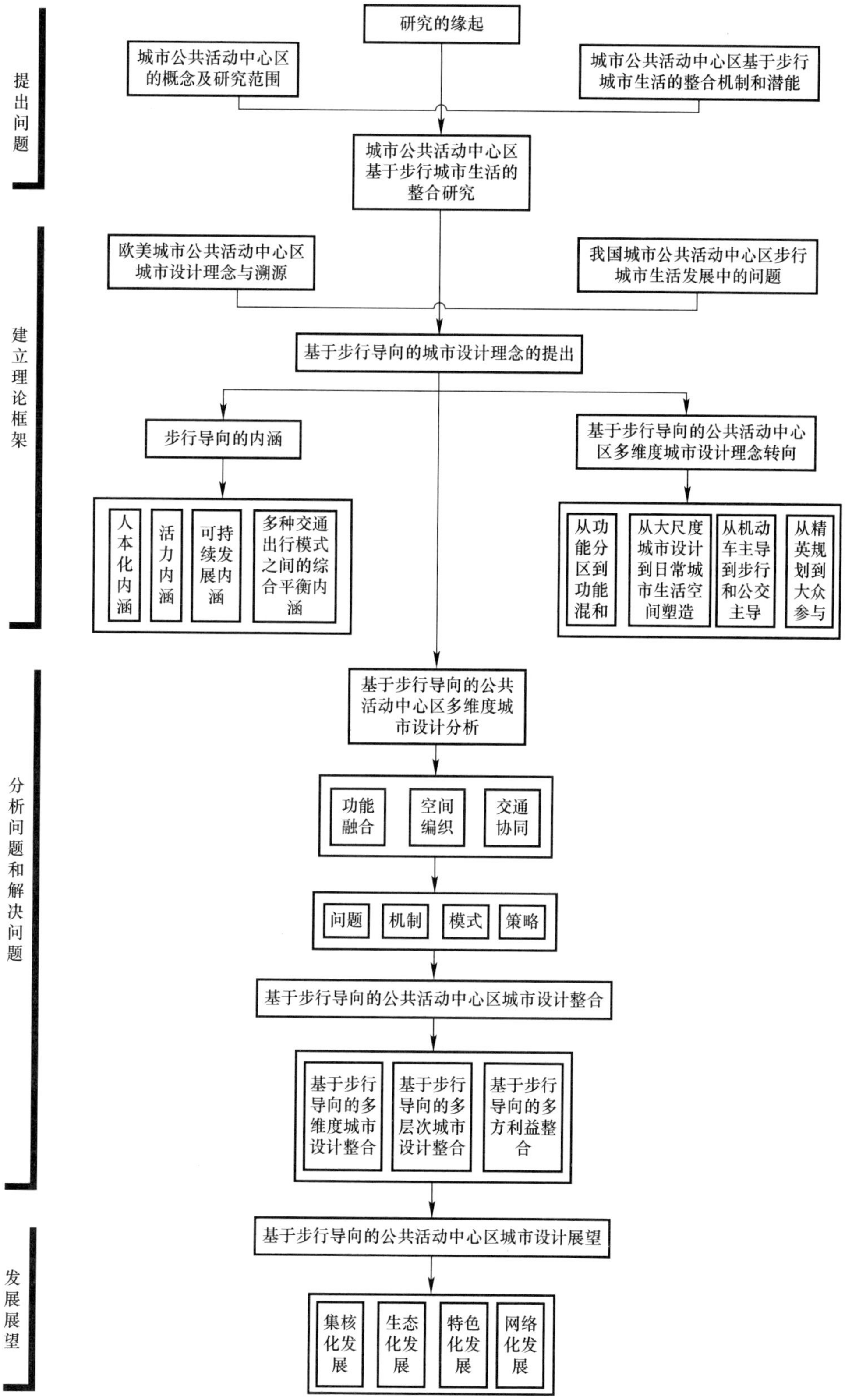

研究的缘起

城市公共活动中心区
的概念及研究范围

城市公共活动中心区基于步行
城市生活的整合机制和潜能

城市公共活动中心区
基于步行城市生活的
整合研究

提出问题

欧美城市公共活动中心区
城市设计理念与溯源

我国城市公共活动中心区步行
城市生活发展中的问题

基于步行导向的城市设计理念的提出

建立理论框架

步行导向的内涵

基于步行导向的公共活动中心
区多维度城市设计理念转向

| 人本化内涵 | 活力内涵 | 可持续发展内涵 | 多种交通出行模式之间的综合平衡内涵 |

| 从功能分区到功能混和 | 从大尺度城市设计到日常城市生活空间塑造 | 从机动车主导到步行和公交主导 | 从精英规划到大众参与 |

基于步行导向的公共
活动中心区多维度城
市设计分析

| 功能融合 | 空间编织 | 交通协同 |

| 问题 | 机制 | 模式 | 策略 |

分析问题和解决问题

基于步行导向的公共活动中心区城市设计整合

| 基于步行导向的多维度城市设计整合 | 基于步行导向的多层次城市设计整合 | 基于步行导向的多方利益整合 |

基于步行导向的公共活动中心区城市设计展望

发展展望

| 集核化发展 | 生态化发展 | 特色化发展 | 网络化发展 |

图 1-6　本书基本研究框架

1.5 本章小结

在机动车主导的城市发展理念影响下，为适应机动车发展的需求，传统的步行城市生活及其活力逐渐被消解。城市表现出多种层面的发展变异，如功能隔离、空间分异和人文分层等。欧美城市于20世纪六七十年代开始率先对这种城市发展的异化及其起源进行了反思，并在城市规划设计和建设领域掀起重返步行城市生活的一场变革。当前我国城市快速发展中，上述各种城市发展异化现象凸显，在城市发展观转型的背景下，也亟待由传统机动车主导模式向步行城市发展模式的转变。而公共活动中心区是落实步行城市生活及步行城市发展模式的重要地区之一，通过对公共活动中心区基于步行城市生活的内在整合机制和潜能的分析，也显示公共活动中心区是一种潜在的步行城市生活整体发展单位。因此，本书试图通过对城市公共活动中心区基于步行城市生活发展的多层次、多维度研究，建立一种基于步行导向的综合发展视野和整体城市设计整合框架，进而推动公共活动中心区步行城市生活的发展或复兴。

本章注释

[1] 何树青. 步行者的城市 [J]. 新周刊，2002年9月12日出版。

[2] 转引自郭磊，怀念步行城市一《城市规划通讯》，2005年第23期。

[3] 参考2005年深圳市步行系统规划相关资料。

[4] ［丹麦］扬·盖尔，［丹麦］拉尔斯·吉姆松. 公共空间·公共生活 [M]. 汤羽扬等译. 北京：中国建筑工业出版社，2003：11。

[5] 北京市城市规划设计研究院等编. 城市规划资料集（第六分册）城市公共活动中心区 [C]. 北京：中国建筑工业出版社，2003：2。

[6] 潘海啸，任春洋. 轨道交通与城市公共活动中心区体系的空间耦合关系研究——以上海市为例 [J]. 城市规划学刊，2005，158（4）：76-82。

[7] Jeffrey M. Casello1 and Tony E. Smith。Transportation Activity Centers for Urban Transportation Analysis。Journal of Urban Planning and development，2006：（12）：p247-57。

[8] 梁江，孙晖. 模式与动因——中国城市中心区的形态演变 [M]. 北京：中国建筑工业出版社，2007：17。

[9] 同 [4]，p51。

[10] 转引自 Robert Cevero. The Transit Metropolis- A Global Inquiry. Washington D. C.，Island Press，1998。

[11] 同 [4]，p75。

[12] 同 [4]，p8～p9。

[13] ［加拿大］简·雅各布斯. 美国大城市的死与生 [M]. 金衡山译. 南京：译林出版社，2005：141。

[14] 高源. 美国城市设计运作研究 [M]. 南京：东南大学出版社，2006：2。

[15] 哈米德·胥瓦尼. 都市设计程序 [M]. 谢庆达译，台北：创兴出版有限公司，1990：10。

[16] 同 [15]，p22。

第 2 章

公共活动中心区基于步行导向的城市设计理念

2.1　基于步行城市生活发展的公共活动中心区城市设计溯源

2.1.1　欧美城市公共活动中心区城市设计溯源

（1）前工业城市传统城市中心——一种典型的步行城市生活发展单位

在前工业革命时期的城市发展中，主要的交通出行方式是步行，只有少数富人才有能力负担马车等少数的代步工具。因此，城市生活组织主要以步行为主。城市的居住、就业、休闲娱乐等功能，都尽可能在步行可达范围内紧凑布置。以中世纪城镇发展为例，"中世纪城镇，从市中心往外扩到最远的边界也不会超过半英里（约 800 米，笔者注）；这就是说，每个单位，每个朋友、亲戚、同伴，实际上都是邻居，大家住得很近，走一会儿就到。所以，人们每天能碰巧遇见很多人，而这在大城市里是不可能的，除非事先约好⋯⋯当城市发展到超过这些界限时，中世纪城镇，作为一个起功能作用的有机体，几乎就不再存在了。因为整个社会结构就建立在这个界限的基础上"[1]。

在这些小规模的中世纪城镇，有形或无形的"界限"将城镇居民的日常生活限定在步行可达的范围之内。除了少数公共功能由教堂和市政厅提供以外，市民的日常活动都围绕个人的居所展开。私人建筑往往下面是店铺或小作坊，上面是居住空间，居住和工作往往在同一栋建筑里解决。多用途的私人建筑构成了中世纪城镇的基本功能和空间单元。由于私人建筑的体量相似，建筑风格趋同，沿街处理相仿，形成了中世纪典型的整齐划一的城市形态和明晰的城市空间网络，很少有尺度、高度和建筑形式的不协调现象。街道和广场成为城市公共生活和商业活动的理想场所，教堂和广场成为步行尺度城镇的公共空间核心。

传统城镇中心空间形态特征也与步行城市生活方式相适应，城市中心弯曲的城市街道、宜人的街区尺度和紧凑的建筑布局都反映了以步行为主的城市生活模式在城市形态和空间组合上的特点。其适应步行城市生活的主要空间形态特征包括：基于步行可达的发展边界、统一的街道界面、规整有序的建筑群体布局、明晰的标志性建筑和公共空间核心、具有丰富多变空间体验的小尺度街坊和巷道网络、背景性建筑的高度、体量和材质统一和谐，但又不乏丰富性和细部的变化（图 2-1）。而一些保存较为完好的欧洲当代城镇中心，如丹麦哥本哈根市中心，也在很大程度上保留和延续了中世纪时期的城市形态特征（图 2-2）。

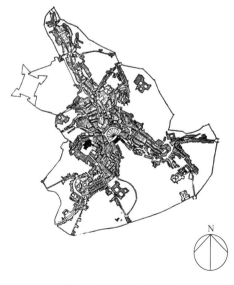

图 2-1　意大利锡耶纳城

来源：王建国《城市设计》（第三版）P20

图 2-2 丹麦哥本哈根市中心
来源：谷歌地图

总之，工业革命前的诸多传统城镇或城镇中心在很多方面都可以视为步行城市发展的空间典范。传统城镇或城市中心的经验，并不能完全照搬到现代城市发展中来，但其适应步行城市生活的一些核心价值在当代社会依然有效，如人性化的尺度和公共空间环境；连续的步行化城市区域和丰富的城市空间体验；城市功能和空间的多样化融合；多元化的生活场景和社会人文生态等。

（2）早期现代主义城市发展观对城市中心步行城市生活的解构

工业革命的产生和发展，革命性地改变了城市的生产和生活组织模式。机器革命使人们被迫放弃手工作坊，改为在位于城市中心的工厂寻求一份工作。新建的铁路不仅源源不断地将工业生产的原料运入城市，将成品运出，同时也将大量的人流吸入工业化的城市中，导致城市戏剧化的扩张。1800 年伦敦有 100 万居民，30 年后人口增加了一倍。美国在 1830 到 1870 年的 40 年间，城市人口从少于 50 万猛增到 500 万[2]。

工业革命背景下的城市尺度不断扩大。交通工具的发展，也使居住和工作地点的分离成为可能。传统城市基于步行范围的紧凑步行综合社区日趋消亡，城市中随处可见工厂和居住功能的杂处、卫生和环境条件的恶化等等，城市面临痛苦的转型阵痛。在这种背景下，现代主义者开始探索新的城市规划理念。受近现代科学技术发展及其机械世界观的影响，早期现代主义时期城市规划理念具有简单化、机械化以及技术至上的特点，如简单地将作为城市生活个体的人抽象化，忽略了城市生活个体的多元化城市生活需求，也忽视了城市生活及建筑环境的有机性、复杂性和偶然性，逐步导致其传统步行城市生活的解构，具体表现在以下几个方面：

1）过分强调功能分区，瓦解了步行城市生活的基础

现代主义者提出的功能严格分区规划原则，试图将城市改造成一个分工明确、运作高效的机器，而忽略了人类社会运作的复杂性和城市作为一种有机生态系统的特征，有矫枉过正的嫌疑。在功能分区的背景下，城市被分割为一个个单一的功能单元，为满足各种城市生活需求需要往返于不同的功能单元之间。由于单一的功能单元尺度巨大，往往超出了舒适步行可达的距离，不同城市功能区之间的联系只能依靠机动车交通解决；同时，单元内部由于功能结构单一，也容易导致空间构成和人群结构的单一化，难以激发丰富的城市生活和活力。现代主义鼎盛时期新建的城市中心，如印度昌迪加尔中心区以及巴西利亚中

心区等，都呈现出明显的功能分区倾向。这些新城市中心开发中普遍暴露出的问题包括：缺乏人性环境和尺度、缺乏城市功能的混合、缺乏城市活力等等。在一些传统城市中心的"现代化"改造中，也出现许多大尺度的单一功能单位，破坏了原有的细密的城市功能和空间肌理。

2）以机动车交通为主导，割裂了各种步行城市生活联系

在工业革命和工业技术发展的鼓舞下，现代主义者对技术和机器的崇拜达到无以复加的程度。现代主义者希望城市发展像机器一样精确、高效。汽车、飞机和轮船被认为是时代的象征。功能分区和对机动车交通的推崇完美无瑕地结合在一起，即通过象征现代技术发展的现代交通工具——汽车、飞机、轮船等解决不同的功能分区之间的便捷联系。

在新城市中心规划中，以机动车为导向的交通规划，往往以宽阔的城市干道及其之间的超大街区为基本特征。超大街区为快速的城市交通流所环绕，形成一个个交通孤岛。在一些传统城市中心更新中，为满足城市中心大量的机动车交通和停车需求，必然不断增加机动车道路的建设需求，挤压和清除城市步行街道空间；一些城市为解决交通拥堵问题，高速公路或快速城市干道被引入城市中心，破坏和分割了原有的紧密邻里和社区；一些城市中心街坊内部，除了高层办公建筑就是大片的停车场，高层建筑成为停车场海洋中的孤岛。道路和停车场的不断增加并没有改善城市中心的环境，相反，道路修得越多，车也越多，城市中心交通更拥堵。

3）漠视传统城市中心适应步行城市生活发展的内在价值

随着现代科学技术的发展，现代主义者对城市的发展未来充满了乐观情绪。他们相信人类可以为所欲为地按照自己的意志改造城市，许多全新的乌托邦的城市构想吸引了人们的视线；而传统城市发展中为城市带来步行城市生活及其活力的城市的诸多内在价值却被视而不见。相反，传统的多用途建筑被视为城市混乱的源泉而被抛弃，传统城市街道生活及其人文价值也被忽略。

4）对城市巨构和英雄尺度的偏爱

现代主义者崇尚简洁明晰的巨型城市结构和纪念碑式的建筑处理。如勒·柯布西耶著名的伏阿辛规划就是一种典型的超大街区和城市巨构发展模式，体现了一个建筑师试图运用实体环境规划影响城市及社会发展的"雄心壮志"。在这个规划中，勒·柯布西耶建议以大尺度的高层建筑取代传统城市中心的多层围合式街坊，通过底层架空和高密度的开发，勒·柯布西耶宣称将大型街区 95％ 的土地释放给了开放空间和公园，这就是现代主义典型的"公园中的高楼"建筑模式（图 2-3）。

勒·柯布西耶"公园中的高楼"发展理念，预见到了机动车交通和人口增长对现代城市发展的影响，并提出明确的高层高密度解决方案，对现代城市建设有积极的指导意义。但其城市设计理念中忽略了大尺度建构对传统步行城市

图 2-3 伏阿辛规划

来源：《新社区与新城市》，p. 53

生活和对丰富的城市历史人文环境的负面影响，具有理想化、片面化的局限性。基于相关理念的欧美城市中心建设，集聚了以巨大建筑体量为特征的高层簇群，这些建筑多数都尺度巨大，缺乏亲切感和人性化尺度，建筑之间也缺乏必要的联系，沿街道往往是冰冷的实墙面或单调的停车场，勒·柯布西耶设想中的高楼之间的绿色开放空间，也被大量的地面停车场取而代之，原有的紧密的城市肌理和社区被分解为一个个城市孤岛，城市中心舒适的步行城市生活环境更是无处可觅（图 2-4）。

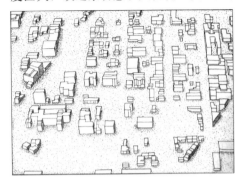

图 2-4　华盛顿特区空间结构示意

来源：《找寻失落的空间——都市设计理论》，p6

总之，在特定时代背景下，早期现代主义城市规划理念，尝试运用新科学、新技术，适应新的城市发展需求，具有其特定时代的积极意义。但由于其过分地强调技术和理性的力量，忽略了对城市系统以及城市生活个体发展的复杂性、多样性和偶然性特征的关注，因而容易造成城市发展环境的变异，以及传统步行城市生活的逐渐消解。在诸多因素的综合影响下，现代主义时期的许多欧美城市中心，逐渐趋于衰败。其中，城市中心步行城市生活支持环境的消解是重要原因之一。

（3）对早期现代主义城市发展观的反思及欧美城市中心复兴的努力

早期现代主义城市规划理念的一些负面影响，随着时间的推移逐渐显现，如城市中心逐渐失去活力和生机，城市丰富和多样性的社会人文网络被割裂等等。对早期现代主义城市发展观念局限性的认识和批判也是一个逐步深化和发展的过程。

1）CIAM 内部的不同意见

从 20 世纪三十年代起，CIAM 内部已经产生了不同的意见，逐渐形成了与主流现代主义不同的派别——十次小组（Team 10）。十次小组已经意识到现代主义建筑破坏城市社区，并开始考虑社区与所在环境的关系。这种主张和老一代 CIAM 的观点已经相去甚远。

同时，十次小组并没有完全意识到街道层面的重要性。而是基于他们提出的连接理论，设定了一整套概念：联系（link）、网络（web）、根茎（stem）和核心（spine）。为了适应城市机动性的发展，他们提出在原有的城市系统基础上增加二层的空中步行系统，来代替原有的街道网络。

2）雅各布斯对现代主义的批判

雅各布斯于 1961 年发表了《美国大城市的死与生》一书，首次系统地对现代主义的规划思想和原则进行了批判。该书被公认为 20 世纪最具影响力的城市理论著作，其影响一直延续到当代的城市和社区建设。雅各布斯旗帜鲜明地支持城市的多样性，她认为，"多样性是城市的天性（Diversity is nature to big cities），城市是由无数个不同的部分所组成的，各个部分都表现出无穷的多样化。大城市的多样化是自然天成的"[3]。并提出，挽救现代城市的首要措施是必须认识到城市的多样性与传统空间的混合利用之间的相互支持。

与十次小组相比，雅各布斯旗帜鲜明地支持传统的城市街道生活。雅各布斯认为，要想在城市的街道和地区产生丰富的多样性，四个条件不可缺少[4]：一是土地的混合利用

（地区以及其尽可能多的内部区域的主要功能必须要多于一个，最好是多于两个）；二是大多数的街道要短，也就是说，在街道上要很容易拐弯；三是多样化的建筑类型、保护古建筑和新建筑混合；四是人流的密度必须要达到足够高的程度。

3）《马丘比丘宪章》

1977 年的《马丘比丘宪章》是对这一阶段反思的总结。《马丘比丘宪章》明确地否定了现代主义严格功能分区的规划理念；同时，它第一次提出要保护历史建筑，维护城市布局形态的完整性，融合多种不同的土地使用，以及优先发展公共交通等，并反对现代主义的纯功能的建筑方盒子的表现形式。

4）20 世纪六七十年代欧美城市中心的复兴努力

20 世纪中叶，伴随着城市郊区化的迅猛发展，以及其他综合性的城市社会、经济因素影响，城区人口向郊区迁移，许多美国城市中心逐渐趋于衰败。早期的北美城市中心复兴，开始强调城市功能的混合，并多以建筑综合体的形式出现。建筑综合体寄托了人们改造和复兴城市中心的希望，这种自古存在的建筑类型，成为 20 世纪六七十年代欧美城市中心复兴初期主要的城市改造模式。当时对步行城市生活的改善努力，主要集中在城市中心局部环境的步行化努力中，即通过建设商业步行街，减少各类交通的冲突，刺激中心区商业的发展；同时通过提升商业步行街的购物环境，试图和位于郊区的大型购物中心竞争。但效果并不明显。笔者以为，主要原因包括：首先，早期城市中心建筑综合体开发，试图在建筑群体内部创造良好的步行休闲和购物环境，却大多忽视了对中心区整体复兴和城市街道生活的关注；其次，大尺度的建筑综合体对一些传统城市中心的空间肌理和步行行为模式造成破坏；最后，欧美城市中心衰败的原因是综合性的，早期城市中心复兴试图通过物质空间环境的改善来解决城市中心衰败过程中所产生的综合问题，效果并没有预想中的显著。

（4）回归步行城市——当代欧美城市公共活动中心区步行城市生活的复兴

20 世纪 70 年代初的西方国家经历了石油危机和环境危机，当时的石油危机和环境危机，迫使人们对当时的城市蔓延发展模式进行反思，传统城区的价值被逐渐认识，人们开始重新认识和接纳传统城市价值及其城市设计手法，注重对城市品质和城市个性的塑造。新城市主义运动是其中的典型代表。新城市主义理论针对的主要是欧美城市无序化郊区蔓延中出现的各种问题，相应地从区域城市群、城市增长模式以及步行社区设计等广泛的尺度，提出了一系列的城市设计策略，试图为欧美城市发展提供一种借鉴传统城市规划理念的城市发展新方向和新模式，这也是理论界将其总结为"新城市主义"理论的原因。

新城市主义是一种宽泛的城市发展理论架构，其发展理念主要包括[5]：

1）以公共交通而非小汽车为主的城市交通组织模式；

2）土地功能混合使用，避免城市地区单一化、贫困化；

3）导入步行尺度，提倡紧凑型建设，提高土地利用效率；

4）不同收入阶层的人群混杂使地区充满活力。

新城市主义者提倡无论在城市的郊区、城区或城市中心，都应运用邻里设计的类似原则进行设计。这些原则包括[6]：城市增长应该有明确的边界，公共交通系统应该支持整个区域范围内人们的出行，城市公共空间和商用的私人空间应该形成一个互补的系统，区域中人口和功能不仅应该具有多样性，而且要建立有机联系而不是相互隔离。

基于上述城市设计理论，新城市主义的领军人物之一，城市规划师和建筑师丹尼（Andres Duany）和普蕾特－茨伯格（Elizabeth Plater-Zyberk）提出传统邻里开发模式（Traditional Neighborhood Development，简称 TND）；新城市主义的另一领军人物彼得·卡尔索普（Peter Calthorpe）提出以公共换乘为导向的开发模式（Transit-oriented Development，简称 TOD）。尽管两种开发模式的侧重点和具体社区形态有所差异，但其基本的城市设计理念均类似，即致力于塑造具有友善的步行环境的紧凑社区。此外，类似的步行社区理论模型还包括步行口袋（Pedestrian Pocket）开发以及发源于英国的都市村庄（Urban Village）、澳大利亚的适居邻里等等。此外，源于欧洲的紧凑城市发展理论，以及美国的精明增长发展模式，也鼓励在现有城区内部推动基于步行城市生活的紧凑社区发展模式。

综上所述，欧美城市公共活动中心区的纵向发展演变历史，也是其步行城市生活发展与变迁的历史。欧美城市中心步行城市生活的发展经历了步行化－机动化－基于高机动性基础上的步行化这样一个螺旋式上升的发展历程，同时，基于步行城市生活的城市设计理念也经历了由自发的步行城市塑造到对步行城市生活的漠视和抛弃，再到对步行城市理念的重新认识和再发展历程。

2.1.2　我国城市公共活动中心区城市设计溯源

我国城市公共活动中心区具有悠久的步行城市生活传统，如北方城市春节期间的庙会、赶集，以及南方城市春节期间的花市，是典型的节日期间的城市以步行为主的节庆生活；清明上河图也形象地描绘了北宋时期东京汴梁的日常步行城市生活场景。与欧美城市以城市广场作为步行城市生活的主体不同，中国城市公共空间传统中，基于街道空间的步行城市生活传统相对明显；街道成为城市居民日常交往、购物、休闲的主要步行城市生活空间。

封建社会时期的城市中心，主要为皇城或各级政府衙门等占据，普通百姓不得随意出入。同时，为了便于统治阶级的管理，早期城市建设采用了严格的里坊制度，被城市主要干道围合而成的里坊，作为城市生活组织和行政管理的基本单位，并形成严整规则的方格网城市肌理。典型的如隋唐长安城，城内东西向有 14 条大街，南北向有 11 条大街，互成直角相交，把全城划为 109 个里坊。据孙晖等考证，长安城里坊按面积大致可以分成 3 个等级[7]：小型为 30 公顷左右，中型为 50 公顷左右，大型为 80 公顷左右。传统里坊采取封闭布局，四周以高坊墙封闭，小型里坊设东西两个坊门，坊门之间以一字形道路连接，大/中型里坊往往由十字形街道一分为四，沿四边十字形街道与坊墙交接处设置四个坊门，作为里坊的主要出入口。坊门定时启闭，禁止传统里坊沿主要城市干道方向开设店铺，传统里坊内部的功能主要以居住为主，主要的商业和城市服务功能由集中设置的市场（东西两市）解决。超大里坊基本被各使用单位和民宅分割，一些寺院、庙观也安排在里坊内部。

因此，早期封建社会时期的步行城市生活，主要在作为城市生活组织基本单位的超大里坊内部展开。城市里的市场、寺庙相应成为节庆时期相对繁华和热闹的市民公共城市生活场所。

到了封建社会后期，随着市场经济和手工业的发展，严格的里坊制度逐渐受到冲击。宋代以后，随着小商品经济的发展，传统的里坊制度逐渐被突破，在里坊内部逐渐渗入其他的城市功能，一些里坊也在沿主要城市干道方向开设店铺，形成居住和商业混合使用的步行街区，封闭里坊逐渐被开放的街巷空间所取代，《清明上河图》描绘的场景，反映了当时城市商业街坊步行生活的活力。到民国时期，我国一些城市的传统商业核心，逐渐形成适宜市民步行城市生活的公共活动中心区，如苏州的观前街、北京的前门大栅栏、南京的夫子庙商业区、上海的豫园商业区等等。

半殖民地、半封建时期的一些租界城市，由租界地国家规划建设了城市新区和新的租界商业中心，基本采取了类似西方城市中心的方格网、细密化城市肌理，与我国传统城市的超大里坊肌理形成鲜明对照。这些租界城市中心，虽然街坊/地块内部的建设几经变迁，但其基本的道路肌理和空间结构多数一直延续至今，并承载了有活力的步行城市生活和活力，在长期历史发展中被证明是一种具有相对稳定性的城市中心道路和空间肌理结构，如哈尔滨中央大街、上海外滩、武汉汉口、广州沙面租界区等等。

新中国成立以后，在计划经济体制下，我国一些大中城市，包括城市中心，相继建设了大量的单位制社区，俗称"单位大院"，单位大院成为计划经济时代以工作单位为纽带的一体化、内向型城市生活社区，其内部生活配套设施一应俱全。改革开放以来，城市建设发展较为迅速。各级城市中心建设方兴未艾，但其建设质量和使用状况也参差不齐。一些大尺度的城市广场缺乏精细化设计和人性化考虑，导致使用效率不高；也有一些设计良好的城市广场或街道生活空间成为市民活动集聚的中心，但这些步行城市生活空间之间往往缺乏有效的联系和整合，这与我国城市缺乏基于步行城市生活的城市整体公共空间发展规划有关。

一直到 20 世纪 80 年代，多数城市中心仍保持相对紧凑的空间格局和职住平衡的功能结构，多数城市居民以步行和骑自行车作为就业的主要交通工具；随着 20 世纪九十年代以来城市机动车交通的迅猛发展，公共活动中心区有限的城市空间中，步行/自行车空间与机动车交通空间冲突的现象日益严重，一些传统城市中心中，适应步行城市生活的街坊肌理、空间尺度和传统建筑空间遭到破坏，代之以宽马路和公园中的高楼等"新"建设，公共活动中心区传统步行城市生活受到挑战。为改善城市中心人车冲突严重的状况，许多城市相继在城市中心建设商业步行街区，比较著名的有上海南京路步行街、北京王府井步行街等。设计良好的步行街区对区内步行城市生活发展起到了较好的促进作用，但步行街区之外，依然是人车冲突严重，城市中心步行城市生活整体氛围堪忧。

2.1.3 当前我国城市公共活动中心区城市设计中存在的主要问题

城市的快速发展，往往伴随着传统城市中心的改造和大量新城市中心的规划建设。同时，随着许多城市轨道交通网络建设的开展，大量依托轨道交通站点的站点型城市公共活动中心也在不断形成和发展。伴随城市中心开发建设热潮的，是国内众多的城市中心城市

图 2-5 深圳南山中心区
二层步行平台街景
来源：自摄

设计实践，通过对相关城市设计案例的梳理，从步行城市生活发展整合的视角，有许多成功的案例和经验，如深圳南山中心区城市设计，通过二层步行系统将众多区内开发项目连接，并形成有活力的，人车完全分流的二层步行城市生活公共空间（图 2-5）。此外，一些传统城市中心改造，也营造了宜人的步行城市生活氛围，带动了城市整体发展，如上海豫园商城地区改造等。

但也有许多公共活动中心新建或改造案例建成后，其步行城市生活发展不尽如人意，从城市设计层面分析，主要存在以下一些与步行城市生活整合相悖的设计和管理理念：首先，片面强调机动化交通的倾向仍然普遍存在，从公共活动中心区土地利用控制，路网组织，街坊尺度控制，交通系统设计和管理等方面，传统的机动化主导思维仍然颇有市场。其次，城市设计具体操作中，空间处理巨型化，空间形态图案化的城市设计方案比比皆是，反映出一些城市设计从业者，或相关决策者，往往醉心于城市中心区宏大的空间架构，亮丽的城市形象和代表着城市经济实力的地标性建筑，而对直接影响使用者的日常生活配套以及日常城市生活空间塑造，关注相对较少。再次，城市设计思维的精英化倾向，也导致部分城市设计人员缺乏与社区和使用者主动沟通、协调的意识；在城市设计决策过程中，公众参与缺乏有效的机制保障。最后，中心区城市设计及其实施是一个复杂的系统工程，一些良好的城市设计理念和设想，在实际操作过程中容易走样，变味，也给许多公共活动中心区开发建设留下无法弥补的遗憾。

2.2　基于步行导向的城市设计理念的提出

当前我国城市正处于城市发展观念的转型时期，城市建设强调和谐发展观、科学发展观和人本主义发展观的落实，在这种背景下，提倡基于步行导向的城市设计理念，有利于扭转当前公共活动中心区步行城市生活发展中的一些不良倾向，推动步行城市的建构。

2.2.1　步行导向的概念

导向作为动词，意为引向；导向作为名词，意为引导的方向，如舆论导向[8]。

因此，步行导向意即对步行出行模式及依托步行的城市生活方式的引导和指向。

步行导向具有两个层面的目标，步行导向的基本目标是对步行出行模式的引导和鼓励。步行作为一种交通出行模式，不仅仅指依靠双脚的步行，还包括使用自行车、其他非机动车交通工具（如电瓶车、人力车等）以及步行辅助系统（如自动步道、自动扶梯等）等的交通模式。步行导向鼓励特定区域范围内的步行出行，关注作为城市生活个体的步行者，关注其在步行城市生活中的需求和体验，在这个层面，步行导向与步行交通方式、步行者个体的权利及其个性化需求和体验关系密切。

步行导向更高层面的目标是对综合的步行城市生活方式，即以步行出行为纽带和主导的城市生活方式的引导和推动。步行城市生活方式中，各种主要的公共活动、交往和消费休闲等城市生活行为在特定区域内主要依托步行交通模式展开。当前我国许多城市公共活动中心区内部的公共交往缺乏，人际关系淡漠，公共领域的场所感和归属感逐渐消失，公共活动中心区的独特人文魅力正在逐渐失去。对步行城市生活方式的综合引导，有利于增强城市中心的经济活力，促进不同阶层和人群的交流、交往和融合，并给步行者个体、特定步行城市生活区域乃至整个城市，都会带来一系列的经济、社会和环境利益。

与传统的机动车导向理念相比，步行导向强调对所有城市生活个体的同等尊重，鼓励在公共活动中心区开发建设中逐步落实科学发展观、可持续发展观以及人本主义和谐发展观等新的发展理念。

2.2.2 步行导向的内涵
2.2.2.1 人本化内涵

人本化内涵是步行导向的最基本内涵。步行导向的人本化内涵首先体现了对步行者的关怀，对城市发展中各种弱势群体的关注，对城市发展公平性的强调；对多样化、个性化步行城市生活需求的关注和满足等等；其次，对传统历史、人文生态保护和延续的关注，以及推动多阶层融合的社会和谐发展目标等等，也体现了步行导向城市设计的一种人本化取向。

基于对步行者的人性化关怀，步行导向进而关注与日常城市生活个体相关的需求和日常步行生活空间塑造。大尺度的城市设计，多注重大尺度城市宏观巨构的创造，忽视日常城市生活空间的塑造；并且容易诱导一种自上而下的精英决策思维，以及主观武断的城市设计决策模式。设计者/管理者常常将心目中理想的城市形态或空间结构强加给社会大众，缺乏与相关社区及利益团体的深入沟通和协调意识。

与这种自上而下的大尺度城市设计取向相反，基于步行导向的城市设计，在城市设计理念上，试图改变传统的高高在上的姿态，转而关注日常城市生活空间，关注社区的需求和问题，鼓励自下而上的城市设计运作，注重对步行者个体的个性化、人性化城市生活需求的满足。在规划管理层面，设计人员和管理者也多以倾听者的姿态出现，鼓励通过公众参与加强与社区或相关利益主体的沟通和协调。

2.2.2.2 活力内涵

公共活动中心区的活力与步行城市生活息息相关。活力是步行城市生活发展和繁荣的必然结果。对活力并没有一个明确的界定，一般认为，能够提供很多选择机会的场所具有称为活力的特性。《现代汉语词典》中的定义是：活力即旺盛的生命力[9]。笔者以为，城市发展的活力是一个综合性的指标，是对城市及特定区段发展各层面质素的综合性评价，是以城市中人的多样化活动和交往需求满足为核心的城市发展特性。

基于步行导向的城市设计宗旨之一就是创造城市公共活动中心区的综合发展活力。活力内涵强调人是城市公共活动中心区活力化建构的主体，日常化、人性化城市生活需求的满足是活力化内涵的基本出发点；步行城市生活是公共活动中心区活力化发展的基本动力。同时强调活力的形成和发展，不是单一的步行化手段就能完成的，需要综合公共活动中心区内部多维度的城市发展因素，平衡多方面的利益和需求才能达成。在综合活力建构的努力中，步行导向首先强调运用各种手段鼓励步行城市生活；其次，强调充分发挥基于步行城市生活带来的综合整合效应；第三，强调以步行导向为核心，推动和落实其他层面的城市发展目标，从而带动公共活动中心区及其步行可达区段的整体发展。

2.2.2.3 可持续发展内涵

基于步行导向的公共活动中心区城市设计，强调推动基于步行城市生活发展的公共活动中心区可持续发展能力的挖掘，如鼓励生态化的开发建设理念，支持基于步行城市生活的紧凑集约的开发模式，以及推动基于职住平衡的可持续城市生活方式等等；并且随着城市发展观念的转型和科学技术的发展，公共活动中心区设计、开发建设以及综合运作中各种生态和可持续发展的努力也将不断深化、完善，并与公共活动中心区步行城市生活的发展形成良性互动。

2.2.2.4 多种交通出行模式之间的综合协同内涵

当代公共活动中心区步行城市生活不是单纯、内向的步行化发展，而是建立在城市高机动性基础上的步行化。因此，步行导向是一种综合平衡的城市设计理念，步行导向不是单纯的步行化，也不是简单的步行优先，在当代公共活动中心区日益依赖于多种交通出行模式共同作用的背景下，步行导向并不意味着片面强调步行的优先性，步行导向是对步行适宜和恰当地位的肯定，步行导向强调各种交通模式之间基于互补性而不是竞争性的相互平衡，以及在这种平衡中步行所发挥的独特的联系纽带的作用，但并不排斥其他的城市交通出行方式。

因此，步行导向强调公共活动中心区多样化的交通出行方式的有机组合，是公共活动中心区高效运作和活力发展的前提。在公共活动中心区的交通组织中，应充分发挥各种交通出行方式的优势，满足公共活动中心区使用者多元化的交通出行需求，并通过基于步行城市生活的有机整合和平衡，建构公共活动中心区高效运作和紧密衔接的整体交通组织网络。

综上所述，步行导向具有综合的城市设计内涵，步行导向鼓励从土地用途、公共空间塑造、交通整合、经济和人文发展、历史古迹保护等不同的城市设计层面来综合考虑对步行城市生活的支持；同时，步行导向也鼓励一种综合的城市设计研究方法，凸显"以人为本"的综合城市设计理念。

2.2.3 基于步行导向的公共活动中心区多维度城市设计理念转向

公共活动中心区基于步行导向的综合城市设计理念，需要落实到公共活动中心区不同维度的城市设计要素整合中。与当前我国一些城市公共活动中心区城市设计中体现的不良倾向相比，基于步行导向的公共活动中心区城市设计，表现出基于公共活动中心区功能、空间、交通和人文发展等不同维度的城市设计理念转向。

2.2.3.1 从功能分区到功能混合

基于步行导向的公共活动中心区设计，鼓励公共活动中心区功能的综合化、混合化及日常城市生活配套设施的步行可达化，使公共活动中心区就业者、居民、游客和其他使用者能够得到便利的日常城市生活服务，并推动多样化功能间基于步行联系的相互支持和互动。公共活动中心区的功能混合，增加了区内相容功能单位之间的步行出行需求，并且有可能共享区内的公共空间和设施，提升相关基础设施的利用效率。同时，多元化的功能混合，促进了公共活动中心区内部空间环境和城市生活体验的多样性，进而满足现代城市个体的多元化、个性化城市生活需求，并有助于推动区内丰富多元的人文生态的发展。

2.2.3.2 从大尺度城市设计到日常城市生活空间塑造

城市既需要大尺度的宏观建构，更需要基于居民日常生活尺度的城市生活空间的营造。前者对应的是大尺度、大范围的城市设计，后者则更注重居民、工作者、休闲者、旅游者等等的日常生活需求及其组织。当规划师和城市设计师醉心于大尺度的城市建构时，城市居民日常生活的一些"细枝末节"和需要常常会被认为过于细微或繁琐，而不被列入考虑的重点，甚至有意识地被忽略。在北京、上海、柏林、巴黎的特别选定的 1 公里 ×1 公里的城市区域内，一些建筑师和城市研究学者进行了大量的取样和对比研究，其中发现了一些有意思的结果[10]。如仅仅选取片区的一些基本建筑元素，如门、窗户，就能反映出每个片区的截然不同的特色和历史人文背景，以及不同时代的发展特征；片区的一些日常城市生活空间及其行为、特色小空间和城市肌理，也能清晰地显示出每个片区在公共空间形态及其使用上的差异。只有基于这种微都市的视角，人们才会更关注一些平常可能视而不见的城市生活环境的细节。作为一种日常城市生活单位，公共活动中心区规划和城市设计研究的核心正是这些关系到普通市民日常生活的城市空间环境及其品质。而在大尺度的城市建构中，这些细微却又真实的因素却被有意无意地忽略了。

同时，随着公共活动中心区发展强度的不断提升，公共活动中心区高强度发展与日常城市生活环境舒适性之间的矛盾也日趋尖锐，而未来的公共活动中心区，人们不仅仅希望有更多的功能混合和集聚，也希望有更好的休闲游憩环境和多元化的城市生活体验。因此，未来的城市公共活动中心区发展，将更重视人性化、生态化环境品质的营造，更关注普通民众的日常生活需求和使用心理，更关注小尺度城市空间环境的缩微化、精细化设计。因此，基于步行导向的公共活动中心区城市设计，将具有更多的"生活化"的城市设计取向，将更多的关注点聚焦于微型的街道和社区，重塑日常城市生活空间。

2.2.3.3 从机动车主导到步行和公交主导

当代公共活动中心区的步行城市生活建立在高机动性的基础上，但是单纯依靠机动车交通，难以满足区内大量步行人流、物流快速聚散的要求。公交，尤其是大容量轨道交通，是公共活动中心区与外部进行人流、物流交换的有效交通工具；同时，在公共活动中心区内部，步行是最有效的人流集散交通方式。步行和公交主导也是环保、生态、节能的城市交通发展趋势的需要。因此，基于步行导向的公共活动中心区设计，应改变传统的机动车主导的交通规划理念，在公共活动中心区内部发展以公交和步行为主导的绿色交通体系。同时，基于步行导向的设计并不是完全排斥其他交通工具和出行模式，而是试图寻求基于公共活动中心区发展特征和需求的多种交通出行模式之间的某种平衡，同时也强调步行在多种交通出行模式的衔接和转换需求中的纽带作用。

2.2.3.4 从精英规划到公众参与

从城市设计的决策和实施的角度，基于步行导向的公共活动中心区城市设计，提倡城市管理者和规划设计人员转变高高在上的俯瞰城市视角和精英规划理念，转而更多地关注日常城市生活发展，关注与社区居民、使用者和其他利益团体的沟通，鼓励公众参与，使各种城市发展决策体现社区、街道以及城市生活个体的利益和诉求。同时，鼓励通过基于公众参与的多方利益博弈，推动自上而下的城市发展导控与自下而上的自发城市发展动力的平衡。

基于上述的城市设计理念转向，基于步行导向的城市设计，公共活动中心区有可能重塑其步行城市生活及其活力，引导公共活动中心区的可持续发展，并塑造一个多元化、有活力的、不同阶层和组群能够和谐共处，共享城市公共空间及其活动的城市活力中心。城市社会及人文的和谐发展是基于步行导向的公共活动中心区城市设计的最终目标。

2.2.4 步行导向与公交导向的辨析

公交导向有两个层面的含义，一是鼓励公交出行，强调公交优先的交通规划理念；二是鼓励公共交通优先的土地开发模式，即 TOD（Transit Oriented Development），后者最早由美国新城市主义者彼得·卡尔索普提出。卡尔索普指出，TOD 是一个多功能社区，它距换乘站和商业核心区的步行距离平均在 2000 英尺（约 600 米，笔者注）以内。TOD 将居住、零售、办公、开放空间和其他公用设施混合在一个适宜步行的环境里，居民和雇员骑自行车、步行、乘汽车或通过换乘出行都很便利（Calthorpe，1993）[11]。

欧美城市中城市公共活动中心区发展中，公交导向的发展理念已普遍得到认可，并且有持续扩大发展的趋势，如美国奥克兰市中心围绕着一个 BART 站点建设。作为柏林至汉堡（Hanburg）城际快线在柏林的终点站，德国柏林的中央火车站（Lehrter Bahnhof）的设计理念中也体现了公交导向的发展理念。中央车站是柏林最大最重要的交通转换枢纽，该区段的发展包括住宅、酒店、办公、零售等设施的建筑面积约 40 万平方米的综合开发，依托交通枢纽形成一个综合性的观光、旅游和居住的中心。

在国内一些大城市，基于大规模轨道交通建设展开的背景，城市开发与大运量的公共交通发展（如地铁、BART、轻轨等）的发展和整合研究也已经起步，相关的理论研究都强调公交导向发展理念的运用。

分析相关的研究成果和发展案例，在公共活动中心区发展中，步行导向与公交导向并不矛盾，而是相互支持，相互作用。为达成公共活动中心区的步行城市生活活力，公交导向是前提，是吸引大量人流集聚到中心内部的有效手段，也是提升中心内部公共活动环境品质的前提和基础（否则，大量机动车交通的集聚将会毁灭公共活动中心区的城市公共领域）；而步行导向是在公交导向基础上进行落实和完善的深化。同时，良好舒适的步行线路和步行环境是鼓励市民使用公交的一个重要前提和基础。如一些公交车站，如果离居民日常居住或工作地点过远，或者要绕行较远的距离，就会降低城市居民使用公交的愿望，原本通过步行加公交就可以满足的城市出行需求，则往往需要借助驾车的方式出行。

因此，步行和公交导向的有机结合，有利于形成有别于机动车导向的城市发展新模式，如基于公交枢纽/节点的 TOD 开发模式，有利于促进公共活动中心区基于公交枢纽的步行城市生活的发展。因此，也有人提出换乘及步行导向的概念（Transit-and walking-oriented），也侧面说明了步行导向与公交导向理念的互补和相互支持关系。

同时，步行导向与公交导向的侧重点有差异，公交导向侧重于落实公共活动中心区的对外交通联系，其落实重点在于公共活动中心区与城市整体公交网络的衔接与协调，并以公交发展促进和带动各级公共活动中心区空间结构的发展和网络优化。步行导向侧重于公共活动中心区内部以步行城市生活为纽带的交通整合。与公交导向相比，步行导向更关注一个步行可达范围内的可步行性，尤其是对于日常的步行出行而言，它主要关注的还是步行可达范围内城市环境和设施的步行可达性。

2.3 相关研究综述

2.3.1 国外相关研究综述

2.3.1.1 相关步行社区理论研究

（1）步行城市及其管区理论

基于对汽车时代问题的深刻反思以及城市空间可持续发展的视角，美国学者克劳福德提出"步行城市"（carfree city）的构想。克劳福德设想的步行城市由若干管区组成，城市管区安排成环状，每个都以一个交通站为中心，管区间采取轨道交通，内部以步行为主要交通方式，步行者享有优先权，尊重公众领域，鼓励社会交往，构建高质量的城市生活（图 2-6）。每个管区平均为 12000 人提供住处并为 8000 人提供工作场所（一些额外的职位在公用事业区域），管区的直径为 760m，保证每家到中心交通站只有 5 分钟的步行距离。这个环形区域的面积是 45 公顷，其密度为每公顷 264 人（与巴黎市中心的331 人对比），就业人口密度为每公顷 176 人（与巴黎市中心的 276 人对比）。各管区中心之间用一条 40m 宽的林荫大道连接，另设一条与中央林荫道平行的货物递送铁轨线路[12]。

某种意义上，克劳福德的管区类似于新城市主义的 TOD 社区，只是克劳福德试图将TOD 的社区建构理念在步行城市中系统化，定型化。克劳福德从城市街区、交通、货运等多方面进行研究分析，试图验证其理论的可行性。这一构想目前看来还显得理想化，但是步行城市的一些构想在许多欧洲城市局部区域已经得到实现，而且，步行城市的理念也与当代网络组团式的城市发展趋势相契合。

（2）波特曼协调单元发展模式的提出

在对现代主义城市规划和城市设计理论进行反思的大背景下，一种新的基于步行城市生活的发展单位理念逐渐形成，这就是波特曼提出的协调单元概念。

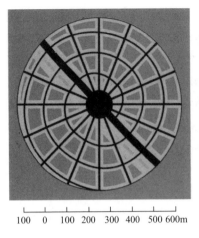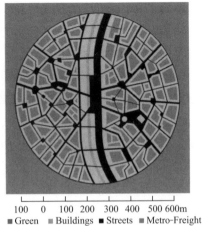

■ Green　■ Buildings　■ Streets　■ Metro-Freight

图 2-6　步行城市管区示意图

来源：《世界建筑导报》2000 年第 1 期，p.24

1960 年，波特曼应邀参加了巴西首都巴西利亚的开幕典礼，巴西利亚中心区尽管在其建筑上取得了有目共睹的成就，但其总体规划及建筑布局中暴露出来的问题，如缺乏人性环境和尺度、缺乏城市功能的混合、缺乏城市活力等也引起了波特曼的反思。波特曼开始质疑当时城市功能严格分区的规划原则，并提出舍弃当时美国城市中盛行的汽车交通为主导的城市结构模式，建构以步行为主体交通模式的城市生活单元。波特曼对其协调单元（coordinated unit）理论作了如下定义："城市一定要设计成网格的形式，它的尺度是人们可以步行而不想坐车的距离范围…如果这片面积发展成一个整体环境，确能满足每个人的要求，这就是我说的协调单元，就是一切都在步行范围内的村庄，人们可以步行去上班、学校、教学、娱乐、采购、消遣等。你只要不走出这个网格单元，你就不用乘坐汽车或其他交通工具。"[13]

同时，波特曼也强调协调单元中多样化功能的融合，以满足人们多层面的城市生活需求。波特曼善于从对人们日常生活习惯的观察中发现人们对环境的心理和行为需求。基于对人的城市生活需求的细致了解，波特曼强调协调单元是为人服务的场所，追求人性化的建筑与城市空间设计。

（3）由新城市主义思潮衍生的相关步行社区研究

如前所述，基于新城市主义城市设计理论而衍生的步行社区模型，如 TOD 社区，步行口袋，都市村庄等，在很多方面都体现了基于步行导向的相关理念。只是在美国特定的城市发展背景下，新城市主义者的理论和实践研究的重点，仍然以位于郊区的步行社区为主，对内城中心步行社区的研究成果和实践案例有限。同时，基于新城市主义理念的步行社区模型和实践，多是针对欧美城市郊区化蔓延的反思，其步行社区理念和模型与亚洲高密度城市中心的实际情况有相当大的差距，但其基本城市设计理念和原则，仍对国内公共活动中心区城市设计有借鉴意义。

2.3.1.2　城市中心步行化研究

欧美城市中心步行化研究，包括局部步行化和整体步行化两个层面。其中局部步行化研究和实践较为丰富。欧洲城市具有良好的步行城市生活传统，以德国为例，早在 20 世纪 30 年代就开始商业街的步行化尝试，在"二战"结束后的城市中心重建中，步行街作为一种城市设计要素开始大量规划建设，并逐步由单一步行街向综合的步行街区拓展转变。美国城市中心局部步行化的探索开始于 20 世纪六七十年代的城市中心复兴时期，到 20 世纪 80 年代曾掀起城市中心局部步行化建设的热潮，但由于诸多原因，一些城市中心的局部步行化实践并不完全成功，如由于步行街化并未带来预期的城市中心商业设施的繁荣，为吸引机动车购物者，一些步行街又重新允许机动车进入。

欧洲城市中心在局部步行化发展基础上，部分城市中心逐渐拓展其步行化区域，形成很多成功的整体步行化案例，德国城市在这方面尤其成功。德国许多传统城市中心，已基本实现完全步行化（图 2-7）。传统城市中心步行化具有综合的历史保护、文化旅游价值；新城市中心整体步行化的案例相对较少，最著名的就是巴黎德方斯中心区，也是基于古城保护的动因，在巴黎城市轴线的延长线上规划建设的新型现代城市中心，其整体的立体化二层步行平台理念，成为许多现代城市中心区整体步行化设计的先驱。

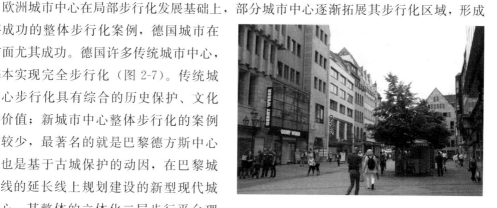

图 2-7　纽伦堡城市中心街景
来源：自摄

2.3.1.3　高密度紧凑城市发展模式研究

与美国新城市主义思潮遥相呼应的是欧洲城市的紧凑发展思想和实践。欧洲城市具有紧凑发展的传统，因此，欧洲以紧凑城市为代表的研究，重点关注内城的重新紧凑化发展，包括鼓励插入式的开发模式，鼓励对城市褐色土地的再开发等。紧凑城市发展理论认为，基于步行可达尺度的紧凑发展符合都市可持续发展的需求："我建议城市应尽可能的密集，它应当以社区为单位进行划分…从生活质量的角度来考虑，最理想的情况是你可以尽可能密集地处理日常事务因而不需要拥有轿车。"[14] 荷兰也非常重视城市紧凑发展的研究。如荷兰学者正在进行的 MILU（Multiple and Intensive Land Use）研究，提倡高密度、混合用途的城市发展模式，MILU 的中心主题就是通过较高的居住密度和其他综合土地使用在同一基地的开发，以步行活动设施及公共交通为支持，强化土地使用的强度。一是强化土地使用，二是加强各种土地使用之间的相互联系。MILU 认为，一般包含以下六种土地使用：居住、商业、休闲、社区设施（community）、办公及政府设施（institutional）、交通设施。研究认为，土地使用的强化与紧凑的城市形态的一些典型特征密切相关，如：垂直性、紧凑性、便捷性以及空中城市生活（"sky city" living）[15]。

除了上述的 MILU 研究，一些建筑师也投身于建筑密度实验，以蕴含在建筑实践中的建筑密度实验，探讨城市紧凑发展的潜力。其典型代表包括库哈斯和 MVRDV。

欧美的相关研究之外，来自我们的近邻，如中国香港、日本、新加坡等亚洲地区和国家，也有丰富的基于高密度发展背景的城市公共活动中心区发展实践。这些近邻国家和地区都具有高密度发展的背景和需求，以及偏爱都市核心城市生活的人文传统。因此，亚洲近邻关于高密度城市发展背景下城市公共活动中心区步行城市生活整合的实践探索，对我国城市具有直接的参考和借鉴意义。

2.3.2 国内相关研究综述

随着我国城市经济的持续发展，我国城市公共活动中心区的建设也方兴未艾。大量的新中心区建设和旧城核心改造几乎同时并进，相关的城市设计研究也逐渐展开。当前我国与公共活动中心区步行城市生活相关的城市设计研究，主要包含以下几个方面：

2.3.2.1 公共活动中心区步行化研究

我国城市公共活动中心区发展中，对步行城市生活的关注早在 20 世纪 50 年代就已经开始。在欧美邻里单位发展理论和苏联居住小区发展模式的影响下，我国陆续建设了大量的居住社区，并在舒适步行距离的覆盖范围内，配置相关的学校、社区公共配套和服务设施。同时，由于机动车交通压力较小，多数公共活动中心区能够保持紧凑混合的发展格局，区内也主要以步行和自行车交通为主导，人车冲突压力不大。

随着我国城市的不断发展，城市人口数量和密度持续增加，以及机动车的快速增长，城市交通压力不断增加；市场经济的转型和大量商业性开发的引入，也使一些传统的基于步行覆盖范围的公共配套难以落实。因此，随着我国城市多年来的快速发展，早期基于步行城市生活发展的一些规划设计原则被逐渐抛弃，或者难以贯彻落实。城市步行环境持续恶化，基于步行城市生活的传统紧凑发展格局也逐渐让位于基于机动车交通的离散式发展。

在城市公共活动中心步行城市环境持续恶化的背景下，从 20 世纪八九十年代，国内学术界开始陆续引入欧美公共活动中心区复兴中的步行化理论和实践，这个时期的公共活动中心区步行城市生活研究，主要集中在对步行街/区建构和步行化理论的探讨。近年来随着大城市轨道交通的发展，一些研究开始注重公共活动中心区步行化与轨道交通等相关发展因素的综合互动关系。总的来说，当前国内学界与公共活动中心区步行城市生活相关的城市设计研究成果主要集中在以下几个方面：

（1）公共活动中心区内部步行街（区）的设计研究

相关的研究成果较为多见。相关研究主要集中在对公共活动中心区内部纯步行化区域的设计和建构的探讨，包括步行化的模式、步行化街（区）的内部功能、空间和交通组织，以及步行化街（区）周边机动车交通组织和衔接等方面。也有一些研究，着重探讨城市以及公共活动中心区内部步行系统的建构。

（2）公共活动中心区内部步行街（区）的外部交通支持研究

部分学者关注公共交通与中心区步行化的互动研究，如潘海啸、任春阳等人的公共活动中心区与轨道交通站点的耦合研究[16]，提出公共活动中心区与轨道交通节点的耦合发展观。孙靓以有轨电车为例，探讨了墨尔本等多个城市中心步行化与机动交通的耦合发展[17]。

（3）公共活动中心区微观步行环境设计研究

主要集中在步行街（区）内部的步行环境的美化和步行支持设施的设计；主要从微观

环境设计的视角，试图形成对公共活动中心区步行城市生活的支持。这方面的研究成果也较为丰富。

也有相当多的国内学者，对上述层面的国外研究与实践进展进行分析和梳理，以期对国内相关研究和实践起到借鉴作用，如刘涟涟等介绍德国城市中心步行区的兴起与发展[18]。

2.3.2.2 与步行城市生活相关的当前公共活动中心区城市设计研究

我国当前一些公共活动中心区的城市设计研究中，都包含与步行城市生活相关的内容，但并没有作为一个独立的城市设计视角提出。相关的研究包括：

（1）公共活动中心区建筑/城市综合体的相关研究

主要包括对城市公共活动中心区建筑综合体以及由此延伸的城市综合体的研究，相关研究成果散见于相关的专业期刊和一些论著中。韩冬青等编著的《城市·建筑一体化设计》，则从城市设计的视角，探讨了当今城市，尤其是城市中心区发展中的城市与建筑的相互渗透和整合的发展趋势[19]。哈尔滨工业大学王非的博士论文《城市"簇群核"人性化环境研究》，提出城市簇群核的概念，是基于城市中心形态特征的一种界定，并没有明确的研究尺度界定。

（2）城市重点片区和城市中心区的城市设计实践

近年来随着我国城市的持续稳定发展，大量新旧城市中心的城市设计实践案例也不断涌现。基于这些案例的规划设计研究成果散见于国内相关规划设计杂志和期刊中，内容包括新城市中心城市设计、旧城中心片区更新和改造。值得注意的是，国内许多新城市中心的城市设计中较多地采取了国际设计竞赛（咨询）的方式，一些城市设计成果中也体现了欧美最新城市设计理念的影响，如在上海陆家嘴中心区国际城市设计咨询中，理查德·罗杰斯的陆家嘴中心区城市设计方案，可以看作是其紧凑城市发展理念的一种集中的表达，并试图移植到中国城市的发展中。如其方案中介绍的，"6个可以容纳8万人的紧凑型邻里分别围绕各自的主要交通换乘点布置，并连接到主要公共网络系统之中。每一个邻里有自己的独立的特色，而且全部坐落在距离中央公园、黄浦江和相邻邻里10分钟的步行距离以内。办公楼、商业大厦、商店和文化机构集中布置在靠近繁忙的地铁站的地方，而居住建筑以及医院、学校和其他社区建筑则主要集中围绕公园和沿河布置"[20]。此外，深圳福田中心区发展中也进行了一系列片区层面的城市设计研究和实践，如22/23-1街区城市设计等，相关的城市设计方案和实践，反映了欧美城市设计理念与我国城市发展相结合的努力，其影响将是持续而深远的。

（3）从街区/地块尺度切入的城市形态研究

在市场经济发展背景下，我国封建和计划经济时代城市空间形态的基本组织单位——街区/地块的组织模式在向市场经济体制转型过程中面临挑战。在这种背景下，街坊/地块等微观尺度的规划研究逐渐受到重视，成果近年来有逐渐增加的趋势。如以梁江、孙晖为代表的大连理工大学研究团队，其《模式与动因——中国城市中心区的形态演变》从街区/地块层面，运用城市形态学方法，针对街廓街道和产权地块层面进行微观性研究，总结了我国城市中心区历时性发展中的四种形态模式：封建传统模式、近代殖民模式、计划经济模式和现代新区模式，并分别从历史性质、区位特点、用地布局、街廓街道、交通流线、产权地块、建筑肌理、设计风格等方面进行深入分析比较。在此基础上，分析模式形成的动因。此外，赵燕菁[21]、沈磊[22]等也对市场经济背景下我国城市微观道路—用地模式的转变进行了探索。

2.4 基于步行导向的公共活动中心区城市设计研究重点

综上所述，国内与公共活动中心区步行城市生活相关的城市设计研究成果非常丰富，且主要围绕公共活动中心区步行街（区）及其设计方法、空间环境创造、环境行为心理学、历史与文化、建设程序等方面展开，并偏重于步行商业街和步行系统的建构，相关研究都有涉及步行城市生活整合的内容，但基于步行城市生活整合的综合研究视角和研究成果并不多见。欧美相关研究提出了众多的步行社区概念（包括协调单元，也可以理解为一种抽象的步行社区概念），且基于新城市主义的步行社区城市设计理念对我国类似研究有借鉴意义，但在结合我国城市发展具体背景方面，仍需要有针对性的整体城市设计研究。

一个成功的步行城市生活区域，其相关的支持要素有哪些？从规划和城市设计的角度需要采取哪些相互配合的综合性城市设计策略，还是一个被国内研究界相对忽视的问题，尤其是在各种城市问题和矛盾相对集中和尖锐的公共活动中心区，一种综合性的基于步行城市生活支持的城市设计架构还有待确立。

笔者研究的公共活动中心区，绝大多数并不是整体步行化的城市中心，除了局部步行化的努力以外，更重要的是在城市机动化背景下，在公共活动中心区实现机动车与步行城市生活再平衡的一种整体城市设计研究思路。因此，本书基于步行导向的城市公共活动中心区城市设计研究，具有以下特征：

（1）研究范围拓展

传统的步行化研究，较多地关注中心区内局部或整体的步行化研究。在多数中心区整体步行化不具备可行性的背景下，本研究定位于中心区整体的可步行性研究，即研究如何通过整体的城市设计运作，提升区内整体的可步行性以及区内步行城市生活的整体质量。

（2）基于步行城市生活支持理念的多向度研究

基于可步行性提升的研究定位，本研究着力探讨影响区内整体可步行性提升的多维度、多层次要素，并从诸多影响要素的综合性整合路径入手，探讨促进区内步行城市生活发展和整体发展效益提升的理念和策略。也就是说，基于步行导向的公共活动中心区城市设计研究侧重于从支持公共活动中心区步行城市生活的多维度、多层次要素入手，探讨相关的要素运作机制及完善策略。

（3）基于步行导向落实策略的综合化研究

传统的步行化研究，试图通过提供排除机动车的步行环境，来达到改善城市中心可步行性的目标。与步行支持理念的综合化相对应，基于步行导向的公共活动中心区城市设计，对区内多维度、多层次的城市设计要素进行整合研究，分析相关要素之间基于步行城市生活发展的相互联系及互动机制，进而试图运用综合的城市设计策略强化对公共活动中心区步行城市生活的支持和引导。

基于以上分析,基于步行导向的公共活动中心区城市设计研究,其研究重点体现为两个层面的研究转向:

(1) 从公共活动中心区内的纯步行化研究转向可步行性研究:可步行性是指一种城市环境适宜步行城市生活的特质,这些特质表现在多个层面,如功能、空间景观、交通组织以及对步行城市生活的综合性支持等方面。公共活动中心区并不一定是纯步行化的,但必须是适宜步行的,即具有可步行性。

(2) 从公共活动中心区局部要素完善到综合性步行城市生活整合研究:为达成公共活动中心区的可步行性,需要多层面、多视角的综合互动。既有纯步行化的街区,也有人车共存的街区;既需要适宜步行的空间环境改善,也需要支持步行的功能构成;既需要发挥步行在公共活动中心区的主导和纽带作用,也需要多种外部交通出行模式的支持。因此,基于步行导向的公共活动中心区城市设计研究,避免单一地分析局部的步行相关要素,而是以区内整体步行城市生活环境为依托,分析探讨推动和促进公共活动中心区整体发展及其活力的多方位的策略。

总之,基于步行导向的城市设计,并不是一种独立或创新的理论,更多的是一种面向实践问题的综合性解决思路。基于公共活动中心区面临的普遍问题,基于步行导向的城市设计理念,重点要解决以下几个层次的问题:

(1) 如何建立公共活动中心区适宜/促进步行城市生活的整体发展框架?

(2) 如何解决区内碎片化(片段化)开发之间基于步行城市生活的衔接和整合?

(3) 上述基于步行导向的城市设计成果在历时性的开发建设中如何有效落实?

2.5 本 章 小 结

本章以步行城市生活的发展演变为线索,对欧美和国内城市公共活动中心区城市设计的发展历程进行了梳理。欧美城市基于步行城市生活的城市设计理念也经历了由自发的步行城市塑造到对步行城市生活的曲解和抛弃,再到步行城市发展理念的重新认识和再发展历程。其最新研究成果和实践也体现出欧美城市公共活动中心区对步行城市生活的综合引导和控制趋向。我国城市及其公共活动中心区,具有较好的步行城市生活发展传统,但当前也存在一些不利于步行城市生活形成和发展的规划设计取向,如功能机械分区取向、机动车主导取向以及忽略日常城市生活空间塑造取向等等。借鉴欧美城市中心区步行城市生活及其相关城市设计理念的发展经验和教训,笔者提出基于步行导向的公共活动中心区城市设计理念,分析其城市设计内涵,并概括其基于不同维度的城市设计理念转向,包括:从功能分区到功能混合、从大尺度城市设计到日常城市生活空间塑造、从机动车主导到步行和公交主导以及从精英规划到公众参与等。最后,对城市中心相关步行化研究成果进行梳理,分析本研究在已有研究基础上的拓展方向和重点。

本章注释

[1] [美] 刘易斯·芒福德. 城市发展史——起源、演变和前景 [M]. 宋俊岭,倪文彦译. 中国建

筑工业出版社，2005：332。

[2] Eberhard H. Zeidler. Multi-use Architecture in the Urban Context ［M］. New York：Van Nostrand Reinhold，1985：13。

[3] ［加拿大］简·雅各布斯. 美国大城市的死与生 ［M］. 金衡山译. 南京：译林出版社，2005：157。

[4] 同［3］，p165。

[5] 王朝晖. "精明累进"的概念及其讨论 ［J］. 国外城市规划，2000，(3)：34。

[6] 邹兵. "新城市主义"和美国社区设计的新动向 ［J］. 国外城市规划，2002，(2)：36。

[7] 孙晖、梁江. 唐长安坊里内部形态解析 ［J］. 城市规划，2003，(10)：66-71。

[8] 罗竹风主编，汉语大词典简编 ［M］，上海：汉语大词典出版社，1998：1084。

[9] 中国社会科学院语言研究所词典编辑室编著. 现代汉语词典 ［M］. 北京：商务印书馆，2005：456。

[10] 卢志刚主编. 城市取样 1×1 ［M］. 大连：大连理工大学出版社，2004。

[11] ［英］克利夫·芒福汀. 绿色尺度 ［M］. 陈贞，高文艳译. 北京：中国建筑工业出版社，2004：154。

[12] J. H. 克劳福德. 步行城市——一个可持续发展计划. 甘海星译. 世界建筑导报，2000，(1)：12-25。

[13] ［美］约翰·波特曼，乔纳森·巴尼特. 波特曼的建筑理论与事业 ［M］. 赵玲，龚德顺译，北京：中国建筑工业出版社，1982：105。

[14] 单黛娜. "理查德·罗杰斯事务所专访". 世界建筑导报. 1997. 5/6。

[15] Mike Jenks and Nicola Dempsey. Future Forms and Design for Sustainable Cities. Architectural Press，2005：153，Stephen Lau 等，High-density，High-rise and Multiple and Intensive Land Use in Hong Kong：A Future City Form for the New Millennium。

[16] 潘海啸，任春洋. 轨道交通与城市公共活动中心区体系的空间耦合关系——以上海市为例 ［J］. 城市规划学刊，2005，(4)。

[17] 孙靓，城市步行化与机动交通的耦合发展——以现代有轨电车系统为例. 华中建筑，2012 年 05 期，P13-P16。

[18] 刘涟涟等。德国城市中心步行区的兴起与发展. 国际城市规划，2009 年第 6 期，P118-125。

[19] 韩冬青，冯金龙编著. 城市. 建筑一体化设计 ［M］. 南京：东南大学出版社，1997。

[20] ［英］理查德·罗杰斯，菲利普·古姆齐德简. 小小地球上的城市 ［M］. 仲德崑译，北京：中国建筑工业出版社，2004：49。

[21] 赵燕菁. 从计划到市场：城市微观道路——用地模式的转变 ［J］. 城市规划，2002，(10)：24-30。

[22] 沈磊，孙洪刚. 效率与活力——现代城市街道结构 ［M］. 北京：中国建筑工业出版社，2007。

第 3 章

公共活动中心区基于步行导向的功能融合

作为城市公共性职能和设施集聚的功能核心,公共活动中心区在城市及其特定区域的经济运作和城市公共生活发展中扮演重要的功能角色。不同类型和等级的公共活动中心区,虽然其主要的功能构成、功能发展强度、功能发展特色各有差异,其功能发展的本质仍在于为城市或社区提供一个以公共活动和交流为主导的城市生活核心。因此,多样化的城市功能构成及其在有限空间范围内的高度集聚是区内步行城市生活形成和发展的前提和基础,但作为一个复杂的城市功能子系统,其内部功能如何形成有效推动区内步行城市生活及其活力的联系和互动机制,仍需要深入分析和研究。

本章从功能维度的视角,遵循"问题—机制和模式—策略"的研究思路,通过分析我国城市公共活动中心区功能发展中存在的问题,梳理公共活动中心区功能构成、布局等对区内步行城市生活的影响机制和互动模式,最后提出基于步行导向的公共活动中心区功能融合策略。

3.1 公共活动中心区功能组合中存在的问题

我国一些公共活动中心区发展中普遍存在着城市活力不足的现象,从功能维度分析,与其整体功能构成、内部各功能单位之间的联系与互动,以及微观功能发展等三个层面存在的问题密切相关。

3.1.1 整体功能构成的单一化

从宏观层面分析公共活动中心区功能构成,每个公共活动中心区都有其特定的主导功能,或多个主导功能。但在传统功能分区规划思维影响下,一些新城市中心主导功能趋于单一化,相关辅助功能配套不足现象比较普遍。一些具有复合化功能构成的新城市中心,也往往被人为地分解为诸如商务办公区、商业娱乐区、行政文化区等相对单一的功能区块,各功能区块内部由于缺乏必要的混合功能,难以激发有效的步行城市生活需求,以及有活力的公共领域和城市生活氛围;各功能区块之间往往超越步行可达的舒适距离,或被人为的步行障碍所阻隔,难以形成有效的步行城市生活联系。因此,基于功能分区的规划和建设思路,公共活动中心区内部潜在的丰富城市生活可能性被割裂、肢解,甚至支离破碎。同时功能的区块化也导致大量区块间内部出行需求的产生,更激化了公共活动中心区内的交通和出行矛盾。

基于类似的规划设计理念,一些旧城中心的更新改造过程中,大拆大建的倾向屡禁不止,许多旧城中心原有丰富多样的城市功能组合被人为清除,代之以过于纯化及高档化的新增城市功能。尤其是在一些具有悠久历史的旧城核心片区"更新"中,大尺度的居住、商业、办公等单一功能地块取代了原有细密的城市肌理,旧城中心原有的小尺度、网络化城市功能网络被破坏,原本丰富细密的、相互激发的功能界面,被单一的功能团块界面所取代,旧城中心活力迅速下降。这种现象在我国许多历史文化名城,以及一些城市的传统核心区都不乏其例。

3.1.2　整体公共配套设施缺失或不足

公共活动中心区公共配套主要包括公共空间、开放绿地、休闲健身设施、公共停车等市政配套以及满足使用者日常生活需求的其他商业、服务配套等。一些公共活动中心区注重高档次的文化、体育或商业配套设施建设，却忽视了使用者的日常城市生活配套需求，造成使用者日常城市生活的不便；或者相关设施服务层次过于单一，难以满足不同阶层、不同使用者的多样化需求等。孙施文教授在对上海陆家嘴核心区的分析中指出，陆家嘴核心区虽然就业密度很高，但除了上下班以外，那些高楼内的白领人员很少到建筑外部的城市空间中活动；对旅游者而言，陆家嘴公共活动中心区内吸引游客的主要地点就是东方明珠观光塔，也多是由旅游车直接接送，很少有游客在区内闲逛，原因在于除了一幢幢高层办公楼及其内部有限的一些高档服务设施以外，区内并没有多少能够吸引白领职员和游客以及市民的服务设施。由于高层办公楼内部的餐饮服务设施定位较高，并不是普通白领日常就餐可以承受的，而办公楼周边又没有较低档次的餐饮、休闲服务设施，因此，多数职员只好自带盒饭解决午餐问题[1]。此外，高密度发展背景下绿色开放空间不足或布局不合理现象也较为普遍，对公共活动中心区环境品质提升不利。

3.1.3　功能区块内部缺失整合及互动

自然或人工边界（如河流或城市快速路等），往往将公共活动中心区划分为若干功能区块；基于功能分区思维形成的人为功能区块，也往往存在类似的自然或人工边界。由于相应步行障碍的存在，不同功能区块之间的步行可达性相对较弱。由于土地利用规划中各区块功能的纯化，导致区块内部相邻功能单位功能设置雷同，难以通过功能联动来形成吸引人流、集聚人气的协同效应。

一些相邻功能单位尽管存在功能联系和互动需求，但由于缺乏便捷的步行联系，导致功能整合难以实现；大量门禁社区或门禁单位的存在，尤其是一些所谓的"高端"定位功能单位，有意无意地将自身强化为外人难以进入的孤岛，强化了区内的空间隔离和阶层分异。

同时，在公共活动中心区历时性的功能发展中，如果缺乏有意识的整体调控，也容易产生一些相互干扰的功能拼贴，如居住设施与有噪声干扰的 KTV 等娱乐设施之间，或者有噪声和空气污染的工业设施与其他城市活动之间的混杂等，这些功能拼贴中形成的不适当的土地利用，会影响公共活动中心区的整体城市生活环境，也难以对区内步行城市生活形成良好的支持。

3.1.4　微观土地利用配置缺乏市场意识

每个街坊/地块作为公共活动中心区最基本的功能单位，其土地利用配置及调整，决定了公共活动中心区的整体功能结构及其演化。因此，对微观层面功能单位的土地利用控制和落实，最终决定了公共活动中心区的整体功能构成及其活力。当前我国城市发展正处于转型时期，基于市场动力的资源配置取向日趋明显。公共活动中心区往往处于辐射区域的地价峰值区，但在城市土地开发决策中，由于缺乏市场经济和土地价值意识，一些高可达性、高价值的地块被低承租能力的用地功能占据，或者地块开发强度明显偏低；一些街坊/地块尺度较大，或划分随意，导致形状不规则，人为造成地块的土地利用率不高；一些地块长边面向主要城市道路，导致有限的高价值沿街面被少数地块占据；一些大街坊内部常常出现一些不直接面向道路的街坊内部地块，可达性差，对外联系不便，降低了地块的土地利用价值等等。

这些不合理的土地利用现象，一方面浪费了城市中心区宝贵的土地资源，也对区内步行城市生活的合理组织和安排造成了不利影响。如区内步行可达性和功能的错配，使步行城市生活流线组织混乱；一些不合理的大尺度开发诱导了新门禁社区的出现，不利于区内细密的步行城市生活网络的形成。

3.1.5 土地利用控制缺乏弹性和兼容性

在历时性的发展过程中，公共活动中心区会因应城市发展转型和市场需求变化不断调整内部功能结构。如果区内土地利用管制缺乏相应的弹性和兼容性，会导致区内不适应市场变化的功能构成由于用途管制等原因，难以得到及时有效的自发调整，从而影响区内功能协同的整体效益。如一些新中心开发中，各地块开发控制指标规定过细、过死，造成开发单位面对市场需求变化时，往往缺乏应有的弹性，在调整内部功能以适应市场方面受到较大的制约。又如一些公共活动中心区土地利用控制中，对相邻地块（区域）的控制内容雷同，缺乏兼容性土地利用控制机制，容易人为造成公共活动中心区功能和活动多样性的缺失。

3.2 公共活动中心区基于步行导向的功能融合机制

3.2.1 功能融合的概念和内涵

公共活动中心区土地利用发展中存在的诸多问题，既不利于区内土地价值的充分发挥，也对提升区内城市活力不利。在高密度发展背景下，透过对步行城市生活与区内功能发展的互动机制研究，可以寻求支持区内步行城市生活发展的一种内部功能融合状态。这种功能融合状态主要体现在以下方面：（1）以区内步行系统和公共空间为纽带，区内各种城市功能具有良好的可达性和互动性；（2）区内功能组合既能满足"一站式"的步行城市生活需求，也具有其不同于其他竞争区域的功能特色；（3）功能融合是一种动态的新陈代谢过程，其动态调整优化能促进区域整体的综合发展效益。

功能融合不是简单的功能混合，功能融合强调从功能类型，功能分布，功能联系及互动等多角度对区内的混合功能进行动态调整优化，充分发挥区内各种功能之间潜在的相关影响、相互支持、彼此联动的可能性，从而最大限度地激发公共活动中心区内部潜在的步行城市生活需求，强化基于步行城市生活联系的内部功能支持效应，进而推动基于多样化功能组合的区内步行城市生活活力。

3.2.2 功能融合动力

作为一个复杂的城市功能子系统，公共活动中心区的功能发展，既有来自市场和各功能单位自下而上的内在推动力，也包括众多外部力量影响和介入后形成的外部驱动力。在市场驱动力作用下，每种城市功能在公共活动中心区的布局选择，虽然不一定是唯一的，但肯定有其内在的驱动力在起作用。如功能属性（开发性或者公益性），承租能力，某些功能的特殊区位和空间环境需求，以及与周边功能是否有聚合效应等。同时，政府的规划引导，开发和金融政策导向，公众及相关利益团体的诉求和协调参与机制，也从外部持续影响区内的功能发展及演变。因此，公共活动中心区内部功能融合的动力是自组织动力与外部机制动力共同作用的结果，具体表现在以下层面：

（1）充分利用土地价值差异的土地利用平面混合动力

在市场动力驱动下，追求土地利用价值最大化是公共活动中心区功能发展的核心动力之一。公共活动中心区的土地利用格局，往往是区内不同街坊/地块土地价值差异的自然体现。如深圳市福田中航苑片区紧邻华强北商业中心区，其原有的土地功能布局，从沿深南大道的酒店、商业、办公逐向北过渡为公寓和住宅。中航苑片区的整体改造方案中，也基本延续了这种土地利用级差格局，沿深南大道增加了新的标志性商务办公综合体，同时商业、办公向北面不断扩展和渗透，并取代了部分改造前的居住职能，这也顺应了改造后片区土地价值提升的趋势。

在公共活动中心区范围内，功能布局的水平分层化、级差化现象是否明显，取决于区内各街坊/地块的微观可达性，如超大街坊背景下，由于街坊内部支路缺乏或不完善，常常形成沿主要街道展开的"一层皮"开发现象。沿主要街道界面土地用途以商业、娱乐、餐饮、办公等竞租能力较高的土地用途为主，这层皮的背后，往往是承租能力较低的居住、小型手工业/低等级的零售业等城市功能。这种"一层皮"的开发模式，既是功能分层化现象的表现，也显示出"一层皮"背后的街区/地块的土地价值和发展潜力没有得到充分发挥。当公共活动中心区发展由一层皮发展模式逐步转向街区化网络化发展模式时，区内街坊/地块的可达性和土地价值趋于均质化，内部功能结构的分层化现象也趋于弱化，土地价值有趋同发展的趋势。但由于历史和现实因素的综合影响（如地块功能现状、开发改造成本等等），基于水平层面土地价值差异产生的功能混合仍是公共活动中心区功能融合发展的主要动力之一。

（2）基于土地价值高企的土地利用立体分层混合动力

土地价值高企背景下，区内不同垂直层面的土地价值差异，也推动了同一地块/单体建筑内部不同垂直层面的功能融合。一般而言，越接近地面层或主要步行网络层面的楼层土地价值越高，往往安排承租能力较强的商业零售功能；在其上不同高度层面，常常出现办公、酒店、公寓乃至住宅等多元化功能的垂直叠加，每种功能因应其对景观/私密性/可达性及与相邻功能的互动联系等不同层面的需求在垂直层面各得其所；一些高层建筑，往往在顶楼利用其特殊的景观资源安排旋转餐厅、观景台等特殊职能；一些高层住宅群落，也出现在空中连廊层插入居住公共配套设施的尝试。同时，地下空间利用的公共化和深层次化也进一步丰富了公共活动中心区的功能垂直混合格局，在公共活动中心区内部地块土地价值趋同和高强度立体化发展的背景下，垂直层面的土地价值差异将在公共活动中心区的功能融合动力中扮演越来越重要的角色。

（3）步行城市生活融合动力

步行城市生活是区内多样化功能活动的联系纽带，反过来也推动了区内多样化功能的混合。在步行活动过程中，区内各种步行可达的功能和活动都有可能成为步行者的目的地，区内各种功能也因此有可能为所有步行者共享。步行环境品质越舒适，不同功能之间的步行联系越便捷，这种功能共享特征就越明显。基于这种共享特征，公共活动中心区内部的各种功能，尤其是和步行城市生活直接相关的公共活动设施和职能，被紧密地联系在一起，从而使区内各种公共性职能和设施，半公共性、半私密性以及私密性功能之间的相互连接、互动和融合成为可能。

基于步行城市生活的融合动力，沿主要步行层面和界面的功能，更容易获得步行者的注意和光顾，其承租能力也相应更高。传统步行活动中心区主要以街道层面作为主要的步行层面，随着公共活动中心区空间的立体化拓展，步行层面也趋于立体化、网络化，多层面的步行网络为区内功能融合增加了更多新的可能性。

（4）功能兼容动力

功能分区产生的源头之一，就是由于传统工业和居住等城市生活功能的不相容。但在后工业社会发展的背景下，都市传统工业逐渐向高科技产业转型，污染减少，产业单位也相应缩小，灵活布局趋向明显，这种新型的产业发展趋势使其与其他城市生活基本职能的兼容成为可能。同时，高新产业在公共活动中心区的重新集聚，也吸引了大批高素质科技人才在公共活动中心区居住、工作和生活。在信息化发展的背景下，知识经济和创意产业等新兴产业的发展和兼容，为城市公共活动中心区的发展注入新的活力。

同时，在当代城市发展背景下，人们日益追求休闲化的生活方式，以及个性化、时尚化、多元化的城市生活体验，后现代城市公共活动中心区作为一种游憩场所和消费空间的特质越来越明显，城市公共职能需求趋于休闲化、游憩化。在公共活动中心区，人们往往希望能同时满足购物、餐饮、休闲娱乐、小憩、交往等多种城市生活需求，希望能感受丰富、多元化的城市生活氛围，追求多样化的公共空间体验等。公共活动中心区作为一种提供一站式城市生活和服务场所的特征日益显著。此外，一些传统公共活动中心区丰富的历史、人文资源和建筑遗产，或者标志性建筑等，也往往会成为众多游客出行的目的地，旅游业逐步成为众多公共活动中心区重点发展的产业之一。于是，在公共活动中心区传统商业、办公等职能结构的基础上，高新产业职能、旅游职能、娱乐休憩职能等功能兼容趋势将进一步推动区内的功能融合。

（5）外部调控动力

公共活动中心区内部功能的自组织运作中，市场力量的自发调节起了主导作用。但市场力量的调节不是万能的。市场机制调节的缺陷主要表现在以下方面：

首先，一些承租能力强、赢利能力高的功能会逐渐排挤一些低承租能力职能。如欧美城市一些高等级商务主导职能的公共活动中心区，高等级的商务职能逐渐排挤区内的住宅、零售店、餐馆和其他辅助职能设施，使公共活动中心区功能发展趋于纯化的现象并不少见。中心区内日常生活服务设施的缺失，将显著影响其步行城市生活活力。

其次，虽然开发性职能的混合和互补可以通过市场力量来引导，但区内公共职能和基础设施，由于具有公共性、非营利性的特征，必须通过政府等公共部门的有效介入才能保障其落实。一些由开发商建设或以公私合作方式建设的公共配套设施，也需要政府的强力监督和引导，并涉及政府和开发商以及公众之间的利益博弈。一些行业协会和民间组织，也可以对区内特定行业或特定区域的功能协调发展起到沟通和协调作用。

3.3 公共活动中心区基于步行导向的功能融合模式

在内部功能自组织发展动力和良性的外部引导控制共同作用下，基于良好的步行城市生活联系的公共活动中心区，其功能融合模式具有以下特征：

3.3.1 功能融合范围的扩展

一个良性发展的公共活动中心区，其功能融合范围会随着步行城市生活空间的日趋完善而逐渐扩大，并最终扩展到一个步行舒适可达的区域范围内。在这个历时性发展过程中，其功能融合，将逐渐从单体建筑/地块、综合体、街区扩展到整个公共活动中心区，进而逐步形成一个功能类型齐全，不同开发单位功能之间相互补充、相互激发的城中之城，行使相对完整的城市综合职能，满足多元化的城市生活需求，提供完善的公共配套设施和开放空间，建构完整的步行城市生活发展单位。

3.3.2 功能融合强度的提升

公共活动中心区功能融合范围的扩大，有利于推动混合功能在公共活动中心区范围内的合理布局，充分利用区内不同街坊/地块的土地利用潜力，带动公共活动中心区土地价值的整体提升；土地价值的提升和活力的增强反过来又将进一步推动区内的功能集聚，公共活动中心区功能集聚度在这种良性的功能发展循环过程中得以不断提高。

由于功能融合强度的提升，各种城市生活需求进一步集聚，使步行城市生活更具优势和魅力；同时，多样化职能的高强度集聚使公共活动中心区功能构成的复杂程度有可能进一步深化，各种相容城市功能之间的相互支持、集聚和共生效应也进一步增强，公共活动中心区功能系统的自我支持、自我完善机制也将进一步优化。并且，公共活动中心区内部的高强度功能融合也使大容量的公共交通支持有足够的客源保障，功能融合发展与步行城市生活活力以及高效的公共交通组织更易于形成一体化的互动格局。当然，每个公共活动中心区功能容量的发展并不是无止境的，也有一个综合效益的最佳平衡点。公共活动中心区功能的集聚超出这个效益平衡点以后，功能的过度集聚会给区域带来难以解决的交通及环境问题，进而影响区内各种功能的正常运作效率和综合效益。

3.3.3 功能融合时段的 24 小时化

公共活动中心区功能向全天候融合转变的动力，来源于当代城市和城市生活方式的转变。有学者认为，我们的社会有发展为"24 小时社会"的趋势，人们的时间利用和活动方式呈现多样化，而电子通信技术的发展也使我们有更多的自由时间，"在一个 24 小时社会里，人们时间利用的方式和活动会受到较少的限制，更多地是根据个人的需要和喜好，并更具有不可预见性。另外，24 小时社会能使人们避开交通的高峰时段，从而减少交通拥塞"[2]。因此，在公共活动中心区的功能配置上，越来越趋向于全天候原则，对某些行业以及特定的服务职能，鼓励其提供全天候的服务，进而推动公共活动中心区内部 24 小时生活方式的发展。如就业职能，会在就业时段为公共活动中心区带来各种城市生活需求，如交通、餐饮、休闲商业、商务联系等等。晚上，当大部分就业人群离开以后，公共活动中心区内部的居住人群，休闲娱乐人群，就填补了就业人群离开后的需求空档，公共活动中心区内部的公共设施、商业服务设施也能继续得到利用，即使在大部分商业设施在晚上 9/10 点钟左右关闭以后，公共活动中心区内部的一些夜生活功能，如酒吧、夜总会等休闲娱乐场所，也还可能为公共活动中心区的街道带来一些人群和活动。公共活动中心区功能从单一时段融合向全天候融合的转变，就是希望通过不同时段功能的整体配置，满足不同时段不同人群的多样化城市生活需求。图 3-1 是丹麦哥本哈根市中心夏天的夜间活动地图，显示出即使在北方地区的夏夜，仍然不乏夜间活动和人流。而在我国南方地区，亚热带气候条件使市民更青睐于丰富多彩的夜生活，其夜间活动地图也将更为丰富和多样。

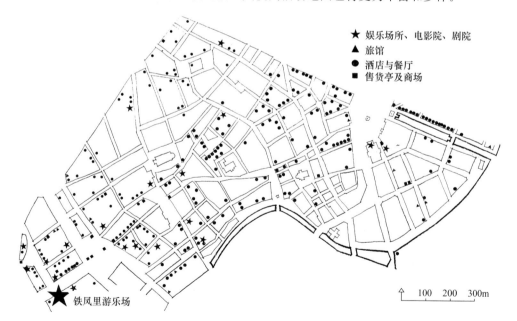

★ 娱乐场所、电影院、剧院
▲ 旅馆
● 酒店与餐厅
■ 售货亭及商场

100 200 300m

★ 铁凤里游乐场

图 3-1 夜间地图——哥本哈根市中心夜晚活动场所的分布图
来源：《公共空间·公共生活》p.35

在公共活动中心区重要的活动节点或街道，也可以根据特定区域的步行者需求，有针对性地引入夜间活动功能或 24 小时营业设施，提供特色化的 24 小时化功能配置，从而确保重要活动节点或街道的 24 小时活力。同时鼓励延长商店营业时间，尤其是周末和节日的营业时间，也是一种行之有效的措施。如香港新鸿基集团顺应这种 24 小时化的商业购物需求，在香港率先推出了 APM 主题商业综合体，香港 APM 将营业时间延长到凌晨甚至通宵营业，以满足部分年轻人群的夜生活需求，以及一些没有时间在白天进行购物休闲活动人群的夜间休闲需求。

能够 24 小时开放的停车空间、开放空间和其他公共设施等，既能有力地支持区内功能融合的全天候效应，也有利于充分挖掘公共活动中心区内部各项设施的使用潜力，提高其利用效率。

3.4 公共活动中心区基于步行导向的功能融合策略

基于公共活动中心区功能融合机制和模式的分析，公共活动中心区的功能发展，需要从宏观、中观及微观功能发展的不同层面入手，提出有针对性的功能融合策略。

3.4.1 基于步行可达性的步行城市生活单元建构

无论是波特曼的协调单元，还是新城市主义的 TOD 模式，都是基于步行可达性的综合步行社区理念。公共活动中心区由于其功能复合化，发展高密度化，空间聚合化的特点，是城市中最适宜发展步行城市生活，也最有可能建构步行城市生活单元的区域之一。

公共活动中心区由于其所在等级、辐射范围的差异，其功能发展强度和空间尺度差异较大。如一些中小城市的公共活动中心，或大城市的分区级/社区级公共活动中心，往往其尺度就在步行可达范围之内，这种尺度的公共活动中心，可以按照一个完整的步行城市生活单元统筹功能布局，形成步行可达范围内的"一站式"中心，保证各种主要的功能需求均能在中心区范围内步行舒适可达。

一些高等级公共活动中心，其尺度往往超越了步行舒适可达范围。在实际的公共活动中心区，往往可以根据历史发展背景，现状发展格局，规划区块划分，人工与自然边界等要素的影响，将公共活动中心区划分为一个或若干个功能区块，再根据各功能区块尺度，步行联系强弱，地理临近关系等，按照 500 米舒适步行可达半径，划分为若干个步行城市生活单元。单元内的各种功能设施均保障步行舒适可达。各单元之间则通过步行/自行车系统，环形公交，地铁站点等交通网络，强化不同步行城市生活单元之间的多层次空间和交通联系，从而强化单元内部及不同单元之间的功能融合。

在步行城市生活单元内部，各种功能配置应充分考虑各种功能单位产生的潜在出行需求，分析区内主要的出行发生源及相关出行目的地的布局。通过科学合理的出行预测和管理，尽量将多数日常城市生活出行需求目的地在单元内部以步行方式解决和消化，从而减少单元内部的机动化出行需求。同时，单元之间，以及单元与外部的出行需求，则通过统筹规划，合理引导相关出行需求主要以步行＋公交的出行方式解决。

3.4.2 引导中心区内部功能构成的多样化

单元内部功能类型多样化及复合化是出行需求内部解决的前提条件，也是形成"一站式"良好步行城市生活体验的必要条件。为推动基于步行可达性的步行城市生活单元形成，需要在不同层面引导中心区内部功能混合架构的建立。

（1）主导职能的多样化

宏观层面，一些单一主导职能类型的公共活动中心区，普遍存在功能结构和城市活力不足的问题。为改变既有的单一功能结构，需要适时地引入新的主导职能，或者在现有的辅助职能构成中逐步孕育和发展新的主导职能，推动公共活动中心区主导职能的多元化，使公共活动中心区的职能构成趋于完善。多元化的主导职能之间，以及主导职能和辅助职能之间，应有良好的相容性和相互支持的互动作用。国内外城市有活力的公共活动中心区，大都具有多样化的功能构成和尺度。如德国柏林波茨坦广场是一个成功的市中心功能多样化发展案例。波茨坦广场开发中，20％为住宅，50％为办公空间，另外30％为商业娱乐空间。而相邻的 ABB＋Terreno 区块中，20％为住宅，70％为办公，10％为商业[3]（图3-2）。

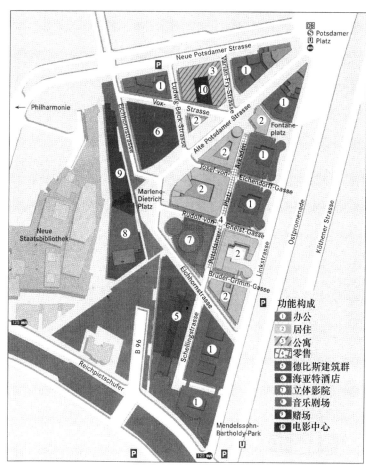

图3-2 波茨坦广场的土地利用混合肌理
来源：《Info Box-the Catalogue》，p.149

公共活动中心区主导职能的多样化，需要充分发挥现有的主导用途的作用，调整一些不适合市场需要的主导职能，而不是在城市更新中清除那些正运作良好的主导用途，尤其是传统城市中心的一些特色职能或聚落。如北京前门大街改造后的商业步行街招商中，一些国内老字号的店铺，面临资金实力更加强大的国际品牌的竞争，如果和其他国际化的品牌采取同样的租金标准，就将难以生存。因此，前门大街招商中，对改造前就在前门开业的13家老字号保证其重新开张营业，对其他通过竞争入驻的中华老字号店铺也采取一定时间内租金优惠的政策，以鼓励传统店铺的继续留存和发展[4]。

（2）辅助职能的多样化

中观功能聚落层面，可以依托强主导性或特色化的主导职能构成，配置多样化的辅助职能。辅助职能的多样性，被雅各布斯称为"二次多样性"，这是与主导职能的"一次多样性"相对而言的。一个高强度复合的公共活动中心区，可能还会出现"三次多样性"甚至更多。辅助职能的多样性，同样有助于满足公共活动中心区内部多样化人群的多元需求。以波茨坦广场中的戴姆勒·奔驰区块为例，该区块占地6.8万平方米（未计入柏林国家图书馆、三角绿地和一幢现状历史建筑等等），总建筑面积为55万平方米（含地下室）。区块内部提供了办公、住宅、公寓、娱乐、酒店等综合性设施。办公设施主要包括德比斯总部和戴姆勒．奔驰公司德国总部以及银行等等，游客和租户可以在公共活动中心区内部找到咖啡馆、饭店、酒吧，还有一个音乐剧院，一个小型赌场，三维电影院，以及高档次的酒店设施——海亚特大酒店等等，公共活动中心区还将若干街坊的街道连接起来，形成覆盖多个街区的大型室内购物广场，内部的商业娱乐设施可以用应有尽有来形容。多种用途的混合为公共活动中心区提供了一种多样化的氛围。

可见，辅助职能的多样化，通过与主导职能的互补、互动效应，有利于完善功能聚落的群聚效应。结合我国城市中心功能发展中普遍存在的问题，在辅助职能配置中有如下建议：

1）避免传统公共活动中心区的居住空心化

如在商务办公聚落里增加住宅、公寓、酒店等居住配套，避免居住空心化。在商业性居住设施开发中，可以借鉴欧美公共活动中心区的经验，要求开发商在居住设施中提供一定比例的低收入住房供出售或出租，对在公共活动中心区居住和生活的原住民，在开发改造中也应尊重其回迁的权利。

2）鼓励提供多样化的公共设施和服务职能

各种适宜的公共和步行支持设施也在功能聚落中扮演功能融合的支持角色。功能聚落中的公共配套设施，既有高等级、大型化的人文艺术设施，如博物馆、艺术中心等；也应包括一些低承租能力的小型商业和服务设施，如一些小零售店、缝纫店、快餐店等。平民化的公共服务和日常城市生活配套，可以满足不同层次的日常城市生活需求，也往往成为区内居民日常交往或信息交流的场所之一。

3）鼓励基于市场动力的多样化的公共设施和服务职能的供给。

（3）个体功能单位内部的功能复合化

基于土地价值最大化的目标，微观层面的独立功能单位发展，同样存在功能复合发展的潜力和动机。基于市场动力的各功能单位内部的功能复合发展，反过来会不断对功能聚落乃至中心区整体的功能混合发展，产生从局部到整体，由量变到质变的渐进影响。

3.4.3 强化各功能区块之间的功能聚落边缘效应

公共活动中心区功能发展中最大的特点就是功能构成的异质性。不同性质的相容功能，以高强度、多样化的混合方式共存。从功能聚合效应的角度，相同或类似功能往往相对集中，形成具有相对主导功能的功能区块。中心区内往往存在若干的功能区块，或者称之为功能聚落。根据生态边缘效应，不同特色功能聚落衔接处，往往有可能产生更为丰富的功能生态、功能强度和功能特色，这种依托区块边界的功能聚落边缘效应，既可以丰富公共活动中心区的整体功能复合性和特色，也有利于克服相关边界障碍，强化各功能区块之间的功能和空间联系，为创造更大尺度的步行城市生活单元奠定基础。

公益性职能聚落与开发性职能聚落的融合互动，也可以视为这种功能聚落边缘效应的体现。公益性职能对开发性职能有触媒效应，如开放空间能提升其周边物业的土地和房产价值，公共设施能吸引更多租户和使用者聚集在其周围。因此，将大体量的开放空间或公共设施集群作为一种功能聚落，其与其他开发性功能聚落的整合布局，可以有效地提升开发性职能的物业价值，同时，也有利于公益性职能和设施提高使用效率。如香港九龙公园与中环高强度开发之间，就形成了城市开放空间与高密度开发功能的均衡组合和共赢效应（图 3-3）。深圳福田中心区北区相对集中的政府办公和公共文化设施集群，也由于在其周边增加了办公和居住地块供应，而获得了更好的城市功能复合效应，有效挖掘了北区土地价值潜力。

图 3-3　从香港九龙公园
看中环 CBD
来源：自摄

3.4.4 推动功能单位尺度的多样化

在公共活动中心区开发中，大尺度功能单位适应大规模整体开发的需要；小尺度功能单位及其组合有利于形成人性化的建筑尺度和步行环境。同时，不同规模的开发项目，使不同实力的开发商有可能获得相对公平的开发机遇，也会推动区内开发运作的灵活性和应对市场需求变化的弹性。大、中、小尺度混合的开发项目构成，在促进公共活动中心区开发弹性的同时，也有利于形成不同特色的功能单位，并提供了创造丰富的空间体验的潜在机会。亚历山大认为，城市发展中，除了功能的平衡，还要考虑建设项目大小的平衡。在渐进发展的子法则中，第一条就是规定任何建设项目都不能过大；第二条是要确保一种合理的大小混合比[5]。不同尺度功能单位的混合比，需要根据市场需求，灵活确定或调整。功能单位尺度的多样化，也可以通过对大尺度单位的细分，或者中小尺度单位的合并来实现。欧美一些城市中心就经常出现大尺度体育设施与小尺度商业街道比邻而居的现象，这种大小尺度功能单位的混合也有利于大尺度功能单位融入城市，并与小尺度功能单位形成相互支持与互动的共赢效应。

　　总之，多样化尺度在公共活动中心区内的混合，可以有效延续传统城市肌理，丰富城市空间体验。以商业经营单位为例，日本许多传统城市中心由于土地私有化原因，通过土地进行整合建设大尺度商业建筑的难度较大。因此，传统的城市肌理得以延续，沿街的小尺度商业及其丰富的业态和空间体验组合，增强了多样化的购物体验和乐趣，如日本京都中心区的花见小路，小体量的沿街商业，精致的建筑细部是其典型特征（图3-4）。同时，结合地铁站点的大尺度商业体量，也为人们提供了更舒适的购物环境和多样化的购物选择。国内一些新城市中心，多以大尺度的商业综合体模式为主，传统的步行街区或街边小店，在商业综合体和网购等新商业模式的冲击下，在不断萎缩或消失，这对公共活动中心区实现多样化的购物环境和步行城市生活体验不利。

图3-4　日本京都花见小路
来源：自摄

3.4.5　推动功能单位土地利用控制的弹性化

　　由于市场的变化难以准确预测，公共活动中心区功能结构希望在整体控制和局部市场力量变化引发的调整之间形成发展平衡，既需要保证公共活动中心区整体发展目标的落实，也需要顺应市场运作的需求，减少政府刚性控制对市场经济的负面影响。基于这种目标，公共活动中心区的功能控制应该有相当的弹性，即在基础设施和公共利益得到保障的前提下，规划控制应该预留开发性设施功能发展的弹性。

　　香港土地使用兼容控制的经验，为公共活动中心区的功能融合控制提供了很好的借鉴。香港由于自身城市土地资源的紧缺，特别重视土地的混合使用控制，以追求每一个地块土地利用效益的最大化。这种控制主要有以下特征：

　　（1）弹性的地块用途控制

　　"香港的法定规划中只对用途做了粗略分类。每一类的用途表均允许建筑楼宇的用户可以在第一栏（Column 1）的多种用途中转换空间用途，而不需要申请规划许可。只有当包括了第二栏（Column 2）时才需要事先申请许可。而通常情况下，这类申请会得到迅速的处理，同时附加或不附加条件，以保证最大的效率。在用途分类中，'商业/住宅'和'住宅（甲类）'为混合用途提供了最大的弹性"[6]。

（2）从对"土地"的用途控制转向"空间"的用途控制

香港的土地利用规划试图通过在同一地块上叠加许多兼容性（甚至有时并非那么兼容）的用途来促进土地利用混合效益的最大化，因此，地块的土地利用控制也相应拓展到空间层面，即对不同空间层次的土地利用也有相关的规定。如在"住宅（甲类）"分类中，经常具体划定一栋楼宇中不同楼层的用途。在绝大多数的旧街区中，同一座楼宇的混合用途是很普遍的，用途表则经常会限制多层楼宇首几层的商业用途，同样地，诸如餐厅、银行和陈列室等用途有时也会在工业建筑的最低几层受到限制[7]。

与香港对城市土地兼容的弹性规定相类似的，是新加坡的"白色地段"（white site）控制，后者也是一种地块土地利用弹性化和兼容化控制的思路。"白色地段"是由新加坡市区重建局（URA）于 1995 年提出并开始试行的新概念。在特定的"白色地段"里，除了明确指定的用途外，还预留了一部分"白色成分"。所谓"白色成分"，是指"白色地块"内可用于指定用途之外其他用途开发的用地性质和用地比例。"白色成分"的多少是白色地段灵活性的体现，发展商可以在一定许可条件下，通过对白色成分的合理调配和布局，充分发挥白色地段的综合效益[8]。"白色地段"及其"白色成分"的设定，为发展商提供更为灵活的功能决策空间，使发展商可以根据市场开发需要，灵活决定经政府许可的土地使用性质，以及各类用途用地所占比例。同时，发展商在"白色地段"租赁使用期间，可以按照招标合同要求，在任何时候，根据需要自由改变混合用地的使用性质和用地比例，而无需缴纳土地溢价（图 3-5）。

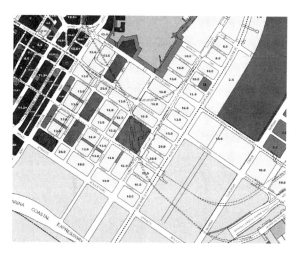

图 3-5　新加坡滨海湾 CBD 白色地块示意图
来源：www.ura.gov.sguol

同时，"白色地段"规划控制中列明了白色成分可选择的用途（如果未列明意图需要进行个案审批）。决定"白色地段"的因素是多方面的，如地段位置、交通设施（是否接近地铁或轻轨）等。一般而言，如果地块接近地铁站，将会拥有更高的白色成分，因为它会吸引更多的人流，从而需要有更多与商业不相关用途与之发展相配合。新加坡目前仍在研究如何更加科学地确定可允许的"白色成分"[9]。

从以上的案例可以看出，多数发达国家和地区城市发展中，都相当重视街坊/地块层面功能控制的弹性化。香港在高强度开发背景下，更是将街区内部的功能混合做到了极致。如香港典型的裙房加塔楼复合开发模式中，裙楼开发中往往复合了地铁换乘/公交巴士站等城市交通设施，与其他商业及公共服务设施无缝衔接，在有限的用地范围内实现多种土地利用的高效融合。

单个街坊/地块的功能融合开发是公共活动中心区功能融合的坚实基础，单个地块的功能融合为公共活动中心区整体的功能发展提供了更大的自由度和发展弹性。随着市场经济的发展和城市土地价值的不断提升，我国城市公共活动中心区应该鼓励更多的复合化开发，并在相关的土地使用兼容性管理机制方面进行相应的改革，使土地利用管理更好地适应市场经济体制下的弹性化/复合化开发需求。

公共活动中心区土地利用控制的弹性，还表现在根据不同区段的发展实际，灵活调整区段土地利用控制的弹性程度。对基本开发成熟，或发展前景明确的片区，可以采取相对严格的土地利用控制；对开发前景不明朗的发展区段，可以预留较多的发展弹性，由市场力量来发挥更大的作用；对一些发展方向看不准的区段，可以作为预留发展用地暂缓开发，待发展前景明朗，或者规划目标明确后再进行开发。这种针对不同发展区段作针对性的灵活控制，在欧美的区划控制中也经常运用。

3.4.6　单元近地面城市功能配置的活性化

步行城市生活发生频率最高的，是公共活动中心区内的近地面城市空间，即沿主要街道层面展开的多层次城市和建筑空间。近地面城市空间，即是城市公共设施和职能配置的最有效空间。从经济学的角度，也希望有限的沿街面能够尽可能多地为不同功能单位所共享，从而充分共享沿街的步行人流带来的商机和活力。近地面城市功能配置的活性化，主要体现在：

（1）沿街功能单位的小型化

充满活力的沿街面，应尽可能避免被单一的功能单位所占据。一些既存大尺度功能单位的临街面，可以插入一些其他的小尺度的功能融合单位，既不会影响大尺度功能单位的正常运作，又避免了沿街面的单一功能架构可能带来的单调性，如一些大型停车场，沿街面可以布置一层或者多层的城市功能；一些大尺度的剧院、体育馆等等，都可以在其沿街面设置复合型的小尺度商业铺面。即使在连续的商业区，也可以将尺度较大的店铺置于建筑或街区的后部，以较窄的出入口吸引沿街的人流，而把沿街部分让给更多的小店铺。如伦敦的大竞技场剧院所在街坊，将沿主要街道的沿街面让给当地的多用途小尺度建筑，无论对城市还是自身都是有利的（图3-6）。

图 3-6　伦敦大竞技场剧院所在街坊平面
来源：《城市设计的维度》，p.174

此外，对于一些大尺度的功能单位而言，街道步行层面的通透性和开放性，可以有效缓解其对公共活动中心区整体的功能割裂作用。在街道步行层面（也可能包括地下或者空中的连续步行层面）可以布置多层次的公共步行通道，相邻街区/地块和公共街道上的人群可以自由地穿越。沿主要公共步行通道可以设置连续的商业和其他城市功能，大尺度功能单位的主导功能可以置于这个公共性较强的商业层面之上，并通过垂直交通或者公共门厅与城市街道生活相联系。这种垂直分层处理，保证了大尺度功能主体和小尺度功能细密联系的并行不悖。

（2）近地空间的公共化

各开发单位近地面城市空间的公共化和开放化，使公共活动中心区有限的城市公共空间资源能扩展到单体开发的建筑内部空间，进而提高区内不同城市功能之间的互动和融合效应。

近地面城市空间的功能配置，首先需要充分考虑引入公共性职能和设施的可能性。相关公共性职能和设施的引入，既可以方便开发单位的使用者，也可以为开发单位带来更多的外部人流，进而提升开发单位的土地价值和商业价值。由此带来的管理矛盾，以及私人开发容量的被占用等问题，则可以通过在规划管理层面的相关协商或补偿机制加以解决。

其次，近地面城市空间的营利性功能配置，也是区内功能活性化的重要基础。作为区内使用者的主要步行活动区域，近地面城市空间的营利性功能，宜以满足区内使用者的日常步行城市生活需求和购物、休闲、娱乐需求为主。相关功能在近地面城市空间的集聚，以及相关公共职能和设施的有效支持，将在功能层面上保障一个充满活力的近地面步行城市生活网络，从而对区内其他城市功能形成强有力的支持。

（3）沿街功能界面的活性化

基于我国城市发展的传统，在街道层面的功能安排中，传统的下商上住的建筑类型可以尽可能保留，并且在新的开发中应延续这一功能传统，并探讨如何挖掘街坊/地块内部商业和城市生活潜力的各种可能性。沿街宜主要布置商业和其他支持城市生活的职能，这对于形成公共活动中心区内部的城市生活氛围非常重要。一些阻碍连续的公共空间和步行活动的设施，如机动车停车场（库）及其出入口、封闭的围墙甚至单调的实墙面等等，要尽量避免设置在主要的步行街道和公共空间界面。

（4）适当放宽沿街建筑层高限制

从城市设计或建筑设计层面，通过适当放宽沿街建筑层高限制，可以提升建筑空间内部不同功能相互转换的可能性，从而带来不同功能界限模糊化的可能。这种方法在功能融合需求最大、功能转换频率最高的步行街道层面最为有效。如荷兰阿姆斯特丹的伯尼奥－斯波仑伯格住区规划设计竞赛中，西8城市设计及景观建筑事务所的方案获得头奖。西8的方案中提出了一个重要的设计原则，即住宅首层层高3.5m（荷兰标准是2.4m）。层高的增加不仅提高了房间里的日光透射率和居住环境的品质，也创造了一种城市氛围。它的主要优点是，从长远看来，首层单元可以更自由地加入其他功能，比如商店、工作室、办公、咖啡店和酒吧，这些单元可以形成一个功能融合的城市综合体[10]。在其他层面，较高的层高设置也可以增加不同功能相互转换的可能性。如新加坡商业园区，将工业厂房的层高由5米限制提高到6米，以增加未来工业厂房转换用途的可能性[11]。

（5）临时或露天功能的提供

一些公共活动中心区口袋公园、广场或室外开放空间，常常被辟为露天餐厅，一些沿街餐厅常常利用部分街道空间，增设露天座位，如果对这些露天餐厅和临时增设的露天座位进行有效的管理（如清洁、卫生、避免有损市容，较宽的步行道使沿街餐厅不干扰沿街步行人流等等），都有利于增加公共活动中心区街道和公共空间的步行城市生活活力。威廉·怀特在《城市小型空间的社会生活》一书中也指出，可移动的座位（草坪也算是一种）、可以购买到食物和饮料是造就一个好的都市空间的关键元素。可见，一些公共空间中提供类似服务的临时摊位有利于增强其活力。

3.5 本章小结

公共活动中心区内部的功能混合发展既有其自组织动力，也需要有效的外部引导和支持。在功能混合发展已逐渐成为共识的大背景下，我国城市公共活动中心区功能混合的理念和具体落实机制层面，仍存在诸多不足。本章首先从宏观、中观和微观的不同层面对我国城市公共活动中心区功能组合中存在的问题进行了分析，随后，基于步行导向的城市设计理念，提出功能融合的理念，并对公共活动中心区的功能融合机制进行分析，进而提出基于步行导向的功能融合模式；最后有针对性地提出相应的功能融合策略（图 3-7）。

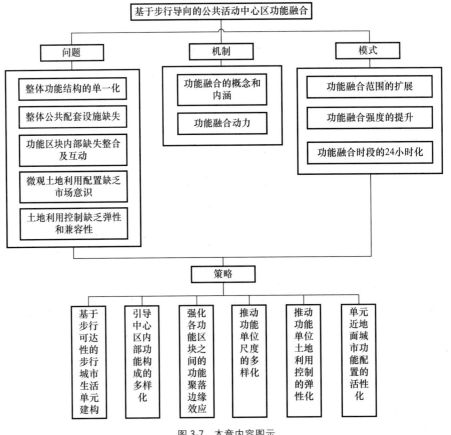

图 3-7 本章内容图示

公共活动中心区的功能融合是基于区内步行城市生活整体协调发展的更大范围的功能联系和互动。通过区内各种功能的有效配置和合理布局，能够充分挖掘公共活动中心区土地利用的潜力，有效地提升公共活动中心区整体的土地利用效益，推动区内资源的共享和高效利用，进而促进区内紧凑高效的步行城市生活的展开。

混合和密度是公共活动中心区功能融合发展的两大要素。不同层次的功能混合是区内功能融合发展的前提，在此基础上，适当的功能发展密度会强化公共活动中心区内的功能联系，推动区内步行城市生活的多样性和复杂性，以及层次、联系和凝聚力等一系列特质；多元化的设施和活动会强化公共领域并给从事不同活动的人群带来丰富的场所空间体验以及安全感。

本章注释

[1] 孙施文. 公共活动中心区与城市公共空间——上海浦东陆家嘴地区的规划评论 [J]. 城市规划，2006，30（8）：66-74。

[2] ［英］Matthew Carmona，Tim Heath Taner Oc et al. 城市设计的维度 公共场所—城市空间 [M]. 冯江，袁粤，傅娟等译. 百通集团：江苏科学技术出版社，2005：191。

[3] 周卫华. 重建柏林——联邦政府区和波茨坦广场 [J]. 世界建筑，1999，（10）：26-31。

[4] 申建丽. 前门大街的"烦恼" [N]. 21世纪经济报道，2007-9-24。

[5] ［美］C·亚历山大等著. 城市设计新理论 [M]. 陈治业，童丽萍译. 北京：知识产权出版社，2002：28。

[6] 黄鹭新. 香港特区的混合用途与法定规划 [J]. 国外城市规划，2002，（6）：49-52。

[7] 同 [6]。

[8] 孙翔. 新加坡"白色地段"概念解析. [J]. 城市规划，2003，（7）：51-6。

[9] 同 [8]。

[10] 孙凌波. 伯尼奥—斯波仑伯格，阿姆斯特丹，荷兰 [J]. 世界建筑，2005，（7）：112-6。

[11] 同 [8]。

第 4 章

公共活动中心区基于步行导向的空间编织

基于良好的功能融合，公共活动中心区提供了多样化的吸引人群来往的步行目的地，这为公共活动中心区步行城市生活的开展提供了功能保障。为了使步行者获得丰富愉悦和便捷的步行体验，公共活动中心区的空间环境组织及城市生活氛围营造，既是对区内各功能发展单位的空间化落实，也将决定每个步行者的步行城市生活质量。本章将从空间维度入手，对基于步行导向的公共活动中心区城市设计进行分析。

4.1　公共活动中心区空间发展中存在的问题

综合性的公共活动中心区需要建构适应步行城市生活发展的空间肌理和内部环境，通过对国内一些城市公共活动中心区的调研，尝试从宏观/中观和微观空间环境层面对一些普遍存在的问题进行梳理。

4.1.1　公共空间缺乏基于步行可达性的系统整合
（1）公共空间碎片化发展，缺乏整合与连接

一些公共活动中心区发展缺乏有效的整体空间架构控制，区内主次公共空间布局缺乏联系和整合的现象较为普遍；街区层面各自为政的开发格局常常导致区内公共空间碎片化，割裂化较为普遍；一些封闭社区的割裂效应更加剧了这种状况；各地块开发缺乏外部城市空间协调，对城市步行空间的连续性和公共性缺乏关注或无所作为。如深圳蔡屋围片区沿深南大道一侧各自为政的街区开发现象，在国内一些城市中心并不鲜见。

（2）公共空间意象趋同，缺乏特色化场所和体验

在全球化发展背景下，许多城市公共活动中心区开发更多地承载了提升城市形象，吸引外部资本的诉求。"国际化"空间形态和城市意象的泛滥，导致众多公共活动中心区空间意象趋同，缺乏特色和地方性表达。一些传统城市核心改造中传统的特色场所和空间肌理遭到破坏，难以激发使用者的空间认同感和归属感，也不利于形成区内有活力的步行城市生活。一些新公共活动中心区单体建筑外形张扬，争当主角。各单体建筑体量和形态之间缺乏协调，导致区内城市景观混乱、无序，难以形成清晰整体的特色城市意象。

4.1.2　街区层面步行城市空间缺乏整合
（1）大尺度街坊内部空间缺乏整合

传统计划经济模式中，城市土地资源往往以无偿划拨的形式分配给各使用单位，各用地单位倾向于要大地块，好地块，各种"单位大院"在传统城市中心屡见不鲜，同时，政府对城市中心支路网络投入不足，建设滞后等，都是我国城市中心大尺度街坊/地块划分传统形成的原因之一。这些大尺度的街坊，由于内部缺乏细密的支路网络，容易形成一层皮的开发模式，对不临街的内部地块而言，其潜在的高土地价值无从体现，造成市中心土地资源的低效利用。在历时性发展中，大尺度街坊往往被随机地切割分块，地块形状不规则，地块之间缺乏公共道路和步行网络的现象比较普遍，容易造成区内步行不便，道路肌理破碎，建筑形态混乱。

（2）大街坊/宽马路城市结构导致街坊/地块的孤岛化

与大尺度街坊/地块对应的常常是宽阔的城市道路，后者切断了相邻街坊邻里之间密切的步行城市生活和空间联系，随着城市道路的不断拓宽和车流量的增加，传统城市道路两侧紧密联系的街道生活已不复存在，因为步行者无法方便地穿越街道。如广州天河中心区，以天河体育中心为核心，形成了多种城市功能的混合开发架构，有商务办公、商业娱乐、居住以及书城等公共文化设施，是广州比较繁华的商务公共活动中心区之一。各种主要的商务开发和商业开发围绕体育中心布置。体育中心较多的开放空间，为其周边的高层建筑形成了景观和空间核心。但由于体育中心为城市干道所环绕，周边开发与体育中心之间的步行联系被切断，使体育中心更像一个城市孤岛，没有充分发挥其作为该片区的功能和空间核心及纽带作用。此外，当前一些公共活动中心区大量建设的城市快速路和高架立交，也切断了公共活动中心区传统邻里之间的视觉、活动和心理联系，形成一些相互隔离的空间孤岛。

（3）大尺度退界导致步行街道与建筑关系趋于疏离

在大街坊、大地块划分的背景下，一些公共活动中心区街坊/地块用地较为宽松，建筑布局自由度大，如果缺乏明确的城市设计导控，街坊/地块建筑师的创作甚至可以用"随心所欲"来形容。同时，我国传统的地块开发控制中鼓励低覆盖率、高绿地率的"公园中的高楼"建设模式，鼓励或明确要求建筑沿用地红线的大尺度后退，很多地块建筑为追求宏伟和标志性的建筑效果，也倾向于建筑在沿街面大尺度后退红线形成广场和绿地前庭。上述因素的综合作用促成公共活动中心区内部点式塔楼与松散裙房相结合的街坊/地块建设模式。这种建设模式忽略了相邻街坊/地块建筑之间的城市空间协调，不利于塑造宜人连续的沿街界面，大尺度后退的塔楼和裙房与沿街步行人流之间难以形成紧密互动的功能和空间联系（图4-1）。

图4-1　上海陆家嘴 CBD 建筑肌理
来源：google 地图

4.1.3　微观步行体验有待完善

公共活动中心区内部街坊/地块的孤岛化、街坊/地块肌理的破碎化，导致大量空间碎片的存在，如被人为障碍阻隔，行人和公众无法到达的公共开放空间；被人为分割后面积较小的插花地，以及相邻开发之间留下的难以被充分利用的残余空间等。这些空间碎片的存在既浪费了宝贵的公共空间资源，也容易打断步行活动和公共空间的连贯性和完整性。一些公共活动中心区内部的步行城市生活空间展开，往往由一些支离破碎的片段组成，微观步行环境缺乏连续性和良好体验；同时街道设施的缺乏，人性化设计理念的缺失，导示系统的混乱，与公交设施的步行连接不便等等，在许多公共活动中心区都时有所见。

4.2　公共活动中心区基于步行导向的空间编织机制

传统城市中心具有适应步行城市生活的良好空间形态，但简单地复制传统空间形态特征，并不符合当代公共活动中心区的历史背景和现实需求。当代快速化/机动化交通主导背景下的公共活动中心区，需要分析影响区内步行城市生活发展的空间形态新要素和新机制。

4.2.1　公共活动中心区空间要素分析

与传统城市中心相比，当代公共活动中心的步行人流，绝大多数是通过各种交通工具从外部引入的，从而在区内形成潮汐式的内外人流交换特征。形成人流交换的交通换乘节点，往往也成为区内步行城市生活的起点或终点。

同时，在高密度发展背景下，区内步行路径及步行城市生活空间，也从传统的街道层面逐步向立体化/网络化拓展，其步行城市生活组织的空间网络复杂度也不断增加。

基于上述背景，概括出以下几种影响区内步行城市生活的主要空间要素：即街坊/地块、步行转换节点、步行核心、步行廊道及步行界面。这些基本空间要素都对公共活动中心区空间的可步行性产生影响。公共活动中心区空间发展中存在的多层面问题，与相关要素缺乏支持步行城市生活的空间发展特质有关。当然每个公共活动中心区可能还存在基于自身发展背景和特色的其他空间影响要素，需要因地制宜地进行分析。

（1）街坊/地块

街坊/地块是支持区内步行城市生活的基本空间单位。街坊是指被城市道路围合而成的完整区域。一般认为，只要是城市交通能够到达和穿越的道路，都可以界定为城市道路，也就相应可以作为街坊界定的边界。街坊作为一种空间单位，有多层面的属性，如自然属性（街坊的尺度、街坊的限定因素及界面）、社会属性（街坊的空间利用权、地下空间开发范围、地上建筑限高）、城市属性（街坊的区位、可达性、历史人文特征以及内部主要城市功能）等。

地块是指街坊内部具有独立用地红线的开发单位。地块是街坊内部基于土地利益权属的最小开发单位，在一个街坊内部，可能有一个或多个地块，每个产权地块与特定项目开发相对应。街坊/地块内部的开发职能，是公共活动中心区步行城市生活需求的基础，也是步行城市生活主要的出发点和目的地，街坊/地块的空间肌理及其空间联系和协调，直接影响区内整体的步行城市生活环境。

（2）步行廊道

步行廊道是承载区内步行城市生活的主要线性空间和联系路径。步行廊道是区内各街坊/地块之间联系和整合的重要纽带。公共活动中心区内部的步行廊道有很多种类型，按廊道的层级，可以分为道、路、街、径四个层次（图 4-2）；按廊道所处的基面，可以分为街面步行廊道、空中步行廊道和地下步行廊道。区内步行廊道系统共同建构区内的"步行肌理"或"步行地图"，区内"步行肌理"的合理性、有效性直接决定区内步行城市生活的可达性和便利性。

道——深圳罗湖区笋岗东路　　　　　　　街——日本福冈市中心街道

径——上海田子坊里弄　　　　　　　　路——深圳南山区某道

图 4-2　道路层次示意图

来源：自摄

在整体性的步行肌理中，不同步行廊道往往还承担多样化的功能空间和社会生活功能。如街道是公共活动中心区中最重要，也是最基本的公共步行廊道，它既作为公共活动中心区主要的交通空间廊道，也往往同时作为供市民休闲小憩的开放空间廊道。一些连续的公共步行廊道也往往和公共活动中心区的开放空间廊道以及商业设施结合设置，形成综合步行廊道。综合步行廊道由于可以同时承担多种职能，有可能形成公共活动中心区的各种空间发展轴线，犹如公共活动中心区发展的"生长脊"，将廊道两侧的"生长单元"串联起来。同时，深入街区/地块内部的步行廊道，能够有效地提升街坊内部的可达性，增加沿步行廊道两侧的商业价值，促进街坊内部地块的开发投资。总之，公共活动中心区的公共步行廊道是各街坊/地块基本空间单位之间的联系通道，也是区内各种人流、物流交换和公共活动的通道，是公共活动中心区功能和空间发展的公共性动脉。

（3）步行转换节点

步行转换节点是指区内各种交通流线/交通模式之间进行衔接和转换的水平或立体化节点。根据步行转换节点在公共活动中心区步行系统中的地位和作用，可以分为步行枢纽节点和末梢节点两类。前者往往是出行目的地多方向，或者多种交通模式进行集中换乘的枢纽型节点；后者是相对而言，出行目的地方向较为单一，或步行与特定交通模式转换的节点。

步行转换节点构成了公共活动中心区外部人流输入的主要源头，因此，区内步行廊道与各转换节点的顺畅连接非常重要。由于各转换节点人流强度较高，也会带动转换节点附近的复合性和高强度开发，进而强化转换节点作为步行城市生活核心节点的地位。同时在高强度、立体化开发背景下，公共活动中心区步行活动密度和强度的增加会催生更细密化的步行交通末梢节点的发展，如局部街坊/地块内部的步行转换节点、小尺度的街角广场/街心小花园等等，都可能和某个地下通道的出入口、轨道交通的人行出入口结合起来，形成多样化的步行交通节点/末梢网络（图4-3）。

（4）步行核心

图4-3　香港中环街头地铁站点
出口步行末梢节点
来源：自摄

步行核心是整体步行廊道网络中的重要节点或空间，也是区内步行城市生活活力最集中的场所所在，步行核心往往和枢纽型步行转换节点形成紧密联系。一个公共活动中心区可能有不止一个步行核心，但至少有一个步行核心。步行核心之间的持续作用激发了中心区发展的连贯性和整体性。公共活动中心区多核心结构中，每个核心往往有其特定的场所特征和使用人群（服务对象），从而形成了人们对不同核心空间场所的归属感和认同感，公共活动中心区在公众的意象中也呈现多层次的多核心意象特征。

（5）步行界面

步行界面是各种步行城市空间的边界，如步行街道界面、广场界面等等；步行界面往往包含了丰富的步行城市生活信息，如对步行空间尺度和边界的限定，对步行线路的有机引导，以及为步行者提供的丰富的步行支持活动和设施的展示等等，良好的步行界面能够激发人们依托步行界面的步行城市生活的开展。一个支持步行城市生活的公共活动中心区，往往都有明晰连续的公共步行界面。

在每一个公共活动中心区，上述五种空间要素同时并存，并相辅相成，共同组构公共活动中心区的整体空间结构。不同街坊/地块的组合方式构成了公共活动中心区基本的空间肌理特征，也塑造了街坊/地块之间的公共步行廊道网络，街坊/地块内部的开放步行廊道进一步强化了区内的步行廊道网络；步行转换节点往往依托主要的步行廊道，为各街坊/地块提供城市公共空间和公共服务，并依靠各街坊/地块的城市功能来维持其繁荣和活力；步行廊道则作为区内步行城市生活的连接纽带，不仅强化了步行核心与各转换节点之间的联系，也维系了街坊/地块之间的多层次互动。公共活动中心区各种类型的步行界面则作为以上三种要素之间相互作用的表现和结果存在，并形成区内空间意象的主要载体之一（图4-4）。

4.2.2　公共活动中心区空间整合模式

基于步行导向的城市设计理念，公共活动中心区的空间整合，希望通过各种步行空间要素的整合，落实支持步行的公共活动中心区空间环境品质，强化区内各种功能发展单位之间的步行城市生活空间联系，推动公共活动中心区的整体发展效益和活力。基于步行导向的公共活动中心区空间整合具有以下特征：

（1）街坊架构为底

所谓街坊架构，是指由街坊/地块及其内部建筑共同组成的三维空间形态特征。街坊

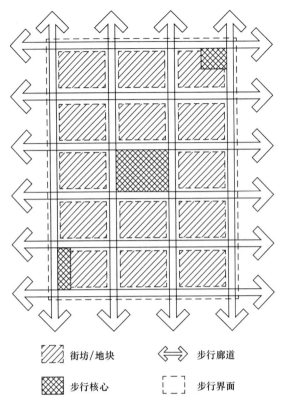

街坊/地块		步行廊道
步行核心		步行界面

图 4-4　公共活动中心区空间要素示意

来源：自绘

架构控制对上是上层次规划和城市设计的深化，对下是对地块和单体建筑开发的控制和引导，街坊/地块是公共活动中心区城市设计和单体建筑师合作的一个结合点，街坊架构也就成为公共活动中心区空间发展的基本骨架。街坊架构控制的意义在于：首先，街坊是公共活动中心区功能和形态结构的基本单元。公共活动中心区整体的城市设计成果必须落实到街坊层面，才有可能落实到具体项目的开发实践中；其次，同一街坊内部一个或多个项目的开发，鉴于街坊的自然属性，必须在城市设计中作为一个整体来考虑其公共空间架构和形体关系，以及其与周边街坊环境的衔接和过渡等等；最后，作为街坊城市设计控制的具体内容，如街坊/地块的城市设计指引等，必须经由建筑师的诠释和创造，才能落实到具体的建筑设计当中。

在相同的开发容量下，同一街坊可能有多样化的街坊架构形态，如图显示出一个公园中的高楼开发模式，可以用低层行列式街坊布局，或不超过3层的周边街坊式开发取代，三种街坊形态的空间密度都是每英亩（hectare）75个住宅单位（图4-5）。1966年4月出版的《土地的使用和建造形式》一书对这种现象作出了精确的数学解释，该书提出弗莱斯内尔方形（Fresnel Square）概念。Fresnel 方形被分为向外宽度减少的同轴的带圈，所有的带圈面积相等并与中央的方形面积相等。根据 Fresnel 方形原理，位于街坊中央方形之上的高层点式建筑，可以用位于街坊周边带圈除中央方形之外的较低层数的街坊围合架构所取代（图4-6，图4-7）。

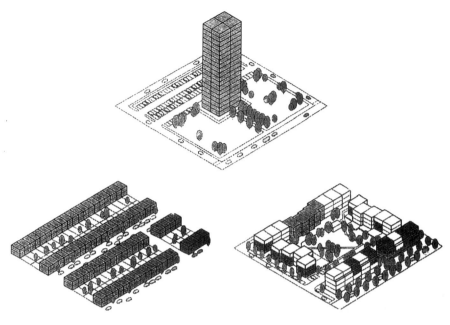

图 4-5　基于相同密度的不同街坊架构

来源：《城市设计的维度》，p. 180

图 4-6　Fresnel 方形

来源：赵勇伟硕士论文《大中型城市 CBD 综合
使用街区单元城市设计》，p. 35

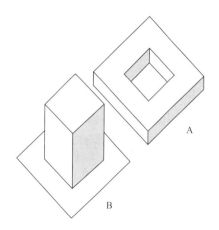

图 4-7　基于 Fresnel 方形的两种街坊布局模式

来源：赵勇伟硕士论文《大中型城市 CBD 综合
使用街区单元城市设计》，p. 36

　　基于 Fresnel 方形原理，在一定的开发容量要求下，街坊架构的变化主要通过建筑密度和建筑高度之间的平衡来实现。如果街坊的总体建筑密度增加，街坊的建筑高度就可以降低；反之亦可。因此，在相同开发指标控制下，如果任凭各街坊/地块建筑师自由发挥，就可能导致相邻街坊/地块空间形态的混乱；而如果能够根据既定的街坊开发容量，确定公共活动中心区适宜的基本街坊架构，如适当的裙房高度和界面控制、塔楼高度和体量及其布局位置的限定等等，就有可能建构一个基本的公共活动中心区空间形态控制框架，这正是公共活动中心区空间维度整合相对独立于功能维度整合的潜力所在。

（2）步行廊道及其网络为图

街坊/地块之间（也包含其内部）的公共步行廊道网络，既是承载了区内步行城市生活的主体空间，也是将各空间要素串联起来的空间纽带。如果说街坊架构确立了区内空间形态的基本结构，那么步行廊道及其网络就决定了区内步行城市空间的品质和体验。步行廊道网络与每个街坊/地块的衔接，步行廊道的界面处理，步行核心与步行廊道网络的联系与互动等等，也是决定区内步行城市生活品质的空间整合重点和难点。

在这种背景下，公共活动中心区的公共步行廊道网络整合，从公共步行城市空间关系入手，协调和整合区内不同空间单位之间的公共步行廊道及其多层次联系，构成了公共活动中心区内部各功能单位之间的空间联系纽带，也相应成为区内城市空间图底关系中的"图形"部分。如传统公共活动中心区以街道、广场为核心，往往形成以建筑为底，公共空间为图的清晰结构。而现代公共活动中心区开发中，往往是道路先行，建筑其次，最后才去关注建筑之间遗留下来的空间。基于这种程序形成的步行城市生活空间体验也就可想而知：即一些零碎的，缺乏关系和整合的空间碎片的随机组合。这种零碎的、断裂的空间集合，难以给置身于区内的步行者和其他人群以明确的空间导向和持续的高品质空间体验。

（3）可步行性作为终极目标

舒适性、便捷性和安全性，是步行城市生活的基本需求，反映到公共活动中心区的特定城市环境中，则可以转化为特定的步行城市空间品质要求。在不同功能的公共活动中心区，基于不同的出行目的，人们对步行活动空间环境的需求也会有所差异。同时，在不同空间形态特征的公共活动中心区，所产生的步行城市生活体验也可能迥异，如欧洲传统城市中心细密城市肌理中的步行活动，和在曼哈顿高楼林立的混凝土森林中的步行活动，是两种截然不同的空间体验。但公共活动中心区作为一种功能高强度集聚，空间立体化发展以及步行城市生活需求高强度交织的城市空间发展单元，仍然具有一些共通的基于步行导向的空间特质。笔者将其归纳为连续性、渗透性、可步行性等。

1）连续性

基于步行效率和舒适度的需要，连续性是公共活动中心区支持步行城市生活空间环境的基本需求。连续性体现在两个方面：一是步行空间不被打断，或形成妨碍步行通过效率的步行障碍。如一些断头路，或者不合理的高差障碍，往往导致步行线路的中断或不必要的绕行，都会对步行空间的连续性造成影响。二是步行系统的平面性要求，即连续的步行系统最好在同一基面展开。如果步行者需要频繁地转换步行的标高层面，或者上下台阶，就会对步行者体力和舒适度造成负面影响。在地形高差较大，或者由于高强度发展导致步行基面频繁变换的一些公共活动中心区，往往需要借助于自动扶梯、电梯等辅助步行工具来减弱步行基面频繁转换的负面影响。

2）渗透性

在城市设计层面，渗透性指人们能够通过选择路线轻松穿过一个地区的便捷性[1]。渗透性与公共活动中心区的街坊/地块尺度，以及街坊/地块内部的步行可穿越性有关。一些具有小尺度街坊和细密步行路径肌理的公共活动中心区，其渗透性就远远优于以大尺度街坊为主且缺乏内部可穿越步行路径的公共活动中心区。良好的渗透性有助于增加步行者步行体验的"节奏间隔",从而强化步行体验的丰富性和连续性。

一些传统城镇都具有良好的渗透性,如《欧洲城市环境白皮书》中反复提及的高密度
意大利山城,以及美国步行区运动中对传统
美国小城镇的发扬等等。我国一些有活力的
传统核心片区,也不乏这样的渗透性。如西
安碑林片区传统商业街中,小尺度的商业街
道形成丰富连续的细密步行网络,一些主要
的商业街面,都有小巷通到街坊内部,在一
些次要商业街,往往店面和居民民宅入口杂
错并置于街面,形成一些丰富的入口空间变
化(图4-8)。

图 4-8　西安碑林片区传统商业空间的渗透性
来源:自摄

而当前一些公共活动中心区内部大尺
度的开发,自我封闭的围墙以及内部公共
步行通道的缺失等等,破坏了支持步行城市生活的良好渗透性,步行者往往要绕行很远,
或者经过很长的单调无趣的步行界面才能到达目的地,降低了区内使用者的步行意愿,
如北京西单商业中心片区新建建筑与传统城市肌理,形成公共空间渗透性的鲜明对比
(图4-9)。

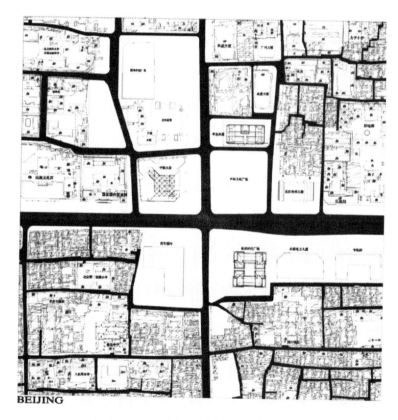

图 4-9　北京西单商业中心新旧开发渗透性比较
来源:《城市取样 1×1》,p92

3）可步行性

可步行性是对步行城市空间品质的一种综合评价。连续性和渗透性只是表达了适宜步行城市空间的物理特性，而可步行性还包含了舒适性、安全性、可读性和丰富宜人的空间体验等一系列影响步行者空间感受的心理和行为需求特征。可步行性不仅仅受到物质空间环境的影响，也与人的心理需求和行为动机有关，如步行活动和交往中存在的自我表现、自我价值实现等行为动机的影响，也和不同人群的社会行为习惯和文化背景有关。因此，可步行性是公共活动中心区步行城市空间品质的综合及特色化判断标准。

4.2.3　空间整合的空间编织理念

单体开发单位的立体化，随着公共活动中心区开发强度的不断提升，已经较为普遍。但外部城市空间的立体化，却面临诸多挑战。首先，外部城市空间的立体化整合，是一个系统的城市工程，既包括城市公共空间网络的立体化，也需要和各开发单位进行有机协同，只有与单体开发的立体化发展同步进行，相互促进，才能获得最大化的整体效益。

因此，随着城市发展日趋复杂和网络化，当代公共活动中心区的空间发展，将呈现出更为复杂和综合的空间发展状态。基于多元化的功能融合及其对区内步行城市生活的支持，公共活动中心区各种空间发展不断向立体化、网络化拓展，并有可能形成各种空间网络及节点相互联系、交织的一种空间整体发展状态。针对公共活动中心区空间整合的特点，本书提出立体编织的公共活动中心区空间整合理念，认为基于步行导向的公共活动中心区，应该提供一种紧密互动，相互联系和交织的步行化城市空间环境，以支持并促进区内的步行城市生活。公共活动中心区空间发展的"立体编织"状态，既有其内在的发展动力，也需要强有力的外部引导和调控。因此，本章试图详尽分析公共活动中心区特有的立体编织状态，梳理其内在运作机制和模式，进而针对性地提出相应的空间编织策略。

4.3　公共活动中心区基于步行导向的空间编织模式

4.3.1　空间肌理从超大街坊转向组群形态

与欧美多数城市中心相比，我国一些城市公共活动中心区发展中形成以超大街坊为主导的空间形态和肌理特征，其产生的深层次背景，可以归纳为以下几个主要方面：

1）计划经济时代，公共活动中心区的土地价值难以体现，大量公共活动中心区土地被无偿划拨给各用地单位，形成小而全的单位大院用地格局；各单位大院自成一体，容易形成自我封闭的超大街坊/地块。

2）长期以来，我国城市基础设施投入有限，城市道路建设往往以主次城市干道为重点，对城市支路网的投资建设滞后。其主要原因在于，"在计划经济体制下，土地市场缺失，城市建设不仅不能带来经济效益，反而要耗用宝贵的政府财政。因此，计划经济时代，政府只能集中财力，拓宽或新建稀疏的城市干道和次干道网络，以及少量的郊区道路"[2]。

3）历史上，我国城市里坊尺度较大，如唐长安城的部分街坊尺度达 1000 米×500 米以上，平均约 500 米×500 米左右。日本的一些城市（如京都等），街坊肌理借鉴了唐长安的里坊肌理，但其街坊尺度小很多。超大街坊传统对我国城市中心肌理的影响延续至今。

大量超大街坊架构的存在，对我国一些公共活动中心区的运作及其活力产生了一些负面影响，如功能和空间发展不平衡、交通拥堵、步行城市生活萎缩等。从步行导向的城市设计视角，有必要对传统的超大街坊空间形态进行反思。

（1）两种形态结构的界定

街坊/地块作为公共活动中心区空间编织的基本单位，其尺度和组合特征很大程度上决定了公共活动中心区空间结构特征。根据公共活动中心区内部街坊/地块尺度及其组合特征，可以将公共活动中心区空间结构分为两大类：超大街坊和组群形态。

超大街坊形态是指以大尺度街坊/地块为基本单位的公共活动中心区空间结构形态。如我国城市主干道的间距一般在 700～1000 米左右，城市次干道之间的间距一般在 400～500 米之间。由城市主次干道围合成的超大街坊较为普遍，大街坊内部的地块分割随意，支路稀疏且不连续，形成以规整的主次干道和内部稀疏的支路网为特征的二元形态肌理特征。

与超大街坊形态相对应，如果公共活动中心区被内部的均质化、细密化街道网络分成众多小尺度的街坊，形成以适宜尺度的街坊/地块为单位的组群化街道网络和空间肌理，笔者将其界定为组群形态。欧美一些公共活动中心区发展中，普遍采用了以小尺度街坊为特征的组群形态城市结构。我国近代租界城市中，租界模式下的城市街区尺度较小，其典型街坊的短边在 40～200 米之间，其中多数在 50～150 米之间，与西方格网城市的街坊尺度相当，与我国城市传统的超大街坊形态形成鲜明对比（图 4-10）。

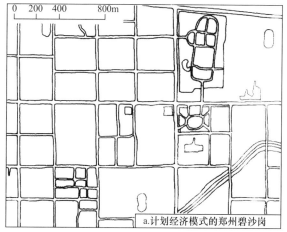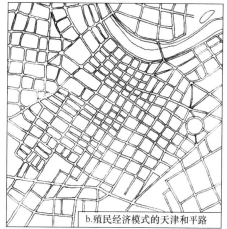

图 4-10　超大街坊与组群形态肌理对比示意

来源：根据《模式与动因》，p. 45 重绘

（2）两种形态结构的对比分析

为方便研究，笔者粗略地假设模式 A 为一个典型的超大街坊尺度为 800 米×800 米

（按道路红线计算），在此基础上，模式 B 对模式 A 进行田字形细分；模式 C 将模式 A 每边细分为 4 等分；模式 D 则将模式 A 每边细分为 8 等分（图 4-11，图 4-12）。如果以欧美公共活动中心区 50~150 米的平均街坊尺度作为参照，A/B 模式更接近超大街坊模式，C/D 模式更接近组群形态模式。四种模式之间的分析对比如下：

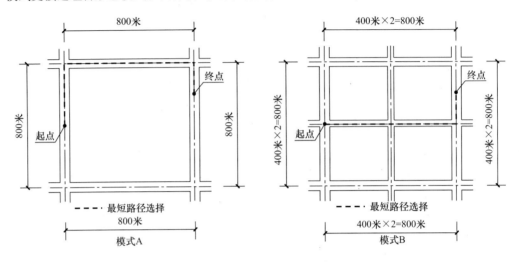

图 4-11　A/B 模式的街坊细分示意图

来源：自绘

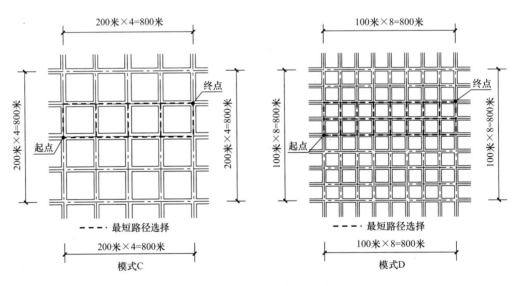

图 4-12　C/D 模式的街坊细分示意图

来源：自绘

1）街坊/地块尺度和肌理比较

从 A 到 D 四种模式中，街坊尺度依次缩小。小尺度规整街坊的批地和建设模式，容易形成规整有序的街坊/地块肌理，地块内建筑尺度、朝向也容易协调。相反，在我国一些超大街坊开发中，地块常常是根据开发项目的实际需要进行量体裁衣的随机分割。因而超大街坊内部容易形成不规则的地块分割，并且在土地细分或合并过程中地块肌理破碎化现象不断加剧，直接影响到街坊内部建筑尺度、朝向的无序和混乱，一些难以充分利用的边角碎料空间也容易产生。如深圳国贸中心街坊在历时性发展中形成的地块分割格局就是一个地块肌理破碎化的典型（图 4-13）。

2）可达性比较

A/B 模式中，超大街坊内部不同地块的空间可达性不均衡，沿街地块的可达性较高，街坊内部地块由于可达性较差导致土地价值偏低。不同街坊/地块的可达性差异容易形成区内功能和空间的不平衡发展，即由于各种开发竞相争夺可达性较高的沿街地块，容易导致沿街一层皮的开发；而可达性较差的超大街坊内部地块土地却少人问津，其土地价值也难以充分发挥。

C/D 模式基本上能够保证每个地块都有临街面，使每个地块内部的交通组织较为独立，也相对灵活。可达性差异的缩小，使公共活动中心区内部各地块的土地价值最大化，同时，开发商投资开发的地块可选择余地也较多。

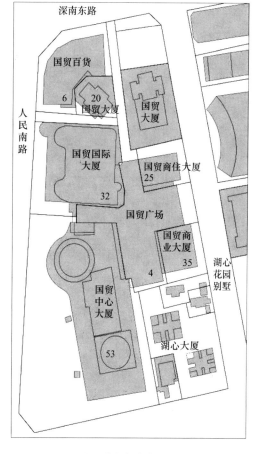

图 4-13　国贸中心街坊破碎的地块肌理
来源：《模式与动因》，p. 119

3）基础设施供给比较

超大街坊结构中，一些内部地块缺乏与城市道路的直接联系，内部地块的道路及其他基础设施通道往往要穿越某个直接临街的地块，容易产生相互干扰和纠纷，也容易造成基础设施管线铺设的低标准和临时性特征，并且难以保障其有效的维护和管理。在计划经济模式下，这些弊端由于土地的无偿划拨而并不突出，但在市场经济模式下，如果相邻地块的市政管线设施影响到地块开发的土地使用和经济利益时，相关的利益纠纷不可避免，内部地块的基础设施供应也就缺乏有效的保障。

组群形态结构中，由于所有或者绝大多数的地块，都至少有一个临街面宽，因此，组群形态模式为各地块公共基础设施的引入建立了方便的接入路径。每个地块的开发中，可以根据开发或改造的需要，方便地与区内基础设施管线网络连接；并且区内基础设施管线网络的建设、运营、维护和调整，都与地块开发相对独立。

4）步行路径比较

超大街坊结构中，当街坊内部无法自由穿越时，由于街坊尺度较大，且内部支路网较稀疏，步行者往往要绕行较大的距离，才能到达目的地，步行可选择的路径也相对较少。在组群形态结构中，由于街坊尺度较小，细密的街道网络自然形成了渗透性较强的公共步行通道网络，步行者不需要绕行很大的距离就可以到达目的地。同时，步行者从一个目的地到达另一个目的地的可选择路径增加，有利于鼓励步行出行。如在上述四种模式中，笔者随机设定步行线路的起点和终点（均可通过公共街道到达），计算从起点到终点的最短步行距离和可选择的步行路径，其比较详表 4-1。

A、B、C、D 四种模式对比　　　　　　　　　　　　表 4-1

模式	街坊数量	街坊尺度（m×m）	临街面长度（m）	道路面积（公顷）	路网结构及道路宽度	交通节点	特定两点间可选择步行路径数量
A	1	800×800	2960	9.24	周边环路 60m	4	1
B	14	400×400	5600	15	周边环路 60m，内部十字路 40m	12	1
C	16	200×200	10880	17.76	平均路网 30m	25	5
D	64	100×100	20480	23.04	平均路网 20m	81	45

5）沿街面长度和街道生活

通过计算，四种模式的沿街面长度见表 4-1（外围的沿街面长度均只计算单侧）。由表可知，组群形态结构（C/D 模式）的沿街面长度远大于超大街坊形态结构（A/B 模式）。从数据中也可以看出，街坊尺度越小，沿街面总长度越大。在公共活动中心区，沿街面往往具有最高的经济价值，尤其是对商业和服务设施而言。因此，沿街面长度的增加，意味着在同样的城市土地范围内，可提供的沿街商业店面的面积也会相应增加，公共活动中心区的土地价值潜力也得到充分发挥。

同时，与适宜的街道宽度和街道设计相配合，沿街面长度的增加，也意味着城市街道生活公共空间的供应量增加。因此，组群形态结构有助于重新回归传统的城市街道生活。在充满活力的沿街面上，经济活力、社会交往和各种潜在的城市发展机会，都有可能孕育产生。

6）开发建设模式比较

在较小尺度的街坊/地块中，即使在高密度发展的公共活动中心区，每个开发单位的开发容量都不是很大，这使得小规模的开发在公共活动中心区内部有更多的实现机会。当公共活动中心区内部需要大尺度的开发地块时，又可以通过合并街坊或地块来满足，因此，小尺度街坊/地块的划分模式更有利于对市场开发需求的弹性满足；同时，在公共活动中心区范围内，通过分割成为更小尺度的可出让的街坊/地块，政府可控制的土地出让单位就越多，有利于政府根据公共活动中心区开发的实际需要，逐步分批地推出土地，因此，组群形态的公共活动中心区适应多种开发模式的需求，具有更大的适应市场需求变化的实施弹性。基于网络状的城市道路基本骨架，基于组群形态的街坊/地块的再分和合并，并不会对公共活动中心区的空间环境基本架构产生颠覆性的影响，公共活动中心区空间发展以街坊为单位的延续性和稳定性特征较为明显。

在超大街坊结构中，由于沿街地块土地价值较高，往往会进行较多较频繁的细分。而街坊内部地块，由于土地价值较低，往往尺度划分较大，更新改造速度较为缓慢。即使有改造，也往往是对内部大地块的局部蚕食。因此，超大街坊内部地块的开发具有较为明显的土地价值差异限制，当沿街地块的土地价值不断被挖掘时，除非对公共活动中心区进行整体改造，否则，内部地块再开发或改造的机会总是要明显低于沿街地块。

同时，由于初始的地块划分具有随意性和不规则性的特点，在公共活动中心区历时性的发展过程中，对地块的细分和合并将使超大街坊的地块肌理趋于复杂、破碎，甚至面目全非，从而使多次开发改造的结果，有可能形成超大街坊内部空间形态、地块肌理和交通结构等的根本变化，超大街坊发展的稳定性和延续性较差。

总之，当超大街坊的整体开发难以实现时，大街坊内部往往被切割为若干地块，提供给不同的开发商。由于缺乏有效的公共领域控制，单个地块开发之间往往缺乏整体组织和协调，难以形成街坊内部完整的空间环境，街坊的渗透性也将大打折扣。因此，与缺乏整体开发控制的超大街坊形态相比，组群形态在土地价值提升、步行支持、基础设施的安排乃至开发建设模式等方面，都具有明显的优势。基于上述分析，今后我国城市公共活动中心区发展中，应改变传统的粗放式以城市主次干道为主导的土地划分模式，根据各城市及中心区的实际发展需求，因地制宜地确定合理的街坊/地块尺度，推动片区空间肌理由超大街坊向组群形态的转型。

（3）超大街坊的组群化

组群形态并不意味着简单套用欧美城市中心的方格网城市肌理。曼哈顿等欧美城市中心整齐划一的城市格网形态，一方面是市场经济发展需求的体现，另一方面也是方便城市土地开发运作的一种现实考虑，严格的格网形态在为城市中心的发展提供了一个理性秩序基础的同时，也被批评为"消灭了地方性的细节"[3]。各城市中心需要结合自身发展实际和地方性特征，因地制宜地设定、发展和延续地方性的组群形态空间结构。一些历史发展中形成的特色城市肌理和空间形态特征，也是地方性组群形态建构的基础。如欧洲一些传统城市中心细密的小巷，形成迷人多变的步行城市乐趣（图 4-14）；我国一些传统城市中心内部的支路网络，如上海里弄，北京胡同，南方城市里的冷巷等，既增加了城市步行网络的细密性，也是城市长期历史发展中逐渐形成的特色肌理，需要有意识地加以保留或强化，进而逐步演化成为一种顺应当代城市发展需求的有机组群形态。

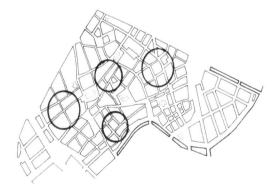

图 4-14　哥本哈根市中心的步行小巷
来源：《公共空间·公共生活》p. 27

同样，超大街坊形态也并非一无是处。超大街坊形态中产生的一些不适应步行城市生活发展的问题，既有超大街坊形态自身局限性的影响，也与一些不合理的规划设计取向有关，如超大街坊的自我封闭设计倾向，大尺度城市巨构设计取向等等。在特定开发条件和背景下，超大街坊的开发架构仍有其运用价值。如果运用良好的城市设计策略，也可能形成超大街坊内部良好的可步行性。当前国内外一些基于超大街坊的整体开发案例中，已逐步呈现出超大街坊内部细密化功能和公共空间网络塑造的公共化、组群化发展趋势。如东京六本木新城开发中，对城市开放的内部环境和细密化的内部公共空间网络以及步行联系，保障了新城所有功能和设施的良好可达性。香港的一些超大街坊整体开发，往往与轨道交通站点紧密联系，或者将几层裙房部分或全部向城市开放，各种城市性功能和活动在其间有条不紊地组织，从而弱化了超大街坊架构的局限性。深圳大鹏半岛新大城市中心城市设计咨询中，设计单位提出一种多功能混合超大街坊的发展原型。这种原型的特征在于超大街坊内部的公共街道化、超大街坊底层公共化和通道化、超大街坊垂直层面功能的立体叠加以及超大街坊立体化生态开放空间的引入等等（图4-15，图4-16）。这种"新型"超大街坊设想本质上可以理解为对传统超大街坊的组群化操作。基于组群化操作的思路，使不同开发商对超大街坊的不同区段进行独立开发成为可能，同时又能够维持超大街坊发展架构的整体性和运作的高效益。笔者以为，虽然这种超大街坊组群化的具体开发模式在实践中的可行性还有待验证，但其对超大街坊的组群化操作思路，为我国公共活动中心区超大街坊发展架构的重新整合提供了一种新思路。即在既有的超大街坊发展架构中，也可以通过增加支路网密度，打通不连续、不完整的支路网络等，推动其组群化分解和重构。如在传统的沿主干道的一层皮开发模式中，通过有意识增加垂直于主干道的发展路径，形成与带状发展主轴垂直的纵深发展，可以推动沿街一层皮式开发模式向面状街坊组群开发转变。同时，在公共活动中心区大尺度开发的街坊/地块合并中，应注重保留街坊/地块间原有的机动车或人行通道，避免大尺度开发对原有细密化街道网络的破坏。

30×30m+40×40m towers
with housing and hotels
varying in height;
average height of 10/15 floors
居住或酒店塔楼高度不等，
平均层数在10~15层

Border of housing and offices with
an average height of 6 floors
连续的居住/办公街墙平均高度
为六层

Level of green, with facillties
花园、绿化及相关活动设施层

8米高底层空间安排各种功能，
如商业、电影院、办公、画廊、
停车等
8 meter high level with all sorts
of functions, like commerce,
cinemas, offices, galeries, parking,
etc.

图4-15 多功能混合超大街坊发展模型
来源：荷兰高柏公司深圳大鹏半岛新大城市中心城市设计咨询方案

图 4-16　基于超大街坊模型的城市设计概念
来源：荷兰高柏公司深圳大鹏半岛新大城市中心城市设计咨询方案

4.3.2　街坊架构从"公园中的高楼"模式转向规整连续

"公园中的高楼"街坊架构模式，不是利用低层建筑形成连续的街道和街道生活，而是倾向于以点式的高层建筑坐落在宽广的城市广场和大片的城市绿地之中，形成孤立的纪念碑式的建筑和大而无当的城市开放空间。建筑设计往往惟我独尊，缺乏与周边城市环境和相邻建筑的协调意识，缺乏融入周边城市环境，形成建筑和空间整体群落的设计意识。由于大片绿地或城市广场缺乏建筑的有效限定，无法形成城市空间的连续感和归属感，巨大的尺度也使人们无所适从，因而这种绿地和广场的利用率不高。最早的"公园中的高楼"原型来自于柯布西耶的伏阿辛规划，在该规划中，传统的巴黎多层周边围合式街坊，以及传统城市街道生活空间被抛弃，取而代之的是均匀分布于超大街坊内部的高层住宅塔楼，以获得充足的阳光、空气和开放空间（伏阿辛规划参见图 2-3）。战后，柯布西耶的"公园中的高楼"理念，在昌迪加尔和巴西利亚新公共活动中心区的规划设计中得到体现。以昌迪加尔为例，公共活动中心区的主要行政、商业建筑分别布置在超大街坊中，每个街坊均以低密度的高层建筑为主，环以大片的城市开放空间，如行政中心布置在 800 米×800 米的公园绿地背景中，并以雄伟的喜马拉雅山峦作为背景。在这些新城市中心，"公园中的高楼"开发模式造成传统城市街坊架构的解体，传统的城市街道生活难以为继，取而代之的是缺乏良好限定的连续开放空间。

欧美 20 世纪六七十年代的公共活动中心区复兴中，受到现代主义城市规划思想的影响，也大量采用了"公园中的高楼"开发模式，唯一不同的是柯布西耶设想的高楼之间的公园被大片的停车场所代替。为了满足办公职员的大量通勤需求，城市中心内开辟了新的城市快速路系统，大面积的停车空间取代了传统的城市街道和广场，办公大楼变成孤立在停车场中的孤岛。同样，"公园中的高楼"模式对我国城市建设也产生了深远的影响。在街坊/地块的开发建设层面，建筑组合以点式塔楼和少量裙房为主，甚至没有裙房。塔楼和裙房后退红线较多，布局随意，各种朝向、形状和造型的高层建筑在各个地块内部拔地而起，五花八门，各自为政。由于裙房较少，后退红线较多，且各地块裙房建筑后退大小不一，难以形成连续的沿街界面，多数街坊/地块形成点式高层建筑加大而无当的"绿地广场"设计的街坊架构。这些"绿地广场"往往被用地围墙与外部城市空间隔离，或者被内部停车场所占据，形成相互疏离的建筑与街道，难以形成区内步行城市空间网络的完整性和连续性。

在这种背景下，为形成公共活动中心区整体的步行城市空间网络，需要转变"公园中的高楼"开发模式，回归规整连续的街坊架构。当代公共活动中心区的空间形态发展背景，虽然已经迥异于传统公共活动中心区，但传统公共活动中心区和谐整体的空间肌理和公共空间秩序，仍然对当代公共活动中心区街坊形态层面的三维空间控制具有启示和借鉴意义，具体体现在：

（1）形成公共活动中心区内部与步行城市生活紧密联系连续的公共空间系统；

（2）沿主要的公共活动中心区公共空间界面形成宜人的步行尺度，避免或削弱高层建筑造成的压抑感；

（3）对公共活动中心区内部各单体建筑的高度、体量、色彩、材料乃至细部进行整体控制和协调。

可见，传统公共活动中心区空间形态的整体性和协调性，很大程度上基于组群形态空间架构基础上规整延续的街坊架构控制。即以街坊/地块为单位，在组群形态发展的前提下，重构规整连续的街坊架构特征，规整街坊界面，重拾城市街道生活，重塑区内支持步行城市生活的公共空间品质。

4.3.3 空间联系从平面化转向立体交织

这里的空间联系是多层次的，既包括单一街坊/开发地块内部的联系，更注重不同街坊/开发地块之间的立体化、网络化空间联系。空间联系的表现形态，包括水平联系（可以在不同的标高层面）的步行廊道，支持步行的公共开放空间，也包括侧重垂直联系的自动扶梯、电梯、坡道等步行辅助交通系统。

立体交织的理想状态表现如下：

（1）立体化是指区内空间联系从相对单一的地面联系转变为结合地下、地面以及空中层面等多标高层面的联系。随着公共活动中心区开发强度的不断提升，区内建筑功能乃至城市空间向地下和空中延展的强度越来越高，其地下及空中空间联系也逐渐从单一标高联系向多层面、多标高联系过渡。

（2）交织化是对区内空间联系强度的描述。区内空间水平联系层面的增加反过来对同一区位/开发单位不同层面之间，以及不同区位/开发单位之间的垂直交通联系节点和强度有更高的要求。交织化意即同时增加公共活动中心区内公共空间及各单体开发之间的水平和垂直联系强度，进而形成细密化，网络化，高强度的区内空间联系，这种空间联系状态，为区内各种功能和多样化交通出行模式提供了不受干扰的空间，也为这些独立功能空间之间的高强度、便捷联系提供了强有力的支撑。如日本 JR 大阪站周边地区开发就充分体现出立体交织的空间联系特征（图 4-17）。

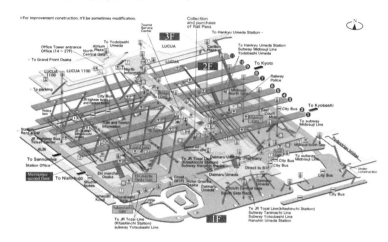

图 4-17　JR 大阪站立体交通示意图
来源：httpwww. westjr. co. jp JR 大阪站立体交通示意图

4.4　公共活动中心区基于步行导向的立体编织策略

4.4.1　整体空间结构的步行化导控策略

（1）推动区内基于步行导向的整体空间形态控制

城市及分区层面基于步行导向的空间形态控制，为特定公共活动中心区的空间整合提供了前提和线索。作为一个整体的步行城市生活单位，强化公共活动中心区与其周边城市环境的步行联系和互动，是其融入区域整体步行城市生活的基础。通过建立与周边城市空间的多层次步行联系，发展与周边城市环境良性互动的周边步行界面或步行核心，有效吸引周边地区的步行人流，逐步确立公共活动中心区基于步行导向的周边环境联系架构。在此基础上，逐步建立内部基于步行导向的整体空间骨架，如区内整体的公共步行网络设计，主要步行核心及节点空间的合理安排，主要开放空间的布局及其可达性控制，以及区内从空间肌理/街坊架构到整体步行环境品质的通则性导控等（图 4-18）。

这种基于步行城市生活单位的整体空间形态控制，确保了区内支持步行的基本空间结构，并通过各种开发导控机制引导区内各种开发在严格遵循并有效适应外部空间网络的基础上，逐步完善其内部功能/空间结构与外部空间网络的联系和互动，进而实现其内外部空间一体化的步行导向设计。

（2）建构公共活动中心区支持步行导向的特色空间意象

除了高品质的物质步行环境支持，在促进步行城市生活的精神认知层面上，一个有地方特色意象的公共活动中心区，不仅能够为当地居民和就业者创造领域感和社区归属感，

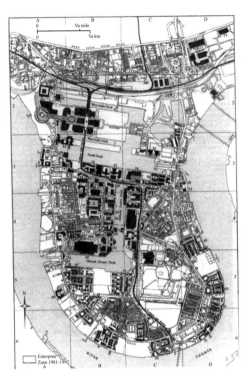

图 4-18　英国伦敦道克兰总平面图

来源：魏亮. 大型发展项目中的公共空间——
上海浦东与伦敦道克兰的比较研究

也能吸引来自城市各处的人群，如游客、其他地区的居民，乃至经过的路人等等。完整鲜明的地方特色意象，往往成为公共活动中心区的心理归属感的认知源泉。如以丹麦哥本哈根市中心为代表的一些欧洲传统城市中心，大都能够坚守其传统空间形态和历史肌理，在历史建筑和地方人文特色保护的前提下，逐步对传统建筑进行适应现代城市生活需求的有限改造，形成传统人文特色和现代城市生活的有机结合。

当前我国一些传统公共活动中心区的开发改造中，对传统历史肌理和人文价值的破坏屡见不鲜，一些新建的公共活动中心区的快速发展，也往往以地方性的历史、人文和自然资源的消失为代价，公共活动中心区整体和地方性的空间意象难以形成。为引导公共活动中心区整体空间意象的形成和发展，需要对公共活动中心区进行明确的特色风貌定位，并运用综合的空间形态控制手段，对既有的空间特色进行保护和强化，同时利用各种开发机遇，引导区内特色空间和整体风貌的有序发展。

4.4.2　街坊架构的规整化策略

公共活动中心街坊架构的控制内容包括：街坊/地块内部的建筑组合、布局、体量、高度控制、沿街界面及建筑退线控制、沿街界面的立面风格、材料及细部控制等。无论是新公共活动中心区建设还是传统公共活动中心区改造中，都需要逐步引导建立整体的街坊架构，作为公共活动中心区空间编织的基础。

（1）街坊/地块划分的小型化、规整化

有西方学者认为，对于街道和小区布局，一般可接受的渗透性标准为 1 英亩到 1 公顷。按照这个标准，街道的交叉点大约位于 70～100m 之间。街道和小区格局是衡量渗透性和可接近性的重要指标，同时它又是衡量居民活动方便程度的重要参数。街道格局决定着其与邻近地区可渗透程度的高低。传统的小街区格局往往是，周围有公共道路环绕，通道多，并且选择的余地大。而建立在单向开发之上的等级街道格局通道少，选择的余地也小，等级式格局降低了小区的渗透性[4]。

同时，高土地价值背景下，多数实力有限的开发商，只能承受较小规模的开发项目。如果地块尺度划分过大，容易导致地块容积率偏低，难以充分发挥高土地价值地块的土地利用潜力。因此，土地价值越高，其街坊/地块的平均尺度趋于缩小，一般认为，最小尺度的街坊应出现在城市公共活动中心区。一些学者也对我国城市中心街坊的适宜尺度进行了研究，如梁江、孙晖通过对中外城市中心区案例的分析研究，根据街坊尺度初划宁小勿大的原则，提出我国城市中心街坊规划的理想尺度应该是：街坊边长在 100m 上下，街坊面积约为 1～1.5ha。并根据公共活动中心区经济发展的活跃程度可以适当调整，经济活跃度高的可以做得比 100m 更小，如 80m 左右；而活跃度相对较低的，可以做得比 100m 更大，如 120～150m 左右[5]。

除了控制公共活动中心区适宜的街坊尺度，对公共活动中心区组群形态的预设，还需要注重街坊/地块的匀质化、规整化细分。匀质化、规整化的街坊/地块细分，有利于形成开发条件接近的均好性地块，从而增加公共活动中心区招商引资的弹性和灵活性。同时，匀质化、规整化的街坊/地块细分与公共活动中心区细密规整的路网结构相对应，可以形成每个街坊/地块较多的临街面和较高的可达性，增加了每个街坊/地块交通组织和功能布局的弹性，有利于公共活动中心区土地价值和土地使用效益的充分发挥。

在肌理混杂、混乱的现状公共活动中心区，在不破坏区内历史、人文环境特色的前提下，对一些不规则的街坊/地块进行适当规整；对断头路或者尽端路进行多种方式的延伸、连续（如强力改造或基于现状许可条件的灵活处理）；对尺度、断面不一、方向曲折的街道进行合理改造；大街坊内部可以通过适当的增加支路，改善其内部地块的可达性；对不合理的地块划分（地块尺度过小或过大，地块形状不规则或分割不合理等），也要根据市场和土地价值规律及时调整。

深圳福田中心区 22/23-1 街坊城市设计的街坊/地块重划过程中，就呈现出明显的街坊/地块小型化，路网肌理细密化的趋势[6]（图 4-19）。早期的地块划分延续了传统的超大街坊形态，在 1998 年的法定图则深化过程中，在超大街坊内部增设了部分支路，但仍然存在一些不规则的大街坊/地块。在 SOM 公司编制的 22/23-1 街坊城市设计实施方案中，在保持已批出地块开发容量不变的前提下，缩小街坊尺度（街坊尺度控制在 100m 左右），设置细密连续的支路网络（支路宽度控制在约 20m，道路面积率达到约 30%），并将地块缩小后的公共土地，集合为两个街坊公园，所有地块围绕街坊公园布置，既提升了片区整体的步行环境品质，也相应提高了各地块的土地价值和均好性。这是一个典型的通过土地细分综合解决公共活动中心区空间发展矛盾的规划设计案例。

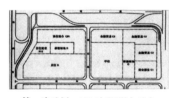

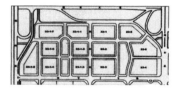

第一次重划：1995年深圳市城市　　第二次重划：1998年8月深圳市法定图则　　第三次重划：1998年10月美国
规划设计研究方案　　　　　　　　　　　　　　　　　　　　　　　　　　　　　SOM公司方案

图 4-19　22/23-1 街坊历次重划变迁图

来源：《规划师》2006 年第 10 期，p.49

（2）鼓励低层连续沿街体量和高层体量的有机叠合

在高层建设与多层开发混合的公共活动中心区，为避免一些公共活动中心区开发中建筑布局混乱，形态各异，街道界面缺乏限定、不连续等问题，综合诸多既有的成功案例，笔者建议可以发展基于多层裙房和高层体量有机配合的分层叠合型街坊架构。在这种叠合型街坊架构中，多层裙房作为限定公共活动中心区街坊架构的一个基本空间体量，规整连续的裙房体量有利于形成连续的街道界面，并有效限定广场等开放空间。而高层建筑的位置，必须配合这个基本的空间转换层结构，在满足消防等相关建设规范的前提下，有的塔楼本身就成为这个连续空间界面的一部分，有的塔楼可以退缩到转换层之后。基于这种叠合结构，独立的点式高层建筑由连续的多层转换结构串联起来，共同形成一个整体的都市结构。这个多层转换结构的意义不仅在于对区内步行城市空间界面的限定和统合，也起到将各个塔楼垂直方向伸展的城市功能在水平方向多层次联系起来的作用。同时，多层裙房联系结构的屋面，可以考虑设计成另一层面的步行交往城市空间和绿化空间，既增加了公共活动中心区街坊内部工作人员的室外活动空间，也解决了从高楼俯瞰多层裙房结构的第五立面问题。如 SOM 在福田公共活动中心区 22/23-1 街坊城市设计中，就充分考虑了沿街裙房体量的延续性以及与塔楼体量和界面的相互叠合。为形成连续的街道界面，一些塔楼边界与裙房界面取齐并直接落地，在主要的步行道以连续的骑楼界面加以统一（图 4-20）。

图 4-20　22/23-1 街坊城市设计街坊
体量控制示意
来源：《深圳市中心区 22、23-1 街坊城市
设计与建筑设计》，p.15

（3）避免大尺度的沿街红线后退

公园中的高楼模式形成，往往与街坊/地块规划设计条件中较低的建筑覆盖率要求有关。在公共活动中心区，较大的后退红线距离可能性会导致沿街建筑界面参差不齐，难以形成连续的街道界面和亲切的步行尺度。由于后退红线过大，常常会在后退红线距离范围内插入地面停车、零碎的绿化等不当的土地使用，从而阻隔步行活动与建筑内部功能的便捷联系，使行人很难接近建筑物并看清建筑内部的商业和零售活动。

事实上，为提高公共活动中心区街坊架构的规整性，一些公共活动中心区的建筑覆盖率有不断提高的趋势，如 1998 年 SOM 为深圳福田公共活动中心区所做的 22、23-1 街坊城市设计中，原有规划的地块覆盖率平均约为 45%。SOM 的城市设计，从提升每个地块的可达性及土地价值入手，增加了区内支路网密度，同时在两个区块核心分别增加了一个小型公园。由此导致每个地块用地减少，在每个地块开发容量不变的前提下，SOM 将每个地块的许可覆盖率提高到 90%，实际覆盖率为 80%。基于地块建筑覆盖率的提高，建筑后退用地红线较少，建筑界面相对规整、连续。实际建成的 22、23-1 街坊，低层建筑后退红线为 1～3m，高层建筑大都有一面与建筑红线取齐，形成零退后；少量仅后退建筑红线 3～5m。为避免对街道空间的压抑，塔楼建筑体量在立面上有分级后退的城市设计要求，形成较为连续的街坊架构。

因此，在公共活动中心区的街坊架构控制中，可以通过适当缩小街坊/地块尺度，提高街坊/地块建筑覆盖率等控制，减少建筑的后退红线距离，形成沿街建筑与城市街道的紧密联系。在退界较多的现状街坊，可以采用插入或加建多层商业裙房的方式，来减少后退红线过多的不利影响，重新强化城市街道生活。如在深圳中航苑及华强北的改造中，都有以长条形的商业带重新整合街道城市空间的设想（图4-21）。这种长条形的多层商业带的好处有：1）形成沿街的宜人的步行尺度；2）多层的商业街可以充当现有建筑间步行联系的新通道，有利于现有建筑间增加新的步行联系层次；3）增强沿街面商业活动的连续性；4）利用商业步行带适当压缩现有较大的红线后退，使街坊重新形成紧凑的土地利用格局。

图4-21　华强北街道改造城市设计优选方案
来源：http://www.gooood.hk/
job-z-studio.htm

（4）完整连续的街道界面控制

亚历山大认为边界必须"丰满有肉"并允许跨边界的流动。"丰满有肉"的边界反映了城市生活的综合性，各种活动相互重叠融合，永无止境……如果所有的边界都建造得像监狱的外墙，只有一两个出入口供人出入，那么这座城市就极其单调乏味了[7]。在步行城市生活集中的公共活动中心区，其边界和界面控制既要严整有序，也要活泼生动。不同的空间界面应该能够确切地反映其空间和活动内涵，形成各自的界面特色，其集合体就可能形成充满魅力的都市生活界面。

从步行城市生活的连续性考虑，应对区内主要步行街道的界面连续度进行控制，以形成连续的街墙（Street Wall），如SOM在深圳福田中心区22/23-1街坊城市设计中，对沿主要步行空间的街道界面作了明确限制（图4-22）。SOM在阐述其街墙的城市设计理念时提出，街墙是一个非常重要的概念，必须理解并加以实施。优美的街道环境是由面向街道的各类建筑构成的，沿人行道布置的建筑还确定了城市开放空间界限，为各建筑内的活动建立一种密切的关系，……近年来建造的楼房后退线参差不齐，使街道的重要性明显下降，造成城市公共空间冷清，少有行人来往[8]。

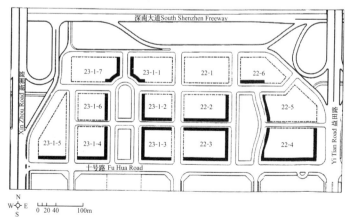

图4-22　22/23-1街坊城市设计的街墙界面控制
来源：《中央商务区（CBD）城市规划设计与实践》，p192

同时，在连续的步行街道界面处理中，可以通过连续使用的共同元素，如门廊、凉廊、台阶、露台、屋檐出挑等建筑细部处理，造就统一而富于变化的街道肌理。在一些界面不连续的地点，可以有意识地利用沿街步行空间的凸出或凹进形成有趣的步行空间及其体验的丰富变化。

图 4-23　福冈市中心的小尺度街道
来源：自摄

其他次要城市道路或步行路径（如里弄、冷巷等），也要因地制宜地加以控制，以形成不同尺度和特色的街道界面，丰富区内的空间体验（图 4-23）。

（5）整体街坊架构和个性化开发的平衡

街坊架构的控制，其最终的依托，还在于能够充分提升每个街坊/地块的土地价值：如设置相邻街坊共同围绕的公共花园，提高每个街坊的可达性，利用步行廊道引导人流进入内部小街坊，将商业价值引入

公共活动中心区内部等等。同时，步行可达公共活动中心区内部地块的划分，应与公共活动中心区土地价值的变化相适应。如邻近主要城市干道的土地价值高的街区，地块可以适当缩小，离城市主干道越远，土地价值相应降低，地块尺度也可以相应增加。最后，街坊/地块应该有适宜的尺度，以满足相应的街坊/地块功能运作的基本空间尺度需求。如居住街坊/地块内部，要保证相应的日照要求和避免视线干扰的需要。

因此，街坊架构的控制，应鼓励基于公共活动中心区整体空间架构的不同空间肌理和特色的街坊/地块在公共活动中心区内的共存。事实上，不同主导功能的街坊/地块内部，其肌理、尺度、空间环境特征都可能有较大的差异。即使是类似功能的街坊/地块，其沿街建筑空间和体量的具体处理、立面细节的节奏变化等，街角等空间部位的重点处理等，都可能形成整体协调基础上的丰富差异和个性。同时，对公共活动中心区步行核心的街坊架构和空间形态控制，可以有意识地与对普通街坊的街坊架构控制有所区别。在图底关系上，普通街坊架构控制目的在于形成公共活动中心区空间肌理的"基底"，而公共活动中心区主要步行核心允许形成大片基底基础上的"图"。因此，公共活动中心区核心街坊的建筑体量、空间形态、高度和架构控制，都允许更大的弹性，鼓励形成公共活动中心区标志性的建筑、空间和景观。

总之，基于步行导向的公共活动中心区街坊架构控制，既要有效地控制公共活动中心区整体的空间发展架构（街坊/地块尺度、沿街退线、沿街高度控制、每个地块内部的高层建筑布局等等），又能以尺度适宜的街坊/地块作为功能开发和空间发展的基本单位。在基本单位内部的空间发展，只要能够满足公共活动中心区整体空间架构的控制要求，就可以有较大的空间发展弹性，鼓励建筑师的创作形成多元化、多层次的高品质街坊/地块空间发展。如笔者在墨尔本城市中心参观考察时注意到，区内每个城市街坊的基本空间架构的控制都很严格，但在这个基本架构基础上的建筑风格、材料、细部处理上又呈现出相当的自由度，在以现代的钢和玻璃材料为主体的背景下，街坊的转角偶尔跳跃一些鲜亮的色

彩，一些建筑局部采用温暖的木质材料，在相对冰冷严肃的城市环境中取得了一些平衡。这种建筑处理的丰富性和多元性构成了墨尔本市中心城市环境的人性化基调。当进入一些街坊内部以后，又常常会被一些引人入胜的街坊内部空间所吸引。但在公共活动中心区整体发展层面，又形成连续整体的街坊架构，没有无序或断裂的空间，城市整体的空间架构和不经意中的丰富性和活力，巧妙而且和谐地融为一体（图 4-24）。

图 4-24　墨尔本市中心街景
来源：自摄

　　为了寻求这种平衡，在较大尺度的公共活动中心区，在街坊空间形态特征和意象塑造方面，可以区分不同的亚区段，既保持不同区段之间的基本协调，也鼓励基于区段的个性和特色，并为公共活动中心区建立清晰的空间结构脉络。如波茨坦广场公共活动中心区，由三个不同空间形态特征的区块共同组成。这种区段的划分，可能是公共活动中心区内部既存的特色邻里，也可能是来源于公共活动中心区内部不同的高度和密度控制分区，也可能是现实发展因素，如土地权属、自然边界或开发时序的影响而自然形成的不同区段。由于区段尺度较小，往往可以通过对区段内的建筑高度、体量、色彩、材料乃至具体的建筑形式的统一规定和控制，来形成区段建筑的整体风貌和空间特色。同时，公共活动中心区街坊架构和空间意象控制的区段化，也促进了公共活动中心区内部空间环境的多样化特性。

4.4.3　步行城市空间拓展的立体化策略

　　在高密度发展的背景下，在有限的地面层空间层面，人流和物流高度集聚，步行交通与机动车交通冲突严重，为疏导人车矛盾，公共活动中心区城市空间的立体化拓展是大势所趋。基于步行导向的城市空间立体化拓展，将城市空间立体化发展趋势与步行城市生活空间的多层面拓展有机结合起来，主要表现在两个方面，一是公共活动中心区空中步行城市空间的拓展；二是对公共活动中心区地下步行城市空间潜力的挖掘。

　　（1）基于空中的公共活动中心区步行城市空间拓展

　　为了弥补地面层步行城市空间及其联系的不足，拓展基于空中的步行城市空间，是公共活动中心区的空间发展趋势之一。随着公共活动中心区功能集约化发展的不断提高，单纯的空中天桥设置，已无法满足公共活动中心区内部多层次、高强度的功能和活动联系需求。尤其是在高等级、高强度发展的公共活动中心区，趋向于在组群形态架构的基础上，通过空中立体层次的廊道网络的叠加、整合，形成更为复杂的三维立体空间网络。具体表现在：

　　1）大尺度的空中城市平台。为形成公共活动中心区人车交通的分流，通过立体化的空间分层组织，将不同的交通和活动空间分别设置在不同的层次，并通过有效的垂直交通联系不同的层面。典型的如巴黎德方斯的步行大平台，将步行城市生活空间置于机动车、轨道交通等复杂网络的上层，通过步行平台加强公共活动中心区内部不同单体建筑之间的步行城市生活联系。香港的一些超大街坊开发模式中，大型的裙房部分往往满铺基地，裙房地面有公共交通转换中心、大型停车库的出入口，地下部分和地铁等快速交通站点联系，地面以上有几层停车场，其上就是人工化的大型城市平台，为超大街坊的居住住户所共用，一般情况下，城市平台上有大型的购物中心、住户会所、运动和休闲设施及人工绿化的开放空间。在九龙车站开发项目的大型城市平台上甚至包含了一个巨大的人工化的城市公园。大型城市平台是巨型结构内外的分界线，其下部对城市开放的公众可以到达的领域，24 小时通行的各层次的交通联系保证了城市生活的效率，以及超大结构与周边城市环境的联系；在城市平台之上，则是完全私密的私有空间领域。城市平台的开放性由于其所处的城市环境不同而有差异，在太古广场，这个平台与地形结合，成为香港公园的城市开放空间的延续；而在奥体城等位于城市边缘的以居住为主的社区，城市平台多成为住户的户外活动和公共交往的领地，外人很难进入。无论城市平台的作用有什么差异，它都是高强度混合土地使用区域所代表的空中城市（sky city）的一个重要组成要素，也是城市公共和私人生活的缓冲器，并与地面层一起成为有活力的公共活动场所[9]。

2）连续的裙房屋顶空间联系。在高密度发展的公共活动中心区，地面公共和开放空间有限。如果充分利用低层体量的屋顶平台，有可能形成高于地面层的第二层次的城市公共开放空间，可以通过高架的步行系统、室外坡道及室内交通核心到达，可以作为有限的公众使用的开放空间。

3）高层建筑间的空中连廊。在高层建筑集中布局的公共活动中心区，高层建筑之间的多层次空中联系，也能够有效地加强相邻高层建筑内部的功能和空间联系，并有可能为相邻高层建筑的使用者创造共享的空中客厅。如斯蒂文·霍尔设计的北京 linked Hybrid 住宅/城市综合体。8 幢住宅塔楼提供连续的空中天桥连接成为一个整体，在空中为高层塔楼集群建立了一个新的交往和城市生活的空中客厅层面。该综合体包括 750 套公寓、药店、银行及电影院等综合功能，可容纳居住人口 2500 人，被评论称为靠近北京城墙边的一座"城中城"，一个电影般的城市空间（filmic urban space）（图 4-25）。

图 4-25　Steven Holl 设计的 linked Hybrid
来源：www. stevenholl. com

4）高层建筑内部的空中门厅或空中花园等。高层建筑内部不同标高层次的绿化屋顶、空中庭园等等，组成第三个层次的城市开放空间。相对而言，这些空中花园或空中门厅主要为特定的人群服务，也包括向公众开放的空中观景平台。

与基于地面的城市空间对应，这些基于空中不同层次平台空间的利用被统称为"基于空中的城市空间"。从某种意义上，基于空中的城市空间是公共活动中心区未来城市形态的发展趋势，尤其是在一些高等级公共活动中心区内部，通过这种多层次、多向度、多个功能单位之间的立体空中联系，形成典型的空中城市特征。如香港 CBD 中超过 90 幢的主要办公建筑都用不同层面的步行系统联系起来，包括空中步道、靠山边的自动扶梯等等，使市民在任何天气都可以方便地步行往返于居所和办公室之间。同时，一些高层办公建筑的近地层面，常常是将底层或者几层裙房向城市开放，使不同层次的城市交通和活动能够在近地层面自由地转换、跨越和衔接，形成立体化的城市步行空间廊道网络。

我国一些城市公共活动中心区开发中，也开始探讨空间立体化组织的潜能，以解决高密度功能发展和复杂的交通流线问题。如深圳市火车站公共活动中心区改造中，也结合地铁站点建设的契机，通过立体化的空间组织，将火车站进出旅客人流、香港出入境人流、长途公共汽车旅客人流等复杂的人流，通过地铁、公共汽车、机动车、出租车以及步行等交通流线的立体安排，加以有条不紊地组织和衔接，同时也改善了公共活动中心区的空间环境，是一个较为成功的改造案例。但也有一些城市公共活动中心区，由于缺乏空中立体化发展和衔接的意识，导致公共活动中心区地面层人车冲突严重；一些局部的立体化空中步道缺乏有效的系统化连接和不同层面的有效联系，导致其利用率低下，没有充分发挥空间立体化、网络化的潜在效益。

（2）挖掘地下步行城市空间发展潜力

当地面及空中城市空间的发展潜力有限时，公共活动中心区地下城市空间利用潜力的挖掘，对城市公共活动中心区的步行城市生活空间拓展有深远的意义。

地下城市空间的拓展，为步行城市空间地下化提供了新的可能性，具体包括以下两个层面：

1）浅层地下步行城市空间拓展

浅层地下空间的开发，具有巨大的商业潜力价值。以日本为例，一座有4层地下室的34层高层建筑，以地面一层商业空间的出租价格为1，则地下一层（也是商业）同样是1，如地下二层仍为商业时为0.9，地面以上的标准层（办公）仅为0.58，只有顶层因设有瞭望餐厅，才上升到0.78~0.82[10]。因此，地下空间大规模开发是公共活动中心区土地价值高涨、土地和空间资源日趋紧张背景下的必然趋势。以东京新宿为例，在1960年代决定将新宿发展成为综合性的副都心之后，大规模的地下城市空间开发随即展开，其中最典型的是1967年前后建成的贯穿新宿车站东西两侧商业区的"都会地下大步道"。到1990年代，新宿公共活动中心区已形成总建筑面积达11万平方米的地下商业街网络（图4-26），也相应形成一套完整的地下步行城市空间网络。

2）深层步行城市生活空间拓展

随着城市对空间效益的充分挖掘的需求，一些商业、娱乐、交通功能及其联系也逐渐可以通过地下城市空间达成。同时，深层地下空间也可以作为城市公共基础设施空间。如日本针对大量私有土地的深层地下空间资源缺乏利用的现状，于2001年颁布了《大深度地下空间公共使用特别措施法》，通过法律途径限定私有土地的空间使用权限，将私有土地下的深层地下空间

图4-26　新宿公共活动中心区地下空间系统
来源：《东京商业中心改建开发》，p.77

资源无偿提供给国家或公益事业团体，用于地下公用公益设施开发[11]。

因此，未来城市中心地下空间开发将趋于深层次和立体化。日本近年来的一些规划设计，也体现出对城市深层次空间利用的趋势，如日本东京站周边地区再开发构想中，尝试将体育、商业饮食、图书馆、多功能厅、会议中心、新型基础设施系统以及复合能源工厂等功能设施纳入地下城市空间开发的可能性（图4-27）。

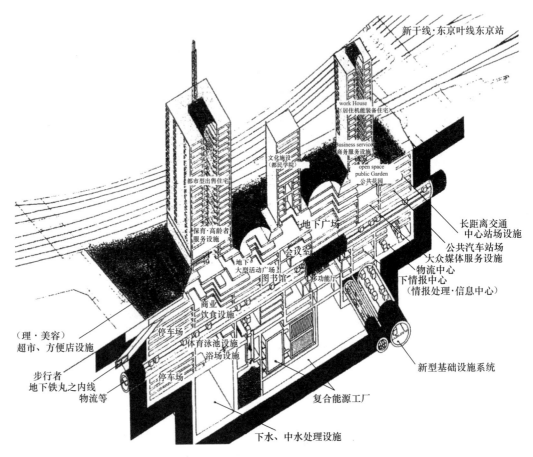

图 4-27　日本东京站周边地区地下空间开发设想

来源：《东京的商业中心》，p158

在我国城市公共活动中心区，尤其是大城市高等级公共活动中心区，随着土地空间资源的日益紧缺，地下空间利用的深层化将是一种拓展空间发展潜能的有效途径。

3）地上、街面及地下步行城市空间网络的一体化发展

立体化的城市空间虽然拓展了公共活动中心区的公共活动空间，但地面基面仍然是步行者的主要活动基面之一。不论是空中或地下公共城市空间和步行城市活动，往往需要以城市地面基面为依托，以竖向联系要素作为连接形式。除非因为特殊的气候原因限制了人们在街道层面的活动欲望（如蒙特利尔公共活动中心区），一个步行导向的适宜室外步行活动的公共活动中心区，地面街道层面应成为以上立体化空间网络的核心。在拓展公共活动中心区地下和空中城市空间的同时，不能以减少街道层面的步行城市生活作为代价，而

应该作为街道层面步行城市生活的有益补充，使地下层面和裙房空中层面的人流和活动，能够方便地回到地面层，并且从地面层重新确定新的行进方向。

相关的研究也从步行者活动模式上证明了这一点。如根据 John Zacharias 对蒙特利尔市中心地下步行网络的研究表明，在高层建筑内办公的职员，午休时间通过地下步行网络的出行半径有限，职员习惯于主要集中在办公建筑周围区域内活动（午餐、购物或交往等等）；购物人群也具有类似的步行活动特征。因而，该研究提出，地下系统实际上是由几个相连但很大程度上自治的子系统组成，这些子系统与相邻地面上的联系，比它们彼此之间的联系还要紧密[12]。笔者在澳大利亚悉尼市中心的实地调查也发现类似的公共活动中心区活动模式特征，并且通过联系紧密的多层次城市空间，形成有活力的公共活动中心区城市活动氛围。悉尼 CBD 核心区内的高层办公楼，普遍在半地下层安排美食广场，如文雅（Wynyard）车站街心公园对面，York St. 和 Margaret St. 相交转角的 Metcenter 办公楼首层和地下局部，是一个占满首层的饮食广场，有各种品牌和风味的快餐。同样，与 Metcenter 隔乔治街（George St.）相望的澳大利亚广场大楼，其半地下层也是美食广场（Food Court）。在该街坊，澳大利亚广场大楼与相对的一幢办公楼围合成一个开放的长形街坊广场，广场内设置了大量的休闲座椅和遮阳雨篷，成为办公职员中午就餐、聚会的公共开放空间。笔者到访的那日，正值中午，广场上人头涌动，热闹非凡，多数是三五成群，边吃午餐边聊天，也有闲坐、阅读、小憩的个案。与广场直接相连的美食广场内部也是座无虚席，每个快餐店前也是排满了长队，这些就餐者绝大多数都是上部办公楼下来的白领，或者邻近街坊过来的人流。在这里，街道、高出街道的平台广场、半地下广场和室内饮食广场之间，既相对独立，又紧密联系，为中午就餐者提供了相互交流以及参与、融入城市生活的绝佳场所，在就餐时间以外，也是附近商务街坊职员和游客共享的一个公共交往空间，形成一个开放，不拒绝任何陌生人、游客加入的城市公共活动空间，体现出一种开放、文明和包容的城市人文生态（图 4-28）。

图 4-28　悉尼 Australia Square 美食广场景观
来源：自摄

（3）步行开放空间网络的立体化

在公共活动中心区，伴随着功能叠加的，是各种活动人群对良好的城市环境和品质的需求。在有限的平面尺度内，往往难以在街道层面单独保留大片的开放空间。但在立体层面上，利用多层次的空中平台、屋顶和阳台乃至垂直墙面进行绿化，提供多样化的休憩和开放空间，已成为在有限的空间环境中进行环境塑造的发展趋势。尤其是开发压力巨大的高土地价值综合公共活动中心区，城市街道层面的土地价值极高，使沿街层面的绿色开放空间的提供遇到很大的阻力。立体化的绿色生态空间的营造，是对公共活动中心区街道层面绿色开放空间缺乏的一种有效补充。因此，公共活动中心区发展中，应尽可能提供立体化的开放空间，并利用各种连接的可能性，形成立体连续的区内开放空间网络，提升高密度环境下的公共活动中心区环境品质。

如荷兰高柏公司（Kiper Compagnons）在 2001 年北京朝阳商务中心区的国际规划咨询方案中，提出"都市绿谷"（Urban Valley）概念。都市绿谷是高密度城市环境中一个连续的立体化步行开敞绿地系统，该方案通过建筑塔楼、裙房及其屋顶的整体绿化布局和设计，形成一个立体完整的绿化系统。其主要设计手法有：连续的屋顶绿化并用斜屋面将其引导至街道层面（每栋建筑的绿化屋顶都至少有一个可以从街道层面进入的出入口），高层建筑近地面层架空，使都市绿谷和城市公共功能穿行其间。与柯布西耶"公园中的高楼"理念相比，"都市绿谷"仍然保留了连续的城市街道网络和街道生活，只是把环绕高楼的"公园"提升到裙房屋顶的空中层面，从而"彻底从喧嚣的车流中解放出来"[13]（图 4-29）。

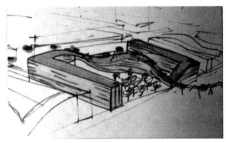

图 4-29　荷兰高柏公司都市绿谷概念方案
来源：《北京商务中心区规划方案成果集》，p267，中国经济出版社

这种立体化开放空间的提供，既有完全公共的开放空间，也有半公共的，或者为特定人群提供的开放空间。立体化开放空间的建设也往往与具体的开发项目相结合，更多地体现为一种开发商的自觉行为，即在高密度发展的背景下，开发商通过主动提供多层次的生态开放空间，以期提升物业价值，并通过出售或出租物业的高价值获得回报。如日本东京六本木开发，作为一个多业主联合的私人开发项目，提供了多层次立体化的绿色开放空间。六本木通过高层建筑的集约化开发，增加了区内绿色开放空间的面积，区内 50％以上的区域作为开放空间。如片区内部保留了一个江户时代武士庭园风格的毛利庭园供人们游乐休闲，暂时脱离城市的喧嚣。一些有特色的开放空间如樱花坂公园内的机器人吸引了众多儿童在此游玩嬉戏。同时，在区内多层次的裙房和塔楼屋顶设计了多层次的立体园林。如在樱树坂六本木综合楼（高层公寓）楼顶建有一个 1300 平方米的屋顶花园。花园按田园景色修建，有稻田，有芋头、凉瓜等菜地，有荷花、百日红、松树、枫书、柿子树等四季花木，有溪水、游鱼、青蛙、野草，伴随着小鸟的鸣叫。花园不但起到降低城市热岛效应，改善社区小气候的作用，而且让人们欣赏到日本东京四季的变化，又如同置身于大自然之中。而位于六本木山庄正中央的距地 45 米高的空中庭园中设置了"稻田"，为小孩子们提供体验水稻作业的活动场所。众多的人工绿地有机地布置在公共活动中心区内部立体化的塔楼和裙房体量中，并由公共的绿色散步道串连起来，形成立体化的游憩路线[14]。水平和立体的绿色开放空间的融合使六本木被称为代表未来公共活动中心区发展趋势的"立体庭园城市"（图 4-30）。由此可见，高柏公司的"都市绿谷"理念，在某种程度上已经在东京六本木的立体化叠合开发中实现。六本木案例说明，在整体开发中，为了获取公共活动中

心区开发利益的最大化，开发商仍然愿意投资于公共
领域和生态开放空间的建设。同时，建筑师的城市设
计意识，以及建筑单体本身的良好设计，可以为公共
活动中心区整体的开放空间系统起到锦上添花的作用。
如马来西亚建筑师杨经文设计的米那拉大厦通过螺旋
上升的垂直绿化与底部斜坡绿化连接起来，形成从下
至上连续的绿化体系。从地面盘旋而上的绿化，形成
一个连续的生态开放空间网络。

　　总之，高密度发展公共活动中心区立体化生态空
间的营造，有利于改善公共活动中心区环境和景观，
对公共活动中心区和城市都具有积极的意义。因此，
在公共活动中心区开发管理中，需要对公共活动中心
区整体开放空间网络进行规划，对公共活动中心区公
共开放空间进行有效的投入，或者通过相关的利益激
励机制，鼓励私有资本投入公共活动中心区开放空间
的生产、运营和维护，创造公共活动中心区立体化开

图 4-30　东京六本木立体庭院城市
来源：《六本木山——城市再开
发综合商业项目》徐洁

放空间网络塑造的良性环境，同时，鼓励和引导各开发项目内部提供立体化的开放空间。

　　我国一些公共活动中心区建设中，空间立体化发展的趋势已逐渐显现，但由于城市经
济实力的影响，以及规划设计理念的局限，目前的公共活动中心区立体化开发，多数还局
限于小范围的空中连廊和地下城市空间连接，像欧美及日本等发达国家或地区的公共活动
中心区大规模、系统化立体开发案例，目前国内还不多见。但基于我国城市人多地少的背
景，随着城市土地价值不断提升带来的开发潜力，发达城市公共活动中心区的立体化开发
经验值得借鉴。因此，未来公共活动中心区的空间发展，在保持和延续街道层面城市生活
的活力的同时，应因地制宜地注重立体分层空间发展模式的潜力。

4.4.4　日常城市生活空间塑造的缩微化策略

　　所谓缩微化，是指在高密度发展背景下，改善日常城市生活空间品质，充分挖掘和利
用有限的空间资源，使空间利用效益最大化的一种策略。缩微化策略主要针对公共活动中
心区日常城市生活空间的塑造，如对公共活动中心区内部小空间的精致化、人性化处理，
提升其空间品质和使用效率；对不被人注意的零散空间进行整合、连接，使其利用效益提
升等等。具体的缩微化建构策略包括：填充和缝合策略、细密化、孔洞化策略以及微观环
境设计的人性化策略等等。

　　（1）填充和缝合策略

　　填充和缝合策略是指通过小心地修补既有的城市空间结构中的缝隙、断裂和不连续的
局部，使其逐渐发展成为一个整体。如将一些不适宜的功能和空间，改造成为有价值的功
能和场所，使被不适宜的功能和空间隔开的相邻区域得以重新缝合，以及利用小尺度的建
筑对断裂的城市肌理进行缝合等等。因此，填充和缝合策略强调对公共活动中心区内部局

部不合理的空间结构的整体化操作。

在紧凑化、连续化空间发展的公共活动中心区，任何小的空间间断，都会对步行城市活动产生不利的影响。填充和缝合策略就是发现并弥合这些空间架构断裂的策略。公共活动中心区空间发展中常见的空间断裂表现为：沿步行人流界面的空白墙面（既没有任何活动，也没有任何景观支持经过的步行人流）；打断连续的步行商业活动的露天停车场、机动车出入车道等等；相邻建筑或空间缺乏必要的联系和整合等等。

对公共活动中心区空间形态进行填充和缝合的各种形态操作策略，包括如插入、填充、局部加建或改造、重新连接等。插入策略是指见缝插针，在现有空间架构的空隙中插建新的体量，从而达到将原有空隙加以缝合的目的。如一些地面停车楼或立体停车场，常常造成单调无趣的沿街面。为了充分利用土地价值，除了改善地面停车楼或立体停车场的景观设计以外，还可以将停车场首层设置为商业和服务空间，或者在停车场的沿街面插入商业店铺，保持其与城市步行生活的良好界面。

所谓填充，是指通过填充新的建筑和功能设施，使之与已有的功能和建筑形成连续的架构。如在对"公园中的高楼"建设模式进行改造的努力中，尝试用符合比例的近人尺度的低层建筑来填补巨大尺度的高层建筑之间的空旷的空间空隙，既增加了建筑使用空间（可以提供额外的居住或城市服务设施），又重新限定了城市街道和公共空间。

所谓局部加建或改造，是在既有的空间发展的基础上，通过加建新的空间体量将原有缺漏部分加以填充，或者将既有"失落"空间的局部进行改造使之趋于完善。大量的自发性空间改善行为，都属于这种在既有空间架构基础上的局部加建或改造。

图 4-31　波茨坦广场的商业拱廊连接体
来源：自摄

所谓重新连接，是运用各种空间媒介，将相互独立或分散的各局部空间重新连接成为整体。这种重新连接，往往是为了促进被连接空间之间的联系和互动，增强空间利用效益。如波茨坦广场，运用商业拱廊空间，将公共活动中心区内部的多个街坊紧密联系，形成室内街道系统，并将各种公共和商业功能融合其中，形成一个生机勃勃的公共活动中心区城市空间整体（图 4-31）。

（2）细密化、孔洞化策略

海兹堡曾经说过："大的东西必须由小的单元重复地凝聚而成，以往的建筑师所创造的单纯量化式建筑物，其所产生的空间往往过大，大空间使得距离增大，变得无法触及且不亲切。"在高密度的紧凑化空间环境中，创造尽可能大的城市环境渗透性，是公共活动中心区空间细密化、孔洞化策略的目标。

要实现公共活动中心区空间发展的渗透性，首先要打破区内各街坊/地块的自我封闭格局，实现街坊/地块内部空间与外部城市公共空间的衔接和渗透。其次是通过细密化、孔洞化的策略，增加街坊/地块内部空间和环境的渗透性。

所谓细密化策略，就是通过小规模的发展和在街坊/地块内部提供细密化的视觉或通道联系，增加街坊/地块内部空间的联系层次和可能性，提供多层次、相互穿插和叠合的空间环境及其中容纳的活动。

而孔洞化策略，就是通过尽可能形成空间架构中的可渗透的"孔洞"，丰富城市环境层次，增加高密度环境中的视觉和步行联系的可能，提高环境的可渗透性。如在公共活动中心区沿街建筑布局中，在强调街道界面的一致性的同时，也需要形成适当的垂直街道的洞口或者是底层架空的通透空间。这除了视觉通透性和空间层次丰富性的考虑外，对通风的考虑也是影响因素之一。如相关的研究表明，由高度相近、与风向垂直的建筑排列成的街道峡谷中的空气流通质量，比由高度相异、并有开放的区域点缀其间的街道峡谷中的空气流通要差[15]。

在公共活动中心区高密度紧凑化城市空间环境塑造中，细密化、孔洞化策略主要借助于以下方法来达成：

1）增设街道层面街坊/地块内部的公共步行通道

基于组群形态的公共活动中心区空间发展中，以网络式街道空间为载体的步行城市生活为中心区整体的发展提供了良好的基础。在此基础上，可以通过在街坊/地块内部尽可能开辟新的细密化公共步行通道联系设计，进一步加强中心区内部的步行微循环网络，增加中心区步行环境的渗透性。通过细密化的街坊/地块内部通道和步行联系路径，增加中心区内任意两点间步行联系的可能路径，促进中心区内部功能和活动的多样化联系方式，实现最大限度的功能混合，激发潜在的消费需求和交往的可能，进而对中心区的功能和空间发展，以及城市生活起进一步的活化作用。

在开发改造中，也要注重对现有细密肌理的保护和延续，避免新开发的团块化及其对传统细密肌理的破坏。如东京上野 AME 横中心大楼的设计中，设计者在平面设计中注重原有商店的邻里关系和老街坊原有的平面构成特点，保存了原街坊开放的细密通道格局，使新开发能够有机地融入老的商业区环境中[16]。

中心区局部区域更细密的步行网络分支的建立，在经济效益中，提升了沿分支网络的地块价值，有利于提高街坊/地块内部的空间发展效益。另一方面，街坊/地块内部空间联系的细密化直接导致了街坊/地块内部功能单位的进一步细分，也增加了街坊/地块内部功能混合和互动的潜力。在社会效益上，增加了街区的可达性，增强了社区之间的交流机会，也使步行者容易到达的区域更安全。从环境效益上分析，细密的分支网络，如步行小巷，过街楼等，丰富了步行者在城市中的体验。与主要街道网络的宏大尺度相比，分支网络的空间和建筑尺度可能更具人性化，更为步行者和旅游者喜爱，并与主要网络一起构成完整的公共活动中心区步行城市生活意象。如在悉尼市中心主要的商业街——乔治街旁的一个街坊，形成了基于街坊公共中庭的多条对外公共联系通道。底层除了部分建筑的大堂以外，几乎完全对公众开放，街道层面的公共生活延伸、渗透到街坊和地块内部。同时，通过功能和交通的有机组织，各种公共性和私密性职能的运作又能紧密融合、并行不悖（图 4-32～图 4-34）。

图 4-32　悉尼市中心某街坊公共中庭
来源：自摄

图 4-33　通向街坊中庭的公共步道 1
来源：自摄

图 4-34　通向街坊中庭的公共步道 2
来源：自摄

　　街坊/地块内部的步行通道设置，应遵循短路径原则，注重和街坊/地块内外主要活动节点之间的联系，注重街坊/地块内部公共空间联系潜力的挖掘，同时建立细密化的步行联系通道与公共活动中心区街道及其他公共城市空间的多路径连接。这种细密化的街坊/地块内部步行通道，尤其适用于商业街道层面，以及和公共活动中心区主要交通节点的联系，与中心区内部高层建筑主要垂直交通核心之间的联系。

　　在一些邻近主要公共活动空间，以及主要自然景观资源和开放空间的街坊/地块，更应该强调街坊/地块内部步行廊道设置的细密化，以支持和强化依托区内步行核心的步行城市生活。如澳大利亚悉尼达令港（Darling Harbour）沿海滨轮渡码头的新开发，也被分解为小尺度的体量组合，形成街坊内部联系海湾和后部街道的细密化公共步行通道（图 4-35）。

垂直滨海岸线的公共道路
穿越街坊/地块的公共步行通道

图 4-35　悉尼达令港旅游轮渡码头周边区域细密化的步行通道
来源：Google Earth 图片

2）底层空间的架空/透明化

公共活动中心区内部各街坊/地块底层建筑空间的架空/透明化，也可以视为孔洞策略的一种具体表现。底层空间架空和透明化，对于商业空间而言，可以起到吸引顾客浏览或进入的作用；对于联系建筑与街道的一些公共交往空间而言，也使建筑内部空间与街道空间形成多层次的互动和交流。在商业或者公共活动区域，通过将街坊/地块首层架空，或者使底层透明化，可以有效模糊建筑空间与城市空间的界面，也可以有效地将街面活动引入街坊或建筑内部，增加公共活动中心区底层空间的层次性和丰富性，增加多层次的视线和空间交流，增加人看人的机会和行为。如悉尼公共活动中心区维多利亚女王商业中心（QVB）对面某街坊，首层街道层面除了公共空间、商业店铺以外，就是街坊各主要高层建筑的步行门厅。步行门厅设计相当通透，步行者可一目了然地掌握门厅内部使用情况，并可方便地从水平步行街道层面进入门厅。同时，街坊/地块内部立体的中庭化空间的塑造，加上与通透的水平空间的交织，可以形成丰富多样而且生动的公共空间层次，增强公共活动中心区公共空间网络的细密化程度和活力。

单一的架空/透明化处理，如果处理不当，可能会一览无遗，减少空间变化的层次和趣味。无论是中国园林，还是中国传统院落空间中，都善于运用墙体来分割和限定空间，并进而增加空间的层次性和变化。在公共活动中心区街坊/地块的步行层面，也可以借鉴传统城市空间中"墙"元素的运用技巧，运用城市空间中的"墙"元素（如有意识地利用架空层直接落地的墙体），来起到通透处理中的适当限定、阻挡、分割和引导空间的作用，并和街道层面空间的架空/透明化处理紧密配合，透漏结合，使传统空间处理手法，有可能运用到现代公共活动中心区公共空间设计中，再现中国传统园林设计中曲径通幽、以小见大、柳暗花明等空间层次丰富和变化的神韵。

（3）微观环境设计的人性化、精细化策略

由于大量高层建筑的集聚，我国多数公共活动中心区内部的空间尺度概念发生了很大的变化，高层建筑的密集容易形成非人性化的巨型城市空间尺度。为了减弱高层建筑给步行环境带来的负面影响，需要在近人层面重塑近人尺度的空间环境。公共活动中心区微观环境的人性化策略，就是在综合使用公共活动中心区高密度、大尺度的空间环境架构中，通过近人尺度城市空间环境的怡人化、精细化处理，形成多重尺度的过渡，重新塑造宜人的都市核心城市空间环境。由于其注重大尺度城市空间背景下小尺度空间环境的营造和过渡，将其统称为基于现代公共活动中心区高层、高密度发展背景下的人性化、精细化策略，具体体现在：

1）近地空间的近人化处理

通过大体量的高层建筑体量下布置较小尺度的商业裙房、街道、广场和多层次的步行空间，提供近人尺度、注重环境品质和缩微环境的塑造，尽可能创造宜人的近地空间和环境；通过步行层面环境小品、设施的精致化设计，小尺度的装饰处理，形成近人层面空间体验的亲切感；并将巨大的城市空间细分化，形成多个小尺度不同特色空间的组合，减少巨大城市空间尺度的空旷感；通过步行层面建筑空间与城市空间的无缝连接，扩展多样化的社会活动和公共交往，提升公共空间的活力和城市生活氛围。

2）相邻建筑之间的空间活化

街坊/地块之间的空间布局应尽可能进行协调。Michael Freedman 提倡以"塑造空间的开发"来取代"占据空间的开发"，后者是指将建筑围绕在不可使用的景观空间的开发方式，前者则试图运用建筑来界定公共空间，包括相邻地块之间的空间，通过相邻建筑之间

图4-36　悉尼CDB某相邻地块之间的共享空间
来源：自摄

空间的统一设计和连接，使其成为连续的公共空间网络的组成部分，而不是沦为失落空间。如在澳洲悉尼市中心位于 Bathust St. 和 Elizabath St. 交角的西北角，东临海德公园的城市街坊中，两幢高层塔楼之间以一个露天地下食物广场相连，广场周边有零售和快餐店（图4-36）。这种做法变两个地块及塔楼之间的消极空间为积极空间，这有赖于相邻业主之间的沟通协调，对相邻地块之间的公共开放空间共同设计、共同管理和维护。

3）小尺度开放空间的人性化设计

真正的适于人们使用和逗留的公共空间，是人性尺度的，精心设计的。在高密度的公共活动中心区紧凑开发中，应有意识地创造一些充满活力的城市小型公共空间，可以是小广场、微型公园，甚至是几个供休息的长椅。这些小的城市空间都可能发展成为一个成功的交往的场所。同时建议对一些现有的大而无当的城市广场，可以部分改造成为绿地或绿色游憩空间，增植树木，增加适宜人活动、休闲、交往的人性化的空间场所和设施。

4）注重人性化的地下步行空间设计。地下步行空间由于缺乏必要的可视性，容易导致步行者迷失方向，或者步行体验不佳等问题。因此，微观层面的地下商业步行空间设计，应重点考虑地下步行空间标识的清晰明确，通过设置易于识别的出入口和简洁明晰的地下交通指示标识，以避免在地下步行时迷失方向。同时通过在地下步行空间设计中考虑引入自然采光和通风，通过下沉式广场设计加强地下步行空间与地面城市空间和步行城市活动之间的联系，为地下步行人流提供人性化的设施和服务等，提升地下步行空间的安全性和舒适性。

5）避免没有吸引力的底层立面。扬·盖尔通过对哥本哈根市中心最没有吸引力的底层临街立面的分析，指出其特征包括：①很少甚至几乎没有门的大单元；②功能上没有明显的变化；③封闭或是消极的立面外观；④单调的立面；⑤缺失细部，没有什么有趣的东西可看[17]。可见，创造有吸引力的临街立面需要临街功能安排和空间设计的共同努力。

6）强调夜间商店和橱窗照明的重要性。各种功能和活动在公共活动中心区的均匀分布，尤其是中心区内部均匀分布的居住设施、商店和晚间娱乐设施，能够有效地保持中心区晚间的活力。良好的照明和多样化的功能设施及活动，能有效保证中心区夜间步行城市生活的安全性。应避免一些晚间关闭没有灯光的商店，以及漆黑恐怖的夜间街道。

7）环境景观和细部的精细化设计

步行对城市环境的品质要求也很高。在步行尺度范围内，人们可以观察到建筑的细

部、环境的细节、一年四季的植物花草的变化等等。这些环境品质和细节构成了步行体验的一个重要的组成部分，因此，公共活动中心区对近人尺度的环境及其细节、品质都有更高的要求。同时，在高密度发展的公共活动中心区，人工环境的成分往往远大于自然环境，中心区人工步行环境的精细化设计的重要性更为凸显。

日本城市与中国城市相比，人多地少的矛盾有过之而无不及。为了克服高密度城市环境中的先天不足，日本城市环境设计中，非常注重细部设计，一方面表现在运用雕塑、小品、绿化、水和阳光等元素，尽可能最大限度地利用有限的城市空间，并且提高城市环境的舒适度。无论是绿化、铺地、建筑立面的节点、休息座椅、无障碍设施、广告、标志甚至是公共场所的卫生设施；无论是材料选择、色彩搭配到造型构图，都往往经过精心的推敲设计。同时，优质的施工和制作使这些设计具有了更强的表现力。对细节的重视是日本民族的共性，这种对缩微化环境的精细化设计，使日本城市在相对混杂的总体结构下却呈现出令人惊异的微观和谐发展。香港作为一个典型的高密度城市，其城市设计也非常重视缩微环境中的精致化、人性化设计，尤其是在人流和活动高度密集的公共活动中心区。

借鉴日本等城市/地区的发展经验，我国城市公共活动中心区环境设计中应强化建筑和环境细节的研究和处理，如充分考虑步行者尺度及需求，重视细节和景观设施设计及其合理安排，提供丰富的步行界面细节，重视统一完整的标识系统、街道小品及设施、铺地材质、残疾人坡道等的整体设计等。

同时，城市中心环境和细部的特色化设计，也有助于强化公共活动中心区的特色意象。如在阿根廷第二大城市科尔多瓦市中心，在城市人行道或公共广场上用镶嵌的白色大理石线条勾画出城市中纪念性建筑物的倒影的手法被反复运用，形成科尔多瓦市市中心极具个性的公共空间特色（图 4-37）。

图 4-37　科尔多瓦市市中心
广场铺地细部处理
来源：网络文章：城市中心区的发展演变
http://www.hnup.com

4.5　本 章 小 结

本章主要从空间维度分析公共活动中心区步行城市生活的整合。首先对我国公共活动中心区发展中较为普遍的空间整合问题进行分析，包括宏观、中观和微观层面空间环境发展中存在的问题。

基于现有问题，对公共活动中心区步行城市生活空间整合的相关机制进行剖析。分析了公共活动中心区的基本空间要素，以及多种要素之间的空间整合特征。在此基础上，在公共活动中心区空间发展模式中对两种基本空间结构——超大街坊和组群形态进行了分析和对比，提出我国大城市公共活动中心区的空间结构应逐步由超大结构向组群形态转变；强调公共活动中心区街坊架构从"公园中的高楼"模式转向规整连续；空间联系从平面化转向立体交织。在上述空间整合模式的基础上，进一步提出公共活动中心区基于步行导向的空间整合策略。具体包括：整体空间结构的步行化导控策略，街坊架构的规整化策略，步行城市空间拓展的立体化策略以及日常城市生活空间塑造的缩微化策略等。

本章的基本结构如图4-38所示。

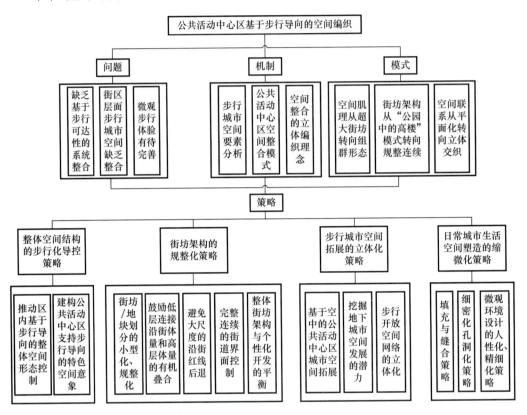

图4-38　本章基本研究框架

本章注释

［1］　［英］大卫·路德林、尼古拉斯·福克. 营造21世纪的家园——可持续的城市邻里社区［M］.
　　　王健，单燕华译. 北京：中国建筑工业出版社，2005：172。

［2］　梁江，孙晖. 模式与动因——中国城市公共活动中心区的形态演变［M］. 北京：中国建筑工
　　　业出版社，2007：45。

［3］　［美］柯林·罗，弗瑞德·科特. 拼贴城市［M］. 童明译. 北京：中国建筑工业出版社，
　　　2003：112-113。

［4］　［英］拉斐尔·奎斯塔，克里斯蒂娜·萨里斯，保拉·西格诺莱塔. 城市设计方法与技术
　　　［M］. 杨至德译. 北京：中国建筑工业出版社，2006：61。

［5］　梁江，孙晖. 城市公共活动中心区的街坊初划尺度的研究［A］. 中国城市规划学会编. 规划
　　　50年——2006中国城市规划年会论文集（中册）［C］. 北京：中国建筑工业出版社，2006：
　　　162-165。

［6］　梁江，陈亮，孙晖. 面向市场经济机制的主动应对——深圳福田公共活动中心区22/23-1街坊

控制性详细规划演进分析［J］. 规划师，2006，22（10）：48-50。

［7］ ［美］C·亚历山大等著. 城市设计新理论［M］. 陈治业，童丽萍译，北京：知识产权出版社，2002：57-59。

［8］ 参见《深圳市中心区 22、23-1 街区城市设计文本》，SOM，1998。

［9］ Perry Pei-Ju Yang. From Central Business District to New Downtown：Designing Future Sustainable Urban Forms in Singapore［A］. Mike Jenks and Nicola Dempsey. Future Forms and Design for Sustainable Cities［C］. Burlington：Architectural Press，2005：167。

［10］ 童林旭. 地下空间与城市现代化发展［M］. 北京：中国建筑工业出版社，2005：64。

［11］ 参考北京市规划委员会，北京市人民防空办公室，北京市城市规划设计研究院主编. 北京地下空间规划［M］. 北京：清华大学出版社，2006：76。

［12］ John Zacharias 著，许玫译. 蒙特利尔地下城的行人动态、布局和经济影响［J］. 国际城市规划，2007，22（6）：21-27。

［13］ 北京市商务公共活动中心区建设管理办公室编. 北京商务公共活动中心区规划方案成果集［M］. 北京：中国经济出版社，2001：261-267。

［14］ 东京六本木山网站 http：//www. roppongihills. com。

［15］ ［英］Matthew Carmona Tim Heath TanerOc et al. 城市设计的维度：公共场所——城市空间［M］. 冯江，袁粤，傅娟等译. 百通集团：江苏科学技术出版社，2005：183。

［16］ 胡宝哲. 东京商业中心改建开发［M］. 天津：天津大学出版社，2001：117。

［17］ ［丹麦］扬·盖尔，拉尔斯·吉姆松. 公共空间·公共生活［M］. 汤羽扬等译. 北京：中国建筑工业出版社，2003：33。

第 5 章

公共活动中心区基于步行导向的交通协同

随着城市机动性的提升，当代城市公共活动中心区的步行化，是建立在机动化基础上的步行化。"新的步行化绝对不是对传统的简单翻新，而是一种全新的现象。这种从车行回到步行并不是简单意义上的逆转，而是更高层次上的做法——既有现代机动交通的物质文明，又合乎人性环境的城市建设，是结合了机动化的步行化"[1]。

借助于机动性的步行化，是公共活动中心区交通组织和城市生活形态发展的新线索。传统城市中心的步行城市生活，是囿于步行可达范围的内向型的步行化，容易建立一种基于相互熟悉，频繁互动交流的传统社区生活形态；当代公共活动中心区的步行城市生活，则建立在多样化的外部交通可达性支持的基础上。多数人群是通过大容量的公共交通、机动车等高机动性的交通工具到达公共活动中心区，再在区内展开步行城市生活。

简言之，当代公共活动中心区的步行城市生活，必须频繁地从外部获取营养、信息、人流和经济动力，是通过大容量外部交通吸引人流的步行化。

5.1 公共活动中心区交通组织中存在的问题

公共活动中心区交通系统如同人体内的血管系统，持续为区内各种功能和空间活动输送人流、物流养分，其网络是否运行顺畅，在很大程度上决定了公共活动中心区肌体的健康程度。当前，公共活动中心区建设中暴露的许多问题，与区内交通组织中存在的问题密切有关。具体表现包括：

5.1.1 宏观交通规划和政策的不足

由于对公共活动中心区地位和特征认识不清晰，一些公共活动中心区交通规划中仍表现出以机动车交通为主导的传统规划设计理念，步行导向的理念明显缺位，具体表现为：

（1）以机动车为导向的路网规划与建设

部分新公共活动中心区路网规划沿袭以机动车为主导的思路，在区内规划以快速道路以及高架立交为主导的道路系统，对中心区步行交通形成较为明显的阻隔，如深圳福田公共活动中心区路网规划中，在东西向 800 米宽的公共活动中心区范围内，除了公共活动中心区周边的两条主干道——新洲路和彩田路以外，中间还设置了两条宽阔的次干道——益田路和金田路，对公共活动中心区内连续的步行城市生活起到了割裂作用（图 5-1）。一些传统城市中心在解决人车拥堵困境时，采取片面增加机动车通行能力的做法，车堵修路，路拓宽后车流量也越来越大，人车冲突反而愈演愈烈。

交通规划管理层面，步行交通普遍未能成为区内交通保障的首选。当区内人车矛盾冲突严重时，一些交通管理措施往往倾向于保障机动车交通流的安全快速通过而人为地设置步行障碍，导致步行不便或绕行严重等。

（2）缺乏强有力的公共交通支持

一些公共活动中心区，缺乏大容量、高效率、准时舒适的公共交通支持，使大量的人流、物流主要借助机动车交通到达公共活动中心区，导致机动车交通压力巨大；一些公共活动中心区即使有足够的公交设施支持，但往往由于公交站点布局不合理，或者公交枢纽

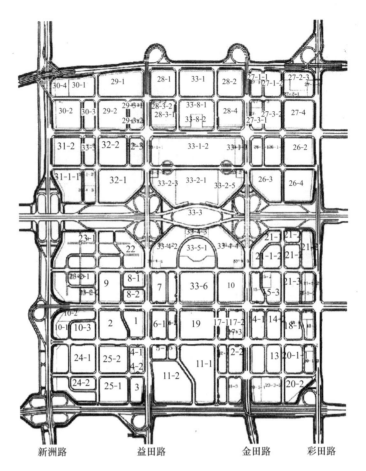

新洲路　　　　　益田路　　　　　金田路　　彩田路

图 5-1　深圳福田中心区 1997 年规划路网结构

来源：《中央商务区（CBD）城市规划设计与实践》，p 190

与中心区换乘衔接不完善，降低人们使用公共交通设施到达中心区的舒适度和便捷性，客观上也会鼓励更多人借助小汽车出行出入中心区。

（3）缺乏完善的步行/自行车交通网络

欧美许多城市，包括一些中小城镇，近年来都非常注重城市整体的步行和自行车网络的建构和完善。目前国内许多城市尚缺乏完整的步行/自行车交通规划，城市各处的市民难以通过步行或自行车网络方便舒适地到达各级公共活动中心区。

以上的宏观交通政策导向，客观上增加了公共活动中心区对小汽车出行的吸引力，限制了公共活动中心区内部步行城市生活的发展，难以支持区内步行主导的交通模式。

5.1.2　内部交通缺乏整合

（1）路网结构的树形化

与超大街坊形态相对应的路网组织结构表现为树状交通组织模式（图 5-2）。树状交通组织模式同样源于机动车主导的交通规划理念，即片面强调机动车交通的顺畅性、优先性和高速可达性。为了容纳大容量的机动车交通，普遍采用宽阔的道路断面设计，并且倾向于加大主要城市道路交叉点的间距，以避免过多的支路打断连续的交通流。

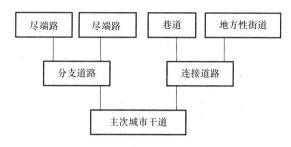

图 5-2　公共活动中心区树状道路结构示意

来源：自绘

树状交通组织模式的形成，也与我国计划经济的发展背景有关。在计划经济体制下，土地是无偿划拨，不能进行市场交易。地块划分自然倾向于内部选择余地大、外部干扰少的大地块；同时，道路的供给与土地划分相对独立，道路供给只满足交通需求，与土地利用的经济性和效益无关。因而公共活动中心区道路结构的干道化趋势明显。此外，由于城市基础建设资金投入有限，也容易导致公共活动中心区道路规划和建设中，主次城市干道网先行，而干道范围内的支路网规划和建设明显滞后的现象。城市道路建设的干道化倾向，容易导致街坊内部支路网密度不足；同时，由于缺失整体规划和控制，超大街坊内部支路网结构也常常因为地块的随意划分或频繁调整，而呈现不规则、宽窄不一、断头路等现象，因而普遍呈现出破碎的内部支路网肌理，降低了街坊内部支路网的交通疏解能力。

在树形化路网结构中，城市道路形成明显的二元等级体系，即主次城市干道—内部支路结构。围合超大街坊的主次城市干道，道路普遍较宽，多数宽度超过 30 米，一些城市干道红线宽度甚至超过 100 米。而超大街坊内部的支路，道路宽度明显偏小，一般在 10 米左右，主要承担街坊内部的交通流。一些街坊内部还存在宽度更窄的地方性街道或公共巷道，形成更多支路网等级层次。

基于树状路网肌理，公共活动中心区机动车流不是平均分流，而是汇聚式的逐步集聚，从地方性街道汇集到分支/连接道路，再从分支/连接道路汇集到公共活动中心区周边的主次干道，容易在主次干道和公共活动中心区内部支路之间形成薄弱的交通拥塞节点。同时由于交通流不是平均分布，使部分道路承受的交通压力较大，而部分道路的交通饱和度较小，没有充分发挥公共活动中心区道路的通行潜力。

（2）区内人车冲突严重

在高强度紧凑发展的背景下，公共活动中心区内开发强度高，人流、车流、物流高度集聚，导致区内交通组织矛盾集中，人车冲突现象突出。以机动车主导的规划和建设理念，更造成区内有限的交通空间被机动车所主导，步行、自行车或公交被边缘化，加剧了区内的人车冲突。不仅是大城市，一些中小城市的公共活动中心区也面临同样的问题。随着近年来机动车拥有量大幅增加，一些中小城市城区，尤其是老城区的交通拥堵现象越来越严重。

一些公共活动中心区开发中，各街坊/地块开发的各自为政也反映到交通组织层面，由于各地块内部的交通自成系统，缺乏与相邻地块的整合，导致地块内部交通组织效率低下。如相邻地块之间重复设置内部联系道路，相邻地块之间的步行交通联系被人为阻断，停车设施设置和使用各自为政，缺乏联系和共享，利用率不高等。由于车位紧张，各地块建筑往往被大量地面停车空间所包围，街道和城市空间与建筑的联系被割裂，形成了公共活动中心区中许多消极、无意义的失落空间（图5-3）。

图5-3 济南市泉城广场片区卫星图
来源：谷歌地图

（3）内部各种交通出行模式之间缺乏整合

基于高密度紧凑发展的功能和空间格局，公共活动中心区的内部运作往往需要多样化交通模式共同参与。但当前一些公共活动中心区内部的各种交通出行模式，如机动车、普通公交、地铁、步行、自行车及其他非机动车辅助交通工具等等，缺乏必要的衔接和转换，降低了各种交通出行模式之间的整合效益和运作效率。一些交通转换节点如公交/枢纽站点等位置不当，步行转换距离长；或转换线路复杂，使用不便。如上海万体馆片区，集中了数十条出行线路，包括公交和地铁1、4号线万体馆站，但由于万体馆尺度庞大，地铁和公交线路均环绕万体馆周边布局，导致周边片区居民出行，往往要步行几百米才能到达公交站点，步行太累，换乘也不方便，打的又成本较高，形成片区出行尴尬的局面[2]（图5-4）。

一些公共活动中心区内部公共交通站点/枢纽与公共活动中心区内部的功能布局和空间组织缺乏整体衔接和高效配合，交通转换线路和城市公共空间、商业空间脱节，未能发挥步行转换线路带来的人流优势和综合价值，也容易造成乘客换乘或使用不便。

5.1.3 微观交通组织不完善

公共活动中心区内部微观交通组织的不完善，主要体现在以下方面：

（1）机动车：一些停车场流线或出入口设计不合理，与步行流线冲突；货运流线或卸货点设计不合理，干扰步行及其他交通；一些交通节点人车拥堵严重，微循环不畅等等。

（2）公交：区内公交设施布局不合理，公交等候设施不完善，步行前往公共交通站点的路线迂回曲折等等；此外，一些公交线路准点率低、服务质量不高，都会影响公共活动中心区内部人员使用公交出行的意愿。

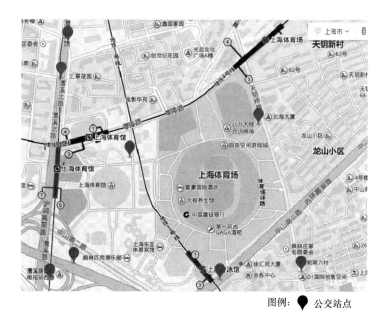

图例： 🏴 公交站点

图 5-4　上海万体馆周边地区公交示意图

来源：百度地图

（3）步行：一些公共活动中心区微观步行环境设计不合理现象较为普遍，如部分过街设施设计舒适度和便利性考虑不足；步行地面材质不当，不必要的步行障碍以及过于频繁的步行地面标高变化等等，都会显著降低步行的舒适性和效率；或者由于停车侵占步行城市空间，步行者只能在机动车中曲折绕行，没有步行乐趣可言。一些原本为使用者提供的公共空间，由于缺乏有效管理，也往往沦为机动车临时通行或停车空间等。微观步行环境设计的不足，也影响市民在公共活动中心区内部步行出行的意愿。

5.2　公共活动中心区交通协同发展机制

当代公共活动中心区的交通组织，可以相对明确地分为对外交通网络和内部交通网络两部分。两套网络的特征各有不同。

对外交通网络构成与公共活动中心区的等级和辐射范围有关。越高等级的中心，其占有的对外交通资源就越多。如居于城市最高首位度的公共活动中心区尤其强调与城际及城市内部大容量轨道交通网络的紧密连接，以及与机场、铁路、码头等城市对外交通枢纽的便捷联系。较低等级的公共活动中心，更强调其与周边辐射区域以及城市其他公共活动中心的便捷、高效交通联系。

内部交通网络是指区域内部短距离出行，包括步行、自行车、短途公交、机动车、辅助步行系统（如电动步道、垂直辅助交通系统）等。其类型和组织的复杂程度也与其等级以及外部交通网络的复杂程度相关。

公共活动中心区的外部交通网络决定了其与外部辐射区域的联系便捷程度，内部交通网络更多地解决内部各功能发展单位之间的交通联系，以及与外部交通转换节点的衔接。

基于步行导向的公共活动中心区交通整合目标，可以理解为以步行为主导的区内外多种交通模式之间的交通协同。以下尝试对公共活动中心区内多种交通出行模式之间的协同机制进行初步分析。

5.2.1　公共活动中心区交通出行特征分析

（1）多元化的交通出行模式分析

公共活动中心区作为人流、物流高度集聚的城市核心发展区域，为支持其高效运作，必然需要多样化的交通出行模式的共同支持。一般而言，公共活动中心的交通出行模式可以分为三大类：步行及自行车等非机动车出行（以下简称步行/自行车出行）、公交出行和机动车出行。基于公共活动中心区的发展特征，不同交通出行模式在公共活动中心区交通组织中承担不同的角色。其中，公共活动中心区内部出行以步行/自行车出行为主，还包括一些短途公交出行（如有轨电车、区内环线公交、空中单轨等）。公共活动中心区对外出行则以公交出行和机动车出行为主，步行/自行车出行为辅。自行车出行作为一种有效的短途出行工具，也常见于公共活动中心区与周边环境联系的短途出行之中。

1）步行出行

从公共活动中心区内部交通组织的角度，步行出行具有以下特点：首先，步行是公共活动中心区内部大量人流聚散的最有效方式。如果有良好的步行环境支持，步行出行将充分发挥其耗时短、效率高、灵活方便的特点，有力地加强公共活动中心区内部各种功能、设施之间的便捷联系。如哥本哈根市中心的主要步行街之一——斯特勒格街，仅 11 米宽，但却是丹麦最繁忙的街道之一，多年来夏季步行流量保持在 55000 左右的水平[3]。其次，步行方式具有相当大的自由度，人们可以随意确定出行的时间、步行的速度、方向，以及决定是否停留，或就近加入感兴趣的活动。公共活动中心区内部步行出行的加强，可以有效提升区内的经济活跃度和城市生活活力。第三，公共活动中心区内部的步行出行，是建立在高机动性基础上的步行，很大程度上步行者需要借助其他交通工具，到达公共活动中心区后再开始步行城市生活。

2）公交出行

公共活动中心区公交出行分为短途公交出行和长途公交出行。轻轨、地铁、城际快线等大容量轨道交通属于长途公交工具，主要解决长距离的通勤和出行需求。普通公交属于短途公交工具，除了地面普通公交，欧美一些城市公共活动中心区内部常见的有轨电车系统，以及新出现的一种造价低、对地面交通影响较小的空中单轨公交系统，可以有效地将公共活动中心区内部的不同区段联接起来（图5-5）。此外，还有一些快速公交，如 BRT 等，其服务范围介于普通公交和轨道交通之间。公交出行成本介

图 5-5　布拉格市中心的有轨电车线路

来源：自摄

于步行出行和机动车出行之间。与机动车出行相比，公交出行在对外集散人流方面具有明显优势，尤其是一些大容量的轨道交通工具，由于其高效、快速、准时、舒适地运输大量人流的特征，可以满足区内大量步行人流快速疏散的需要。

3）自行车及其他非机动车出行

如果居住和工作地点在自行车出行的有效覆盖范围内，使用自行车通勤，也是一种有效的方式。欧美城市中越来越重视城市中自行车网络的建构，如荷兰一些城市的自行车网络系统，采用自行车专用道、自行车专用立交。自行车道也采用专门的铺地颜色，自行车网络可以从市中心一直延续到社区，甚至到家门口，从而为居民的自行车通勤、休闲出行提供便利。自行车通勤也曾经是中国城市中主要的通勤方式之一，但随着机动车交通的发展，自行车出行处于越来越弱势的地位。一些城市甚至由于自行车出行影响了城市机动车交通的流量和速度，专门出台限制自行车的交通政策，其科学性值得商榷。此外，在人流高度密集的公共活动中心区，还可能存在游览车、电瓶车等代步的非机动交通工具。乘坐游览车的行人不仅可以休息片刻，还可以观赏街景，同时，游览车及其乘客也成为公共活动中心区的一道活动风景。一些人流量密集的城市公共活动中心区，还注重安排自动步道、电梯和自动扶梯等辅助步行交通工具。总之，自行车和其他非机动车出行是公共活动中心区多样化交通出行模式中的有益补充。

4）机动车出行

机动车是一种快速、直接、点对点的高效交通工具，包括私家车、的士、货运车辆以及必要的消防、救护车等。机动车出行在三种出行模式中，无论是动态交通空间，还是静态交通空间，都是占有面积最大的。为了满足机动车出行的需求，公共活动中心区内部必须提供足够的停车空间和交通道路空间，从而和公交以及步行出行之间，对有限的交通空间资源产生竞争。因此，众多公共活动中心区内已逐步采取适当限制机动车使用的政策和措施。

基于上述多元化交通出行模式的共同作用，公共活动中心区形成多层次交通体系：

1）长距离对外交通联系，主要依靠与公共活动中心区联系的快速城市干道、城际快线、轻轨、地铁等大容量轨道交通完成；

2）与周边邻近城市区域的交通联系，主要通过公共活动中心区的主次城市干道、普通公交或 BRT 等快速公交联系、自行车或步行联系完成；

3）公共活动中心区内部的交通联系，主要通过公共活动中心区内部步行系统、短途公交以及自行车出行完成。

随着公共活动中心区地位、等级的提高，公共活动中心区内外各种交通联系的复杂性也相应提高，进而带来公共活动中心区交通联系层次的增加。

（2）公共活动中心区内部出行特征

1）公共活动中心区功能混合有利于提高公共活动中心区内部出行比例

城市中任何一种土地利用都会成为出行的出发点或目的地。在功能混合的公共活动中心内部，不同功能的物业设施可以"分享"部分出行。因此，其出行量不一定是各类物业设施所生成的出行量之和。如果有内部出行发生，则公共活动中心所生成的出行量应该是其各类物业设施所生成的出行量之和减去其内部出行量。多用途中心内部出行量通常按总出行量的某一百分比进行估计，一般是 5％～15％，而不超过 20％～25％[4]。多用途中心指的是单个开发项目或建筑综合体，对于公共活动中心区而言，如果公共活动中心区内部不同开发项目之间都可以通过步行方便到达，功能混合的结构同样能够显著提高公共活动中心区内部出行比例，甚至高于单一的混合单体建筑或者建筑综合体项目。如通过将公共活动中心区发展成一站式服务区域，市民可以在公共活动中心区内部同时满足各种城市生活需求，而不必在多个出行目的地之间反复奔波，从而有助于缓解城市交通压力。如根据诺兰（Nowlan）和斯图尔特（Stewart）在 1991 年的研究，在 1975 年到 1988 年间，多伦多在公共活动中心区大量兴建写字楼的同时，也兴建了大量的住宅，抵消了部分高峰时段进入该区域的工作出行。在公共活动中心区就业的员工占据了该区 1/2 以上的住宅，使公共活动中心区在办公建筑面积翻了一番的情况下，仍然维持比较稳定的交通条件[5]。

2）公共活动中心区内部出行的时间、目的地趋于匀质化、随机性

公共活动中心区内部不同土地使用功能的叠合，也形成公共活动中心区内部多种不同目的、不同时段出行方式的交织。内部出行的规律与公共活动中心区内部主要功能的分布及其服务时段有关，在特定时段，内部出行可能呈现集中于某一目的地的倾向（如早晚高峰期和中午休息时段），但随着公共活动中心区功能混合细密程度的增加，内部出行的时间、目的地的分布将更趋向于匀质化、随机性等特征。

3）内部出行以步行出行为主导

基于良好的城市环境和可步行性，公共活动中心区内部出行往往以步行为主导。如哥本哈根市中心，80％是步行，14％是自行车交通[6]。其他一些发展良好的城市公共活动中心区，也有类似的规律。

(3) 公共活动中心区外部出行特征

1）通勤时段的高峰对外出行特征

以就业职能为主的公共活动中心区，由于就业岗位集中，人口密度较高，会形成早晚通勤时段的交通流量峰值。以商业为主导的公共活动中心区，周末或节假日的人流会明显增加；以剧院等文化设施为主导的公共活动中心区，以体育中心等为主导职能的公共活动中心区，都会在演出或赛事举办期间，形成短时间大量人流的集聚或疏散，从而在公共活动中心区形成潮汐式的交通需求涨落。这种交通需求涨落特征，与公共活动中心区的主导职能构成及主导职能运营时间有关，而在不同主导时间运营的主导功能的并存，可以缓解公共活动中心区高峰时段交通组织压力。

2）普通时段的对外出行特征：呈现多方向、多目的的特征

基于多种职能的混合，公共活动中心区往往既有大量的就业人群，固定或流动的居住人口，也有大量的游客、办事人员和途经的市民，他们往往出于不同的目的，以不同的交通方式进入公共活动中心区，也可能利用不同的交通工具离开。从而在多数普通时段，公共活动中心区交通组织呈现出行需求、出行时段和出行方向的多元化特征。这种交通出行特征促进了公共活动中心区内部 24 小时都有人流和活动，保证了公共活动中心区内部公共空间领域的安全感和活力；另一方面，也要求公共活动中心区能够提供满足不同目的、不同阶层、不同时段交通需求的多元化交通出行模式和工具，而其中最重要的，是不同交通

出行模式之间的相互衔接和转换的方便程度。

总的来说，公共活动中心区交通出行在时间分布上呈现不均衡的特征，白天交通流量大，夜间交通流量相对较少（主要以居住、休闲、娱乐出行为主）。在通勤高峰时段出行量大，在普通时段出行量小。

根据公共活动中心区的交通出行特征，可以得出以下结论：

1）早晚高峰期的大量出行人流，需要大容量高效的交通疏散工具。

2）其他时段内出行目的地和出行手段的多元化，也使公共活动中心区内部单一的交通工具和出行模式难以满足区内多元化的出行需求和高密度的出行特征。因此，公共活动中心区需要多种出行模式的高效组合，共同形成一个高效的交通支持系统。

3）在多种中心职能混合的公共活动中心区内，需要满足各主导功能类型的交通组织需求，交通组织也更为复杂；但由于不同功能类型交通需求之间，可能存在高峰交通时段的错位，因此，多种中心职能在公共活动中心区内部的集聚，有利于提高公共活动中心区内部交通设施（如公交、停车设施）的利用效率，从而鼓励为公共活动中心区提供更优质的各种交通服务。

5.2.2 公共活动中心区内外交通协同机制

为达成公共活动中心区良好的机动性和可达性，区内多种出行模式和多样化的交通出行之间呈现一种复杂交织和互动协作的关系，如大量人流通过乘坐公交，骑自行车或者驾车进入公共活动中心区，再转换到步行模式；一些长途乘客可以通过驾车到位于郊区的长途公交站点停车场再换乘公交，或者通过不同公交模式的多次换乘到达公共活动中心区。离开公共活动中心区时，乘客会重复之前的旅程回到最初的出发地，或者选择新的交通工具开始下一段旅程。

因此，公共活动中心区内各种交通出行模式，在保证自身良好运作的同时，应和其他交通出行模式保持良好的协同和互动，使各种交通出行模式在区内交通组织中扮演适宜的角色，共同促进区内交通组织效率的提高。这种综合协同具有以下特征：

（1）步行在多种交通出行模式整合中的纽带作用

步行出行，不仅仅是公共活动中心区内部步行城市生活联系的主要交通支持方式，也是公共活动中心区内部多样化的交通出行模式之间的衔接纽带，表现为两个层面：一是使用者使用单一交通工具出入中心区时，各种交通出行模式必须与区内步行网络顺畅衔接，以提高区内各目的地的步行可达性；二是当使用者到达和离开中心区采用的是不同交通工具时，也往往需要依靠步行来进行衔接和转换。在各种不同交通模式转换点之间的步行联系网络，直接关系到使用者换乘的便利性和效率。

（2）换乘枢纽/节点在多种交通模式衔接和换乘中的核心作用

基于大量人流的交通衔接和高效转换需求，公共活动中心区往往倾向于将多样化的出行模式集中在一起，以最短的步行交通联系不同的公交或机动车出行模式，甚至实现点对点的换乘。这种多种交通出行模式之间的高效换乘，往往需要依托相对集中的换乘枢纽/节点完成。在换乘枢纽/节点，往往将不同的交通出行模式安排在不同的立体空间层面，使之不相互干扰，同时，又通过步行和垂直交通将各种出行模式紧密联系在一起。一个公共活动中心区内部往往存在多个换乘枢纽/节点，其表现形式也是多样化的，如综合的交通换乘枢纽（图 5-6），或者与建筑相结合的立体化的交通换乘中庭或广场等（图 5-7）。除了换乘枢纽/节点内部的顺畅联系，这些多样化的换乘枢纽/节点之间，也需要以特定的交通联系方式（如步行系统、游览线路、短途公交环线等等）紧密连接，以增强不同换乘枢纽/节点之间的交通转换效率。

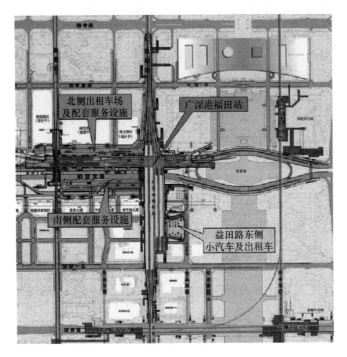

图 5-6 深圳福田中心区地下综合交通枢纽
来源：《华中建筑》2011 年 06 期，p.60

图 5-7 香港九龙城交通设施与
建筑关系示意图
来源：《特里·法雷尔的作品与
思想》，p.159 中国电力出版社

5.3 公共活动中心区交通协同发展模式

基于步行导向的公共活动中心区交通协同，包含了以下几个层面的内容。一是增强公共活动中心区的对外交通可达性，使其辐射区域范围内的各种人群能够方便地到达和离开。二是提升公共活动中心区内部各种不同功能类型和活动地点之间的步行可达性，良好的步行系统为公共活动中心区内部使用者提供了自由移动的空间。三是内部交通网络和外部交通网络之间的衔接和转换，使公共活动中心区内外各种出行模式之间能够实现无缝对接和换乘。由于发展强度、职能构成和空间形态等方面的差异，不同公共活动中心区内部交通组织呈现出多样化、个性化特征，但基于步行导向和综合平衡的城市设计理念，以下的公共活动中心区交通协同模式仍值得推荐。

5.3.1　推动区内步行＋自行车＋公交的绿色交通体系

在有限的空间资源限制的背景下，单纯依靠机动车交通来解决公共活动中心区内部大容量、高强度的交通出行需求，已被证明是不现实的。相反，大容量、高效的大众公交系统，能以较小的交通空间需求，满足大量人流的快速聚散需求。因此，以公共交通工具取代大量的私家小轿车，是达成公共活动中心区交通与城市发展空间平衡的有效手段，它既能有效地减少机动车交通的流量和频率，在改善中心区空气品质和环境质量的同时也可以更有效地支持公共活动中心区内部的步行城市生活。因此，在公共活动中心区的对外交通基础设施供给中，在满足必要的机动车可达性的同时，需要充分鼓励公共活动中心区公交可达性的提升。

公共活动中心区公交可达性的提升，需要建立在与公共活动中心区高效相连的城市整体公共交通网络基础上。如多伦多的城市公共交通网络就组织得较为合理，形成长距离通勤和短距离公交系统的层级结构：即郊区轻铁—市区地铁—市区公共大巴—步行范围内的出行（图5-8）。配合相关政策，这种公共交通系统的层级结构有效地减少了郊区居民使用小汽车进入市中心的概率，鼓励人们通过公共交通系统进出市中心。因此，一个整体高效的城市公共交通网络，可以有效支持公共活动中心区以公交为主的通勤模式。

同时，自行车作为公交及步行交通之间的有效联系工具，在公共活动中心区交通网络中也占据重要地位。除了建设完善的自行车道网络以外，德国城市从1980年代开始，就着力推行"搭载自行车的公共汽车"和"搭载自行车的轨道列车"计划，在城市中心区推动步行＋自行车＋公交为主导的绿色交通体系。绿色交通体系的建立，有助于提升公共活动中心区的城市生活质量，支持基于现代可持续发展观的绿色生活方式，推动宜居化的公共活动中心区建构。

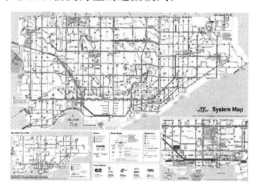

图 5-8　多伦多公交系统图
来源：多伦多交通运输委员会官网

5.3.2　从树状交通转向网络状交通组织

如前所述，基于传统的超大街坊架构，我国一些公共活动中心区机动车交通组织呈现明显的树状交通结构特征。这种树状交通特征导致在区内主次城市干道层面，高容量快速机动车流与高强度过街步行人流形成冲突节点，甚至导致部分老人、残障人士过街不便的尴尬；而在支路和巷道层面，在树状路网结构下，支路或巷道往往是超大街坊内部地块机动车可达性的有限路径，步行人流和机动车交通在相对较窄且不完善的支路/巷道网络汇聚，形成人车混行格局，且在局部节点容易形成拥塞，破坏步行体验。

与基于超大街坊的树状交通网络特征对比，基于小尺度街坊的组群形态则表现出较密的道路网络和较小的街道宽度等网络状交通组织特征。即将交通流平均分散到内部较为细密的道路网络中，每条道路承载的交通流量较小，道路宽度自然可以减少。同时，网络状交通组织适宜人车共存目标的实现，在基于组群形态的网络状交通组织中，内部道路宽度适宜，道路间距较小，从而有效限制了街道上的机动车速度，行人也能够更方便地跨越街道。

同时，在小街坊架构下，道路网密度增加，基于步行的内部交通微循环容易组织，由于公共活动中心区道路交通需求被平均分配到细密化的城市道路网络中，相同等级的内部支路上的网络状交通流具有可替代性特征，如果一些局部路段发生拥堵，车流就会自然地疏散到相邻的公共活动中心区支路，对城市快速干道的压力减轻，从而在很大程度上缓解了交通拥堵。

对基于组群形态的网络状交通组织的一种批评，就是组群形态道路肌理允许大量的穿越式交通穿越公共活动中心区，而超大街坊的一个基本优点就是避免机动车交通的穿越。事实上，这种批评还是基于机动车主导的意识和简单的人车分流理念，当城市交通组织模式由机动车交通转向步行和公共交通，由人车分流转向人车共存时，组群形态模式的"缺点"恰恰被证明是一种优点：适宜的街道尺度以及速度受限的机动车流在公共活动中心区与步行人流和平共处，促进了沿街店面的发展，推动公共活动中心区街道生活的展开。欧美许多公共活动中心区的发展实践表明，基于良好的交通组织设计，组群形态的道路网络依然能够有效适应机动车发展背景下的现代公共活动中心区发展需要。如纽约的曼哈顿中心区、澳大利亚的悉尼和墨尔本市中心等等。

总之，基于树形交通结构的超大街区往往倾向于形成一个个被快速城市交通所环绕的城市孤岛。机动车交通的海洋没有能够哺育超大街区的繁荣和活力，却有极大的可能性去窒息它。基于人车平衡的交通组织理念，城市孤岛应向城市机动车、步行者和公共交通系统平衡地开放，形成组群形态的网络状交通结构。更大层面的公共交通网络为公共活动中心区带来源源不断的人流和活力，联系外部城市环境的机动车交通应被重新组织，使之处在一个可控制的限度范围内，在此基础上，步行应该成为公共活动中心区日常城市生活的主旋律，以及其他交通组织方式的纽带。因此，区内路网从树状交通向网络状交通组织转变，不仅有利于区内机动车交通组织的网络化，也有利于推动区内步行交通组织的网络化。

5.3.3 从平面化交通组织转向立体化交通组织

在高强度土地利用的背景下，公共活动中心区功能的立体化叠合，往往使单一建筑或城市空间，高度集聚了不同功能的交通出行需求，同时，舒适的步行可达距离也限制了中心区平面尺度的无限制增长。为了提高公共活动中心区交通组织效率，只有向立体化城市空间拓展交通道路空间，以解决公共活动中心区立体复杂多向度的交通流线组织需求。公共活动中心区交通组织由平面化向立体化发展的趋势，在欧美及日本等发达国家城市公共活动中心区中已普遍运用。主要表现在：

（1）道路/交通设施分层化

为充分利用有限的公共活动中心区城市空间，将不同类型的交通空间/设施竖向叠合，立体分层处理，在有效节约土地的同时，也提高了不同交通设施的运行效率和衔接转换效率。如日本东京八重洲地下商业街（图5-9），地下为3层，地下一层主要为地下商业街，并通过地下步行通道与东京站及其周边的地铁车站相连；地下二层为停车场，地下三层除设备、管线以外，4 号高速公路也由此穿过，车辆从地下就可进入公路两侧的公用停车场；地面层的人行道上共设置了 23 个出入口，方便行人从地下穿越街道和广场进入车站；设在街道中央街心花园的地下停车场出入口，使车辆可以方便地进出而不影响其他车辆的正常行驶。基于交通的立体化组织和人性化处理，尽管东京站日客流量高达 80～90 万人，但站前广场和主要街道上交通秩序井然[7]。在我国一些新建的大城市公共活动中心区规划设计和建设中也开始探讨道路/交通设施的立体化分层处理，如北京中关村西区，就利用立体的综合管廊系统，将部分机动车交通转入管廊的地下一层，使公共活动中心区由综合管廊连接的街区在地下二层形成连续的机动车交通廊道，并与各街坊地下二层的停车或地下商业直接连通（图 5-10）。

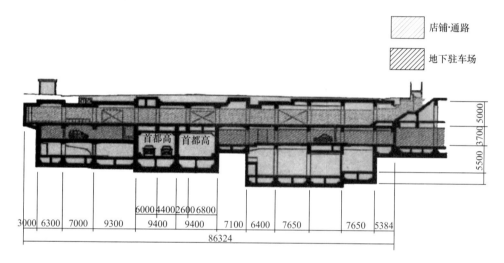

图 5-9　日本东京八重洲地下商业剖面示意图

来源：唐福祥. 东莞市地下空间开发需求预测及岩土技术初探，2007

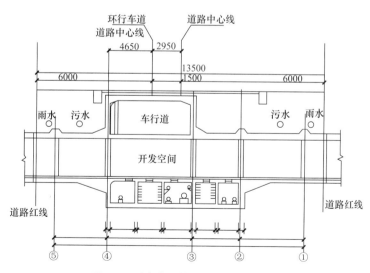

图 5-10　北京中关村西区综合管廊剖面图

来源：《北京地下空间规划》，p. 191

（2）停车/交通换乘空间与建筑空间一体化整合

基于立体化的交通组织，在高强度发展的公共活动中心区，有利于实现多种交通组织模式的垂直叠合，从而缩短了不同交通模式之间换乘的距离，甚至可以实现点对点的交通连接。如从地下停车场下车后可乘坐高速电梯直达办公室；或者将公交站点/轨道交通站点直接布置在高层建筑下部，乘客离开车站后步行一段就可以通过垂直交通联系迅速地到达各自的目的地。点对点的交通衔接和转换，极大地提高了公共活动中心区交通组织的效率，实现在上下班的高峰时段迅速有效地疏散大量人流，也顺应了公共活动中心区功能高度叠合化布局的发展趋势，是未来公共活动中心区交通组织的一种趋势。

5.3.4　从人车分离转向人车平衡

当代欧美公共活动中心区的交通组织已经历了由人车分流向人车平衡的转向。欧美早期步行社区模型，多以人车分流作为解决人车冲突的基本思路。如传统邻里单位和雷德朋理念试图通过水平层面的人车分流来解决人车冲突矛盾，只有当人车流线交叉时，才采取局部的立交来分流。但简单的人车分流，并没有能够形成机动车可达性和步行城市生活之间的有效平衡。"二战"以后，随着欧美城市机动车交通的进一步发展，城市交通矛盾日益凸显，在这种背景下，基于创造一个更为人性化的城市环境的目标，欧美城市交通发展中逐渐形成安宁交通和街区共享的交通平衡规划理念。

从广义角度看交通安宁可理解成一种综合的交通政策，包括在建成区降低速度以及对步行、自行车和公共交通的鼓励，根据建成环境的需要对机动车采取不同措施进行限制，如道路收费或者禁止停车等。然而安宁交通并不是反对小汽车，而是对步行者的解放，对公共交通和自行车交通的一种呼吁[8]。

为缓解小汽车交通的压力，重塑公共活动中心区的活力，从1960年代开始，欧美公共活动中心区的步行化得到显著发展，公共活动中心区大规模的步行化缓解了交通压力，但也带来一些负面影响。首先步行化并没有消除机动车交通，而只是将它们转移到了其他地区；其次纯步行化影响了地区的可达性，削弱了商业，尤其是与机动车交通联系紧密的商业业态的吸引力；另外，由于欧美国家普遍人口密度较低，机动车和步行道的完全分离使汽车道安全性下降，而步行道也因此减少了活动的多样性，影响了城市活力。

基于上述原因，在交通安宁概念的基础上，从1980年代开始，欧美城市开始了街道共享理论的研究。在街道共享理论中，人车平等共存的概念逐渐取代了人车分离的概念，鼓励城市道路为不同交通使用者共享，使街道成为人车共存的城市生活空间[9]。

欧美城市人车平衡的具体设计策略包括：拓宽步行道，压缩车行道；关闭地下通道重新引入地面层穿越；对机动车道的减速设计措施——"交通平静"方法；在历史公共活动中心区全面禁止车辆；车道收费[10]；同时，在车道景观设计中，"鼓励直达性和良好联系周边环境的车道，鼓励以风景和建筑为主导，而不是道路和车辆为主导；采用相互联系的道路布局而不是尽端路；采用一个空间网络，而不是道路等级；采纳一个合适的交通框架，以便能很好适应公共交通和多种用途的整合"[11]。可见，欧美的人车平衡发展是一种综合的交通平衡发展模式，涉及道路景观、建筑环境和交通的综合平衡。

欧美的人车平衡发展理念和策略，建立在欧美城市化程度较高，小汽车拥有量已基本平衡和稳定的大背景下。我国城市尚处于城市化加速发展的阶段，机动车拥有量仍处于快速增长时期，人车冲突和矛盾有趋于激化的发展趋势。基于当前我国城市发展的特定背景，笔者以为，不宜简单套用欧美城市人车平衡的发展理念，在人流、车流高度集聚的公共活动中心区，仍应通过空间的立体化拓展，实现人车的有效分流。但在一些车流量不大，人车冲突不严重的中小型公共活动中心区，或者区内的局部区段，可以借鉴欧美人车平衡的交通规划理念和策略，因地制宜地鼓励人车平衡和街道共享。

我国一些公共活动中心，由于人车交通密度较大，对交通道路空间的混合使用往往被视为引发交通拥堵问题的源泉之一，因而采取了许多严格的人车分离措施。如为禁止行人随意穿越机动车道，道路两侧或中间往往设置连续的人行分隔带，导致行人被迫绕行很远才能到达街对面；相反，香港和澳门街道不宽，人行道的栏杆也不是连绵不断的，中间有很多空隙可以让行人方便地从人行道转移到机动车道上。严格的人车分离措施，造成了对道路空间利用的低效率，而人车共存道路则倾向于塑造复合的综合用途街道，同时也体现了城市空间使用的平等理念。同时，机动车司机以及行人交通素养的提高，也对人车共享城市街道空间提供了良好的基础。因此，在适宜的复合使用街区，应鼓励人车共存的生活性街道的形成和发展，有利于公共活动中心内部步行城市生活活力的复苏。

5.4 公共活动中心区交通协同发展策略

5.4.1 外部交通支持策略

（1）限制穿越式机动车交通

我国一些传统城市公共活动中心区，往往沿主要城市干道两端发展，大量穿越交通对区内步行城市生活及其联系造成先天性的制约。随着公共活动中心区由依托主干道的线性模式向以街坊为单位的面状模式发展，区域内部的人车冲突成为制约区内步行城市生活发展的重要因素之一。在这种背景下，为限制大量过境机动车交通穿越公共活动中心区，主要采取的策略包括：

1）设置环绕公共活动中心区的外围机动车环路

巴黎城市总建筑师埃纳早在 20 世纪初期，通过对巴黎、伦敦等大城市交通的分析，提出城市核的概念，并提倡在城市核的周围设置机动车交通环路，以解决大量穿越城市核的交通带来的交通拥堵问题。基于这种理念，沿中心区边界设置机动车环路在欧美 CBD 规划建设中运用较为普遍，国内学者李沛将其界定为"输配环"[12]。通过设置公共活动中心区外围的机动车环路，可以引导过境机动车交通的合理流向，同时通过在环路附近设置集中的停车场，鼓励各种机动车交通使用者在外围集中停车场停车后，通过步行或短途公交或

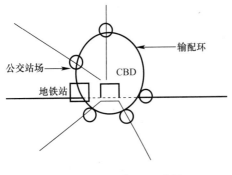

图 5-11 CBD 输配环示意图

其他非机动车交通工具，进入公共活动中心区核心。当然外围环路的建设，容易形成公共活动中心区与周边城市环境的人工步行障碍，在旧城区改造中需慎重使用，在新中心区规划中则需要通过城市设计努力克服环路对步行的不利影响（图 5-11）。

2）立体化的人车分流

在高强度发展、人车冲突严重的公共活动中心区，则鼓励通过整体的立体化人车分流，使机动车和步行者的流线垂直分离，机动车流线可以深入公共活动中心区内部，甚至直达区内各主要高层建筑的垂直交通核心，实现机动车与内部目的地的点对点连接；同时，步行者也可以在步行平台上不受干扰地到达各主要建筑和公共空间。这种立体化的人车分流策略，有效地解决了公共活动中心区穿越式机动车交通带来的干扰问题，提高了公共活动中心区交通组织和运作效率，比较适用于高强度开发的公共活动中心区。如巴黎德方斯商务中心区，就采用了典型的人车立体化分流体系；北京中关村西区商务中心，是国内城市公共活动中心区中采用立体化人车分流体系的首个案例。同时，人车立体化分流，也为公共活动中心区争取了更多的步行和绿化开放空间，提升了公共活动中心区的环境品质和交通组织效率，但这种方式也需要大量的前期公共投入，和整体规划设计及控制的支持。

（2）提升换乘枢纽/节点的集成度

在满足公共活动中心区公交设施步行覆盖率的前提下，应鼓励多元化公共交通设施的集中化布局，即将服务公共活动中心区的不同公交设施或轨道站点适当集中，形成换乘便捷的集中换乘枢纽/节点，并在换乘枢纽/节点内高效处理与其他交通出行模式的换乘，提升公交服务的集约度，方便不同类型公交服务设施之间的换乘，缩短公交换乘时间，为各种公交服务带来更多的客源，提高公交系统整体的运营效率；也可以依托公交服务吸引的乘客，发展其他商业和服务职能，推动公共活动中心区经济发展。公交设施高集成度是公共活动中心区对外联系的重要保障，尤其是高等级公共活动中心区的换乘枢纽，更涉及多层次公交系统之间的换乘，以及公交与步行、公交与停车设施之间的多层次衔接。

1）提升公交换乘枢纽的集成度

一些高等级的公共活动中心区，往往有不只一条地铁线路经过，这些线路在公共活动中心区的换乘站点之间，以及换乘站点与公共活动中心区的地下空间利用之间，有必要进行统一规划和衔接，实现各种公交节点之间的衔接整合，并鼓励将多条线路的站点适当集中设置，形成综合的交通换乘枢纽，提高各种交通组织和人流换乘的综合效率。如柏林波茨坦广场中心区，其公交枢纽中包含联系全欧洲主要城市的国家级干线铁路站点，并基于干线铁路站点设置了 10 条联系其他城市的中短程铁路线、联系市内不同区域的 U-Bahn 和 S-Bahn 系统等 14 条地铁线。三个地铁站分别位于地下三层，各地铁站每天的客流量都在

10 万人以上，与地下商业、休闲活动中心紧密结合，共同形成以中心区为核心的四通八达的对外公共交通联系网络（图 5-12）。

从单一公交枢纽的服务范围最大化出发，集中公交枢纽宜布置在公共活动中心区的功能或空间核心，使公交服务的覆盖率最大化；同时，公交换乘枢纽宜设立与辐射范围内各街坊/地块之间的便捷联系，最大限度地吸引和收集公共交通客源。如香港中环地区的地铁站点，设置了众多的通向周边街坊的地下步行通道和地面人行出入口（图 5-13），使地铁站点周边街坊/地块的人流，都可以方便地就近出入，从而最大限度地吸引公交客源，或者高效地疏散公交客流。

图 5-12　波茨坦广场地下交通枢纽剖面
来源：《Infobox-the Catalogue》，p. 148

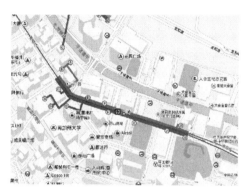

图 5-13　香港地铁中环站人行出口示意图
来源：百度地图

一些暂时还没有快速轨道交通服务的公共活动中心区（或者开发强度较低，暂时没有必要设置大容量公交服务设施的公共活动中心区），则可以鼓励公交设施的节点化处理，如将普通公交、BRT、巴士站、的士站以及机动车停车设施、自行车停车点等结合布置，形成相对集中的公交换乘节点。这些较低等级的公交换乘节点可以和更高等级的轨道和快速公交枢纽建立便捷联系，从而使普通换乘节点成为公共活动中心区各出行点与公交换乘枢纽之间的中转站，一些服务型职能和设施也可以依托这种中转站性质的公交枢纽布置。如香港屯门市中心，高密度住宅环绕集中商业布局，同时商业核心区一层为市内公交大巴站，二层为市民广场，广场周边环绕商业设施和公共建筑，二层广场通过两座跨街天桥与道路另一侧的轻轨站点和巴士线路站点相连。由于深港西部口岸的开通，往返西部口岸与屯门市中心的内地游客数量激增，但整个中心区的交通运作仍然高效有序（图 5-14）。

2）公交设施与区内主要步行廊道紧密衔接

与枢纽节点相对应，区内主要步行廊道通常是区内步行城市生活最具活力，步行人流强度最高的的公共空间走廊。在公交空间走廊内线性集中布置服务公共活动中心区的多类别公共交通设施，利用公交走廊内连续的步行及辅助系统实现不同公交设施的便捷转换。一些以线性步行商业街为核心的公共活动中心区即属于此类。如柏林波茨坦广场开发，

图 5-14　香港屯门市中心区跨街天桥连接示意图

来源：必应地图

地面 ARCADE 玻璃商业廊道延续了传统城市肌理和街道空间，廊道下方则与一个四通八达设计精密的地下公交枢纽紧密衔接（图 5-15 波茨坦广场）。

3）利用公交环线强化区内交通联系

除了利用公交换乘枢纽/节点形成对公共活动中心区公共交通服务的有效覆盖以外，利用区内公交环线也可以强化区内不同目的地之间的公交联系，并有可能将位于不同地点的公共交通设施连接成为整体。

一些公共活动中心区通过引入环线巴士或空中单轨系统，既作为游客观光项目，也有利于加强中心区内部重要活动节点之间的短途公交联系。一些城市更通过制定公交优惠政策，鼓励市中心的步行城市生活及其活力，如澳大利亚墨尔本市中心，从 2015 年 1 月 1 日起，实行新的免费电车区域，免费区域覆盖了传统的 CBD 和 Dockland 地区，区域内所有的电车都可免费乘坐。电车免费区域的设置，既鼓励了使用者乘坐公交到达中心区，也提高了城市中心内部各主要地点的公交可达性（图 5-16）。

图 5-15　波茨坦广场 ARCADE 商业廊内景

来源：自摄

图 5-16　墨尔本市中心区电车免费区域图

来源：澳大利亚维多利亚州官网

（3）强化与周边城市环境的步行联系

公共活动中心区与外部城市环境之间，或者公共活动中心区内部，常常存在各种步行交通障碍。"所谓城市步行交通屏障，是指高速公路、快速路、主干路、铁路、河流等设施。这些设施打断了步行的连续性，降低了步行的舒适性。即使设有人行天桥和地下隧道，也很难改善。城市交通屏障无疑会降低自发性步行的发生频率"[13]。城市步行交通障碍包括自然步行障碍和人工步行障碍。

天然步行障碍包括山川、河流、高台、低洼地带所形成的步行难以逾越的障碍，天然步行障碍往往形成中心活动单元发展的天然边界，比较明显的就是滨海或滨河区域的公共活动中心区，自然水体、山体等自然边界在形成对公共活动中心区步行活动的障碍的同时，也可能为公共活动中心区发展提供得天独厚的自然和景观资源。

人工步行障碍包括快速城市干道以及城市主次干道形成的步行障碍，以及由高架桥、铁路线、人工构筑物等形成的步行障碍。

为避免公共活动中心区成为一个城市孤岛，鼓励对公共活动中心区发展中各种步行障碍的重新缝合，通过有效的城市设计，改善公共活动中心区的步行可达性，强化公共活动中心区与周边城市区域的多层次空间联系，使周围邻近区域的人群，可以方便地步行到达公共活动中心区，同时也使公共活动中心区使用者可以共享一些公共活动中心区内部缺乏的功能设施，如居住、较低承租能力的商业和服务设施，以及集中的生态绿地空间等等。如美国波特兰市中心与相邻的威拉米特河（Willamette）之间在 20 世纪 70 年代还被一条六车道海港快车道分隔开，现在已被一个充满活力的滨水公园所取代，快车道取消后预期的交通混乱并没有发生[14]。近年来波士顿进行的一项相当规模的市政工程，是将战后建设的高架路大西洋大道全部埋入地下，从而使市中心地区与河边地区重新建立良好的联系。

多数公共活动中心区与周边城市环境并不存在明显的自然边界，从城市形态和交通组织整体性出发，需要考虑公共活动中心区内部与周边路网结构的顺畅衔接，以及城市步行系统与公共活动中心区内部步行网络的整合。如著名的纽约巴特利公园城（Battery Park City）规划设计，摒弃了 1969 年的"巨构城市"方案，将曼哈顿传统的方格除了采用网格式的道路网络与曼哈顿既有的街道格网衔接以外，还充分考虑了中心区与滨海步道以及相邻的世贸中心的步行联系，并将区内主要的办公设施从原规划的南部调整到离世贸中心较近的中部，形成办公设施联动效应；也充分利用了世贸中心的交通枢纽地位，使办公职员从世贸中心的轨道交通站点到达区办公空间的路径更直接、更便捷（图 5-17）。

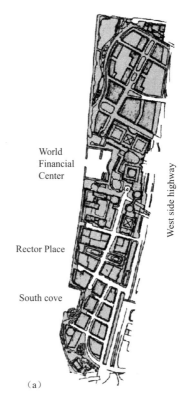

World
Financial
Center

West side highway

Rector Place

South cove

（a）

图 5-17　巴特利公园 1979 年
总体规划方案

来源：Urban Design：a typology of
procedures and products，P245

127

5.4.2 内部步行街区化策略

作为公共活动中心区基本的功能和空间发展单位，街区之间的步行联系是否便捷，直接关系到区内整体步行城市生活的活力。步行街区化，是指公共活动中心区内部的不同街坊之间，有便捷、连续、舒适的步行连接，形成网络状的步行可达街区群体。步行街区化的实现，首先在于街道层面的步行连接，街道层面是多数城市步行城市生活发展的主要基面，也是连接空中和地下步行系统的主要连接基面。同时，基于高强度开发背景，一些公共活动中心区有发展多地面步行网络的趋势，以舒缓人车冲突，实现公共活动中心区内部的步行街区化。

（1）公共活动中心区街道层面的步行街区化

欧洲许多公共活动中心区的步行化，经历了从单纯的步行街到连续的步行街区的发展变化。如哥本哈根市中心，它从 1962 年设立第一条步行街开始，之后几十年中通过渐变的方式，由步行街、广场、人车共享的步行优先街等共同构成 1.15km² 的网络式步行区，增进了城市活力，也改善了城市人文品质（图 5-18）。

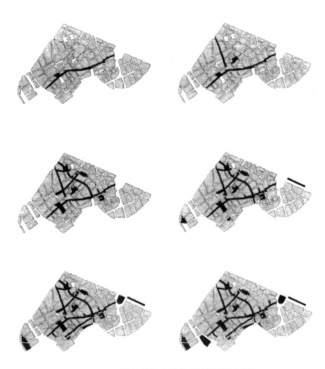

图 5-18　哥本哈根步行街区发展示意图
来源：《新城市空间》

但在多数公共活动中心区，街道层面完全实现步行化并不现实，更多的选择是在保障步行者优先的前提下，实现步行和其他交通出行模式的一种平衡，或者在特定时段实现公共活动中心区局部或整体的步行化。后者如日本银座商业中心、新宿歌舞伎厅等商业繁华中心，都实施了周末步行化，一到周末时间，这些繁华的市中心地区就变成人流涌动的步行者天堂。在这些连续的步行化区域，城市生活的丰富性和多样性得以孕育发展。也有一些城市，通过强化某些步行线路，形成特色鲜明的步行体验，从而往往附着了旅游/休闲等多重城市价值。如多伦多市中心的发现之旅（discovery walk），是为旅游者和市民在公共活动中心区的步行活动精心设计的步行线路（图 5-19），长约 6 公里，用一系列丰富的公园、街区小花园和街道景观将中心区的历史建筑、商业区和娱乐区紧密相连。此外，通过整体的无障碍设计，保证残障人士能自由、自主地到达其可能去的任何地点等。市中心发现之旅中的公园和街坊花园，多建在地下商业的交会处或地下停车库的上方，并提供了诸多停留、观赏和倾听的场所，绝大部分都设置了座椅、公共艺术品、水景和邻近的咖啡、商业设施等，路线经过仔细的选择，和私人物业的绿化以及沿街的历史、现代建筑完美地融合。这条充满人性化环境的发现之旅同时也是中心区动植物的迁徙之旅及繁衍生息之所。类似的特色步行路线也是步行街区化乃至整个城市步行化努力中的重要组成部分。同时，多伦多的发现之旅并不仅仅局限于城市中心区，而是一直扩展到整个城市范围。

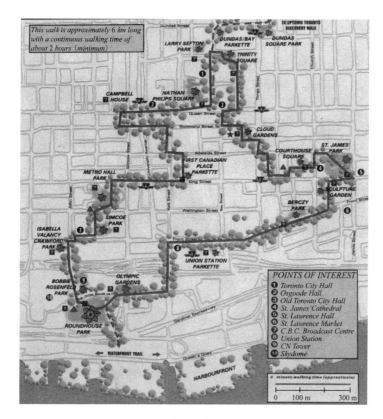

图 5-19　多伦多市中心的发现之旅

来源：http://www.toronto.ca/parks/recreation_facilities/discovery_walks/discover_index.htm

　　我国一些城市公共活动中心区，也有类似的步行区域，但基于历史发展传统和发展规模，多数城市商业中心仍以步行商业街为主。当前国内一些旧城公共活动中心区的步行街改造，只是局限于局部地段的步行环境的改善，一出步行街，还是车水马龙，人多车堵的混乱局面，这种局面，使沿步行街的"一层皮"发展模式很难转向步行街区的整体发展模式。因此，未来公共活动中心区应从步行街逐渐向步行街区转换，即从常见的沿主要干道的带形步行城市生活发展模式转向成片的步行街区城市生活发展模式。通过人车共存，行人享有优先权的方式，形成连续的步行街道，实现公共活动中心区的"步行街区化"。

在现状地形起伏较大的公共活动中心区，常常需要因地制宜地设计公共活动中心区内部连续的步行系统。如意大利拿波里市中心，以及美国西雅图市中心，都结合地形高差形成有特色的步行梯道系统。在我国重庆、攀枝花等山地公共活动中心区，也有类似的结合地形的公共活动中心区步行系统案例。

（2）公共活动中心区空中或地下步行网络的拓展

当街道层面的步行街区化难以满足区内步行城市生活发展需求时，需要通过跨街区的连续多层立体步行系统来实现公共活动中心区各街坊/地块功能和空间联系的一体化，并以此缓解公共活动中心区日益严重的街道层面人车冲突。公共活动中心区立体化的步行网络包括区内连续的地下步行网络；或者连续的二层步行系统，乃至多层空中步行系统的叠加。因此，立体化步行网络将是我国高强度发展公共活动中心区中步行街区化的必要措施和发展趋势。

1）地下步行网络

公共活动中心区的地下步行网络主要有两种类型。一种是整体性地下步行网络。这种网络依托地上街区化的建筑群体，将多数街坊下部地下空间进行大规模开发和整体连接，形成平面网络化的地下步行系统。如为应对严寒而漫长的冬季，蒙特利尔市中心修建了非常发达的地下步行系统（图5-20），有长约30km的地下通道，连接10个地铁站、60座大厦、7个主要宾馆、1615所公寓、200家饭店、1700家时装专卖店、30家电影院和展览馆、2所大学、2个公共汽车站、2个火车站和1所大专院校的地下人行通道。地下城市占地360万平方米，相当于80％的市中心办公场所，35％的CBD区域和150条街道入口。每天大约有50万人使用该系统。这种基于气候适应性的中心区整体地下步行网络开发，在寒冷气候区的特大城市公共活动中心区较为多见。而更多大规模整体地下步行网络的形成，是基于高地价和地下商业价值最大化的驱动，如日本东京新宿副都心、大阪市中心等均采用了这种模式，这种模式往往以地下商业街区为中心组织地下步行交通，形成一个庞大的地下步行商业网络，甚至对地面商业活力都有负面影响。如大阪市以JR大阪站为中心的综合发展区域，地面街道并不宽阔，且行人量不多，但在地下，四通八达的商业步行街将周边主要的建筑综合体紧密连接，行人往往愿意通过地下街到达不同目的地（图5-21）。

另一种是局部地下步行网络。多数局部地下步行网络建设往往结合地铁站点，形成跨越多个街区的放射状地下步行通道连接。这些地下步行通道也往往和地下商业空间的开发相结合，并且与各街坊/地块的地下停车场联系方便，形成跨越多个街坊的地下步行空间网络。这类地下步行网络往往基于局部核心呈辐射状连接，其扩展区域有限，但也成为强化局部区域不同街坊/地块之间便捷步行联系的主要模式之一。在没有

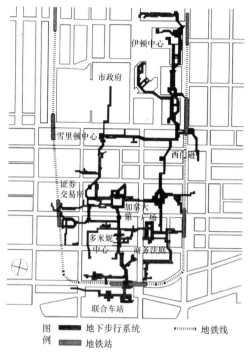

图 5-20　多伦多市中心地下步行系统

来源：《城市规划资料集》，第 6 分册，p168

图 5-21　JR 大阪站地区商业步行街示意图

来源：自摄

轨道交通站点设置的公共活动中心区，也可能依托高强度标志性开发的地下综合功能开发，通过局部地下步行网络与周边开发连接，形成基于核心开发项目的功能和空间辐射效应。

无论是整体还是局部地下步行网络，都面临历时性的网络拓展和已有孤立网络的连接问题。随着我国城市中心功能集聚强度的不断提升，在现有阶段充分预留地下步行网络拓展和连接的可能性，将有利于公共活动中心区灵活应对未来发展强度的不断提升，并形成更大的地下步行网络集聚效应。如北京 CBD 城市设计中对地下步行空间网络的构想（图 5-22 北京 CBD 地下空间规划）。

2）空中步廊网络

随着公共活动中心区建筑体量的不断长高，地面以上各种功能联系的需求持续增长，高层建筑下部的裙房基座也为构建多基面的近地城市生活空间提供了新的可能性。一些公共活动中心区开始建设空中步行系统，以缓解公共活动中心区的人车冲突和交通压力，并连接地面以上的多种功能需求和多基面开放空间。如香港的中环、金钟等商务商业集中地区，以及东京新宿等站前商业区，都规划建设了高架步行平台或空中步道系统，加强公共活动中心区内部高层建筑之间的空中联系，减少人车的相互干扰，同时也在空中街道层面拓展了城市公共交流场所和绿化休闲空间，对提升公共活动中心区的环境品质有积极作用。

与地下步行网络与地下空间结合的面状发展趋势相比，空中步廊网络的线性连接特征更为明显。多数空中步道网络以二层空中步行系统为主。由于二层步道系统与一层街道层

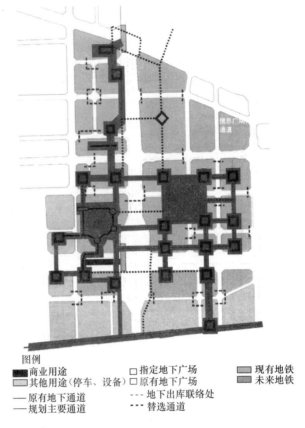

图例
■ 商业用途　　　　　　　　□ 指定地下广场　　　　　■ 现有地铁
□ 其他用途（停车、设备）　□ 原有地下广场　　　　　■ 未来地铁
— 原有地下通道　　　　　　--- 地下出库联络处
— 规划主要通道　　　　　　▪▪▪ 替选通道

图 5-22　北京 CBD 地下空间规划图
来源：《北京地下空间规划》，p146

面联系紧密，可达性高，设计良好的二层步道系统，常常形成沿二层步道系统的第二地面，对区内商业空间拓展及区域活力起到积极作用。随着区内开发强度的不断提升，依托多层商业基座的立体化空中步廊网络也将成为发展趋势。

　　为克服空中步廊系统的线状发展局限，形成更紧密的功能和空间面状连接，在中心区内设置集中的二层空中步行平台，被诸多案例证明是一种有效的城市设计策略。虽然建设成本更高，且不同开发项目之间的开发协调难度加大，但二层步行平台设计，可以形成完全人车分流的二层步行空间，并与各单体开发紧密衔接，在二层乃至更高层面形成新的步行城市生活基面，为中心区创造更高的整体城市价值。国内比较成功的案例如深圳市南山文化活动中心区的二层步行平台设计，与区内主要商业建筑形成有效衔接和过渡，二层平台也发展成为区内最主要的商业街层面，并将核心区内的多个街坊连接（图 5-23）。

图 5-23　深圳南山中心区二层平台跨街联系
来源：自摄

（3）公共活动中心区多层面步行系统的立体连接

很多公共活动中心区内部，有可能同时存在多层面的步行系统，如美国明尼阿波利斯市中心，既有贯穿中心商业繁华的连续街面林荫步行步道——尼高列特大道，也有连接公共活动中心区主要商业开发项目的空中步廊系统。这些不同层次的步行系统之间，需要加强衔接和转换，以形成区内完整的步行网络。

1）依托公共活动中心区内部垂直交通节点进行转换

公共活动中心区内部不同层次的步行系统，多以加强公共活动中心区内部主要开发项目的步行联系作为主要目标之一，因此，依托公共活动中心区内部重要开发项目的垂直交通转换核，可以方便地实现不同层次步行系统的衔接和转换，如大型建筑综合体的内部中庭，往往作为城市步行系统与内部交通衔接和转换的枢纽空间，有利于大规模人流的快速聚散；尤其是与公交枢纽或轨道交通站点直接相连的建筑综合体开发，其内部中庭空间往往是城市公共交通空间与建筑空间的密切融合，既为城市步行生活作出贡献，也由于对大量步行人流的吸引，提高了建筑综合体本身的综合商业价值。如美国明尼阿波利斯市中心，林荫步道系统和空中天桥系统在 IDS 中心交汇，IDS 中心底部三层均为商业服务，被商业设施环绕的水晶中庭，将街道层步行街人流、二层空中步道人流引入，并集中进行转换。

2）依托室外交通节点的多层次步行系统衔接

在多层次的步行系统之间，可以通过结合公共空间或重要开放空间的室外交通节点进行衔接。这种多层次步行系统的衔接节点。既可以最大限度地方便步行者，选择尽可能简捷的步行线路，也提升了公共活动中心区局部空间或设施的可达性。如香港金钟地区海富中心旁，室外地铁出口与联系海富中心和中信大厦的二层步行天桥之间，仅咫尺之遥（图 5-24）。

3）辅助步行设施的引入

为强化公共活动中心区多层面步行系统的衔接和转换，还需要借助各种辅助步行设施的引入。尽管步行出行有诸多优点，但也有其缺点，如步行速度较慢、个人连续步行的距离受到体力的局限、步行时难以携带重物等等。辅助步行系统的引入有助于部分克服步行的局限性，而进一步推动综合公共活动中心区内部步行城市生活的发展。为了加强立体步道空间与步行街道层面的联系，需要运用多种辅助步行工具，如电梯、自动扶梯和各种楼梯的开放性联系。在香港 CBD 核心区，即使有高效的二层步行系统，其街道层面仍然繁忙且充满活力，原因在于上述步行辅助系统的全天候开放性使用，有效地加强了非街道层面步行系统和街道城市生活的垂直联系。

同时，香港的自动扶梯系统，在一些有地形高差的步行路段也大量使用，极大地方便了中心区的步行者。如香港中环的空中步道系统，与半山自动扶梯系统相连，后者全长约800 米，最高攀至 135 米高程，上行线路全部采用自动扶梯，跨越多条半山街道，为中环及半山区的居民提供便捷的步行交通服务（图 5-25）。

图 5-24 地铁站室外出口与二层步廊系统的联系　　图 5-25 太古广场与香港公园之间的公共自动扶梯步道
来源：自摄　　　　　　　　　　　　　　　　　　来源：自摄

在一些人流量大的地段，可以采用高速步道，加快步行人流的疏散速度，节省由于过于拥挤造成的时间成本。尤其是在大容量公交设施的换乘中，如果步行距离较长，也需要增设自动步道系统，如从香港港铁尖东站换乘到地铁尖沙咀站的步行距离较长，换乘客流量较多，其间连续的自动步道系统有效地提高了换乘效率，也缓解了部分体弱者的步行疲劳感。

大量自动扶梯和水平方向的自动步道的设置，成为香港市中心步行系统设计中的一个明显特征。这些步行辅助设施既有利于扩大中心区步行活动的范围，使既有公共活动中心区的繁荣和活力能够有效地扩展到更大尺度。同时，对于一些通勤者而言，或者一些行动不便、体力有限的步行者而言，上述辅助步行设施是一种人性化关怀的体现。

5.4.3　局部交通微循环化策略

当前我国一些公共活动中心区内部支路网还存在支路网密度不足、路网结构不合理、断头路较多等问题，导致内部交通微循环不畅，交通瓶颈和拥堵节点众多。为缓解区内交通压力，促进区内步行可达性的提升，需要对公共活动中心区内部支路网结构和功能进行系统梳理，建立和完善公共活动中心区内部微循环网络。公共活动中心区机动车交通的微循环化有利于增加区内不同街坊/地块的可达性，改善内部机动车微循环，提升区内功能和空间的开放性，推动公共活动中心区内部发展融合。具体的微循环策略包括：

（1）增加公共活动中心区支路网密度

公共活动中心区内部支路网密度不足容易造成内部街坊/地块可达性不均，影响公共活动中心区内部一些可达性较差街坊/地块土地利用效益的正常发挥。同时，公共活动中心区内部支路网密度不足，容易使有限的内部道路承担较大的交通压力，增加公共活动中心区内部的交通拥堵。

按照我国当前的道路交通设计规范，城市支路道路网密度是 $3\sim4km/km^2$，明显偏低。与之相反，欧美公共活动中心区的方格形路网的道路密度就高很多。以芝加哥市中心为例：芝加哥市 CBD 面积约 2 平方公里，用地内高层办公楼鳞次栉比，其中就业者超过 50万人。CBD 内道路网密度接近 16 英里/平方英里。CBD 以外的市区道路网密度约为 12 英里/平方英里，市区边缘和近郊区的道路网密度约为 8 英里/平方英里[15]。因此，我国公共活动中心区应适当提高支路网密度。如有学者提出，（在我国），如果是一般商业集中地区应为 $10\sim12\text{km/km}^2$，如是在市中心，建筑容积率达到 8 时，宜为 $12\sim16\text{km/km}^{2[16]}$。

同时，为避免新开发切断或抹去现有城市道路，在街区合并的大尺度开发中应尽可能地保留原有街区间的公共道路作为机动车道路或人行通道。

针对一些公共活动中心区内部支路网结构不合理等问题，在保护中心区传统城市肌理基础上，可以有针对性地新建支路，打通现有的断头路，改造不规则或质量标准不高的支路，完善公共活动中心区内部支路的微循环通路；对大尺度的街坊/地块，可以有意识地进行街坊/地块的细分，或者开辟内部支路，打破超大街廓的道路组织模式，将其重新连接成为细密的交通道路网络模式。

基于组群化的细密街道网络，通过适当限制区内道路宽度，以及对内部机动车交通进行适当限速等手段，鼓励区内人车共存的交通平衡，并在合适的时间和地点实施人车分流。

（2）整合内部机动车交通流线

为提高区内机动车交通组织效率，需要对公共活动中心区内部公交、个人机动车、出租车、货运等机动车流线作统一安排，并协调其与各种步行流线之间的分流与平衡。具体策略包括：

1）合理安排公共活动中心区机动车交通的主要出入口和内部流线，利用单行道组织车流明确而迅速地通过，减少道路交叉点，方便内部车流快速地进入更大的交通系统。确定公共活动中心区停车场的合理布局和出入口位置等等。

2）公共活动中心区各街坊/地块服务和运送车辆的流线应与来访者、雇员或住客的主要流线分开，服务和货运出入口应在主入口的公众视线之外。同样，服务和货运区也应位于相邻用地使用者视线之外。为提高服务效率，主要的后勤和服务空间联系，可以通过地下城市空间和各街坊/地块的垂直交通枢纽联系，在地下层直接通达各主要建筑及其垂直交通核心，实现点对点的后期支持和服务。

3）为改变各街坊/地块间各自为政的交通组织格局，需要有意识地加强公共活动中心区内部不同街坊/地块之间合理的交通组织整合，提高公共活动中心区交通组织效率。如鼓励相邻地块共用机动车道路和出入口设施，提高公共活动中心区内部机动车道路的利用效率，避免各地块内部交通道路的重复建设；又如充分考虑相邻街坊/地块地下交通停车空间连接的可能性。

（3）基于立体化交通组织的高效共享

在高强度发展背景下，通过整体或局部的立体化交通组织，推动人流、车流在相邻街坊单位之间的无缝衔接，促进区内交通资源的共享，如地下停车互联互通、公共货运通道等等，从而有效实现公共活动中心区内部复杂人流、物流和车流的高效组织，减少公共活动中心区内部的交通拥堵现象。

微循环化不仅仅针对机动车交通，也包括促进区内不同开发单位之间，以及鼓励同一开发单位内部步行交通组织的微循环化，具体策略在上一章中基于空间组织角度的细密化、孔洞化策略中已作详细展开，此处不再赘述。

在微循环层面，由于机动车车速已受到有效控制，更容易形成人车共存的交通环境。在人车共存的背景下，机动车微循环的顺畅与步行微循环的便捷相辅相成，共同促进区内局部交通组织的高效率和人性化。

5.4.4 公共活动中心区内部多种交通模式衔接和转换的一体化策略

（1）因地制宜地确定公共活动中心区换乘模式

结合公共活动中心区的等级、开发强度和发展背景，公共活动中心区内部多种交通出行模式之间的衔接和换乘，可以归纳为不同的模式：外围换乘模式、核心换乘模式、综合廊道模式等。

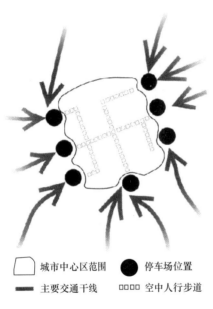

| 🞏 城市中心区范围 | ● 停车场位置 |
| 主要交通干线 | □□□□ 空中人行步道 |

图 5-26　外围换乘模式示意

来源：《城市规划资料集》第 6 分册，p28

所谓外围换乘模式，是指公交站/枢纽、集中停车场、游客巴士上落点等，布置在公共活动中心区的外围，乘客停车或下公交后，通过步行到达公共活动中心区的入口或边缘，再步行进入公共活动中心区内部的目的地（图 5-26）。这种模式以水平换乘为主，常用于尺度、规模不大，基本在步行舒适距离范围内的公共活动中心区，换乘后步行城市生活基本在街道层面展开。如欧美一些新城中心，往往形成环路加中央步行区的交通结构，由于中心区规模有限，环路以内的步行区域多限定在步行范围以内，停车场布置在环路附近。中心区的空间体系就可以根据"内向空间体系"来布局，城市设计的主题是形成一系列人们在其中活动的步行空间[17]。如英国考文垂市中心的交通组织，就采取了这种以中心区环路限定的内向步行交通体系（图 5-27）。

也有一些外围换乘模式，通过空中或地下步行系统进入公共活动中心区。如美国爱荷华州苏城中心，停车库布置在外围，通过二层连续的步行系统连接公共活动中心区内部的不同功能街坊。美国明尼阿波利斯市中心 2000 年人行步道系统规划中，除现有步道系统已连接的两个外围停车场以外，规划中又利用新的空中步道网络将另外四个外围停车场及沿线建筑连接，扩大了空中步廊系统辐射的范围。

所谓枢纽换乘模式，是指以特定公交枢纽为核心，集中多种交通出行模式进行集中换乘。在换乘枢纽，往往形成人车的立体分流，以及多种交通出行模式的垂直叠合，以实现多种交通出行模式之间的换乘距离最短化，并尽可能以多层面、多方向的立体步行系统将公交枢纽与外部环境连接，实现大量步行人流的快速聚散和转换。这种换乘枢纽，往往与公共活动中心区的功能和空间核心相结合，一般位于公共活动中心区内部，以保持与公共活动中心区各目的地的步行转换距离最短化。枢纽换乘模式以立体换乘为主，往往配合多基面、立体化的步行廊道网络，常见于尺度、规模较大，交通组织复杂的公共活动中心

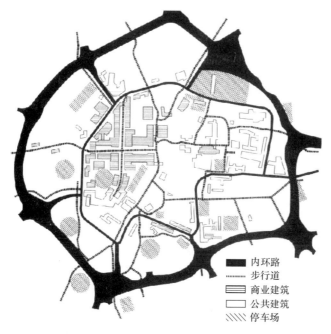

内环路
步行道
商业建筑
公共建筑
停车场

图 5-27　外围换乘模式示意

来源：《城市规划资料集》第 6 分册，p28

区。如德方斯步行平台下形成立体化、多层次的地铁、普通公交、地下停车库、地下公路
等多种交通模式的立体换乘（图 5-28）。

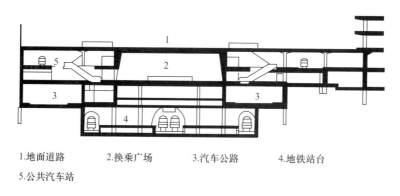

1.地面道路　　　2.换乘广场　　　3.汽车公路　　　4.地铁站台

5.公共汽车站

图 5-28　德方斯立体化交通换乘剖面图

来源：《城市．建筑一体化设计》，p145

　　综合廊道模式，是指以包含多种职能和用途的综合步行廊道联系公共活动中心区的各
种交通出行模式和交通转换节点，综合步行廊道既是公共活动中心区内部主要的步行城市
生活空间，也是公共活动中心区主要的交通转换空间。基于多种交通出行模式的换乘需
要，这种综合步行廊道转换，上部往往是公共活动中心区步行城市生活的主要基面，形成
对大量步行人流的吸引和线性展开，下部或尽端则为多种交通出行模式与步行之间有条不
紊的衔接和转换提供可能。这种综合廊道往往被视为公共活动中心区的"生长脊"，是公
共活动中心区的线性发展主轴。如费城市场东街复兴中，在街面下一层东西向的连续花园

式地下步行廊道，该廊道西接市政厅，北侧是公共汽车终点站、车库和铁路车站，南侧为购物中心和地铁系统，这个最高达6层的综合廊道空间通过东、西、北三个尽端的下沉广场与地面联系，沿廊道的每幢建筑都纳入综合廊道网络中，各街坊的街面人流均可通过建筑内外的垂直交通节点进入综合廊道（图5-29）。

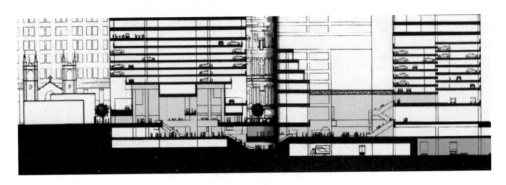

图 5-29 费城市场东街地下步行廊道

来源：培根，《城市设计》，p. 290

一些大尺度、功能和交通组织模式复杂的高等级公共活动中心区，其综合换乘模式也更为复杂，有可能是以上两种或两种以上模式的相互结合，如既有沿公共活动中心区外围的换乘节点（停车场、公交站等），也有位于公共活动中心区内部的集中换乘枢纽。这些不同类型的换乘枢纽/节点往往依托网络化的步行廊道系统连接在一起，实现公共活动中心区多种交通出行模式之间的无缝衔接和转换。

（2）强化多种换乘模式中的步行纽带作用

各种换乘模式都建立在公共活动中心区内部步行网络的高效、紧密衔接的基础上。如在外围换乘模式中，通过控制外围换乘点（公交、的士落车点、外围停车场等）到公共活动中心区在舒适的步行距离以内（不宜超过500米步行距离），并强化从换乘点到公共活动中心区的步行路径引导，可以提升换乘者进入中心区的步行体验，通过沿换乘步行路径设置多样化的功能支持设施和空间场所，形成连接各换乘节点到区内主要目的地之间的步行纽带。

在设置有大容量公交枢纽的公共活动中心区，通过依托公交枢纽，将常规公交、地下停车空间和主要的步行路径与之连接，可以形成一体化的交通衔接和转换网络，用连贯的步行网络将站点周边地区的公共或商用建筑联系在一起。步行网络与个体建筑联系的方式各不相同，有的利用建筑架空层或者建筑退让形成的灰空间，有的利用穿插于建筑的有顶过街桥与过街楼，步行网络不仅使单体建筑更具可达性和亲和性，也使原本松散布置的单体建筑之间联系成为以轨道交通车站为核心的公共活动中心区整体。

同时，在集中公交枢纽内部，也要通过合理紧凑的公交换乘步行线路安排，形成简洁明晰的公交换乘线路，尽可能实现枢纽内不同公交设施之间的点对点步行换乘。悉尼CBD的文雅（Wynyard）地铁车站就是一个成功的案例。车站出口位于街坊中央，直接与商场相连，从出口沿四个方向都有公共人行通道。文雅车站上方是停车库，再上一层是凯琳顿街（Carrington St.），几层之间有自动扶梯和公共大堂相连。凯琳顿街与乔治街之间有很大的高差，街坊利用高差形成多层面的与街道的便捷联系。同时，文雅车站上方是一个街心公园，为周边办公楼群的景观和公共核心。车站的出口就设在公园的平台之下，从公共大堂乘坐公共电梯出站后，在街心公园边就是公共汽车站，所有的安排都很人性化（图 5-30，图 5-31）。

图 5-30 悉尼 CBD 文雅车站出口的公交站及街坊公园	图 5-31 悉尼 CBD 区 wynyard 站公交换乘示意图
来源：自摄	来源：自摄

综合换乘中，也要考虑自行车与公共活动中心区其他交通模式之间的衔接和转换。良好的自行车线路可以加强公共活动中心区与周边城市区域的交通联系。但在一些高强度使用的公共活动中心区，并不希望自行车进入核心区段，此时，就可以在核心区外围的适当位置，结合公共空间设置集中的自行车停车场，使自行车使用者可以方便地停车，并步行到达目的地。区内一些面向游客或市民的连锁自行车出租点，也对鼓励自行车出行起到良好促进作用。

5.4.5 微观交通优化策略

基于多种交通方式的平衡组织理念，在微观的交通优化中，通过充分考虑不同交通出行方式的潜力，使其在公共活动中心区交通组织中发挥适当的作用，并与其他交通方式取得合理的平衡，以实现区内微观交通的良性运作。具体的优化策略包括：

（1）提高公共活动中心区内部主要设施或公共空间的步行可达性

公共活动中心区内部的一些主要的功能设施和公共空间，如果缺乏良好的步行可达性，就难以激发区内有效的步行城市生活及其网络，如一些公共活动中心区，由于快速城市干道的阻隔作用，或者设计上的缺陷，常常导致一些公共开放空间难以步行到达，成为可望而不可及的"观赏型"城市空间，既浪费了宝贵的公共活动中心区空间资源，也不利于公共活动中心区步行城市生活的连续展开。20 世纪五六十年代的美国波特兰市中心，也被日益增长的机动车交通和停车空间分割，为改变这一状况，1972 年的美国波特兰市中心改善规划，提出"为公众可达"而规划的基本方针。相关的具体策略包括：建设由轻轨相连的 11 个街区的公共交通商业区；提高新的居住区和保护街区的可达性；通过兴建步行大众公园而非多车道机动道路来增加滨水区的可达性；通过兴建先锋议会广场大厦（在原规划的停车场选址上）而增加到达中央公共开放空间的可达性等（图 5-32）。

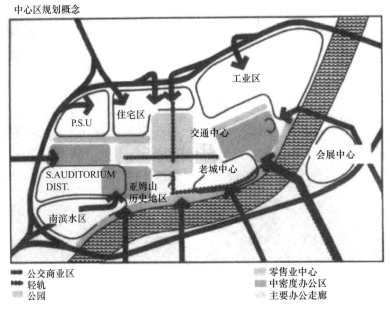

图 5-32　1972 年波特兰市中心规划概念图

来源：《城市设计手册》，p. 820

（2）公共活动中心区细密化的步行末梢节点设置

上一章中已经提到，公共活动中心区内的步行转换节点，是指区内各种交通流线/交通模式之间进行衔接和转换的水平或立体化节点。步行转换节点既是区内各种步行流线和活动交会的主要节点，也是促进区内各种交通模式/流线便捷转换的重要节点。

除了重要的公共活动中心区步行广场、大尺度的步行购物中心、城市综合体等重要的步行枢纽节点以外，众多细密化分布的步行末梢节点设置，有利于提高区内各种功能和设施的步行可达性，充分发挥地铁、公交及其他大容量外部交通对区内步行人流的高效聚散能力，从而在末梢层面建立完整的公共活动中心区多种交通模式的便捷转换网络。

因此，从公共活动中心区交通设计的角度，步行枢纽节点的良好设计，常常能够建立公共活动中心区步行系统网络的基本框架，并促进枢纽节点本身的功能和空间发展。而细密化的步行末梢节点的布局优化及人性化设计，能够有效地促进区内各种交通流线的合理动线安排，进而提升微观层面的地块土地价值，促进区内交通微循环的发展。

（3）优化道路断面设计

道路断面设计优化，实质上是对区内不同交通出行方式占用道理空间资源的再平衡。当前一些公共活动中心区往往存在步行街道过窄而导致的步行舒适度降低问题，缺乏专用自行车道及其网络的问题，路边停车乃至道路下方地下城市空间的通风采光问题等等。基于步行导向的道路断面设计优化，往往需要在现有的道路红线范围内，对上述空间需求进行再平衡。由于当前许多公共活动中心区内机动车道路过宽，可以通过适当压缩机动车道总宽度（减少机动车道数量，或将每条机动车道从 3.5 米压缩至 3 米等），来为其他交通出行方式或路边停车提供更多的道路空间资源。机动车道宽度和数量的减少，以及机动车道线型设计的优化，可以有效降低区内机动车车速，有利于区内人车平衡的整体交通环境塑造。

（4）公共活动中心区微观交通组织的优化或平衡

1）创造为人服务的街道

在核心区行人应有更多的优先权，尤其是在确定为步行商业功能为主导的区域，应提供连续舒适的人行道，从街道设施、铺地材质、残疾人坡道等方面作细致考虑。根据不同地区的特色作特别的处理，使步行者有新鲜的体验。尽量减少并妥善处理人行道与机动车道的交叉。商业街和步行街作为人流集聚的中心，应提供多样化的设施，如街边咖啡店、休息座椅等，同时需要足够的空间提供种植、绿化等。步行区系统应和街景规划紧密结合。

2）明晰的交通及换乘标识

轨道交通的出入口应作显著标识，公交系统的路线、站牌应清晰易辨。主要的步行线路，应有清晰的指示或空间引导，使步行者获得明确的方向指示和空间定位。

3）步行与其他交通方式的交叉处理

当步行流线和机动车出入口交叉时，应注重交叉处的细节处理。欧美一些城市的经验是，保持步行街道标高的连续性，利用铺地色彩和形式的变化，提醒步行者注意可能有车出入；同时，对步行过街设施的人性化设计，也能极大提升使用者的步行体验。

4）局部街坊/地块基于步行导向的交通统筹

在主要的步行空间附近，需要通盘考虑公共活动中心区内部各单体建筑开发之间的交通流线组织，如人行出入口、车行和货运路线的安排，鼓励将单体建筑的人行主入口，面向主要的步行街道或步行空间；车行及货运入口，应尽可能安排在主要步行街道或步行空间的行人视线以外，尽量不与主要的步行线路交叉，以形成沿主要步行街道或步行城市空间的完整性、连续性以及视觉和使用的舒适性；同时注意对机动车场/库的美化设计，避免沿街面机动车停车场/库对步行者行为和心理体验的不良影响。

5.5　本　章　小　结

本章从公共活动中心区交通组织的视角，分析了公共活动中心区公交、步行和机动车等出行方式、出行规律，针对我国公共活动中心区普遍存在的交通组织问题，如机动化的交通组织理念，树形化的道路结构，低效化的交通组织模式以及滞后化的公共交通投入等，提出以下公共活动中心区交通协同模式：推动区内步行＋自行车＋公交的绿色交通体系；从树状交通转向网络状交通组织以及在高强度发展中心公共活动中心区，从平面化交通组织转向立体化交通组织等等。在上述问题、机制和模式分析的基础上，进一步提出来公共活动中心区交通协同发展策略。本章的基本研究框架结构详图 5-33。

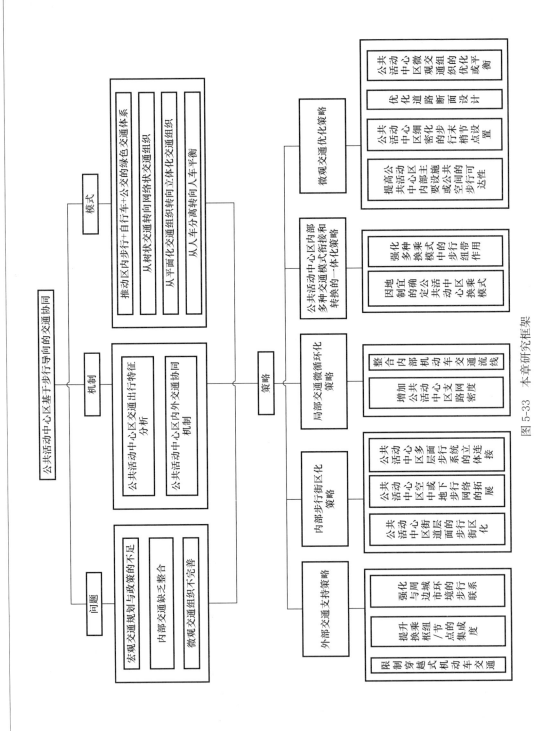

图 5-33　本章研究框架

本章注释

[1] 孙靓. 城市空间步行化研究初探. 华中科技大学学报（城市科学版），2005，（3）：76-79。

[2] 乔俊杰. 上海轨道交通体育馆换乘站的问题调查与分析.《甘肃科技》2012 第 7 期。

[3] ［丹麦］扬·盖尔、［丹麦］拉尔斯·吉姆松. 公共空间·公共生活 ［M］. 汤羽扬等译. 北京：中国建筑工业出版社，2003：p51。

[4] 易汉文、托马斯、莫里纳兹. 来自城市用地开发交通影响分析的模式与模型 ［html］. 中国交通技术论坛(http//www.tranbbs.com)，2004/11/26。

[5] 蒋谦. 国外公交导向开发研究的启示 ［J］. 城市规划，2002，（8）：82-87。

[6] 同 ［3］，p51。

[7] 北京市城市规划设计研究院主编. 城市规划资料集第 6 分册（城市公共活动中心）［M］. 北京：中国建筑工业出版社，2005：175。

[8] 卢柯、潘海啸. 城市步行交通的发展——英国、德国和美国城市步行环境的改善措施 ［J］. 国外城市规划，2001，（6）：39-43。

[9] 同 ［8］。

[10] 参 ［英］Matthew Carmona Tim Heath TanerOc et al. 城市设计的维度 公共场所——城市空间 ［M］. 冯江、袁粤、傅娟等译. 百通集团：江苏科学技术出版社，2005：184。

[11] 同 ［10］，p185。

[12] 李沛. 当代全球性城市中央商务区（CBD）规划理论初探 ［M］. 北京：中国建筑工业出版社，1999：33。

[13] 李云、杨小春. 公共空间量化评价体系的实证探索——基于深圳特区公共开放空间系统的建立 ［J］. 规划评论，2006，（6）：37-44。

[14] ［美］唐纳德·沃特森、艾伦·布利特斯、罗伯特·G·谢卜利. 城市设计手册 ［M］. 刘海龙、郭凌云、俞孔坚等译. 北京：中国建筑工业出版社，2006：819-827。

[15] 陈燕萍. 芝加哥市中心：一个高效益的土地利用模式 ［J］. 世界建筑导报，1995，（3）。

[16] 费麟. 一个建筑师关于城市交通问题的思考 ［J］. 城市规划，2003，（10）：23。

[17] 仲德昆. 英国城市规划和设计 ［J］. 世界建筑，1987，（4）：19。

第 6 章

公共活动中心区基于步行导向的城市设计整合

前面 3 章分别从功能组织、空间发展、交通协调三个层面讨论了公共活动中心区步行城市生活整合中的多层次矛盾，分析了相应层次的整合机制、模式，提出了相应的城市设计整合策略。公共活动中心区步行城市生活及其活力，涉及多方面的综合发展要素，与公共活动中心区更广泛的社会、经济、人文、政策、投资等要素息息相关，并在相关发展影响要素复杂交织和互动作用下表现出复杂、综合、多样、充满变化和不确定性的步行城市生活发展特征。公共活动中心区步行城市生活发展的复杂和综合程度，远远超出一般的步行综合社区。因此，基于步行导向的公共活动中心区城市设计，并非单一维度、单一层次的城市设计整合所能解决，需要在对区内步行城市生活及其内在综合运作机制把握的基础上，基于塑造公共活动中心区步行城市生活及其活力的目标，对公共活动中心区进行多维度、多层次和多方利益主体之间的城市设计整合。

6.1 公共活动中心区基于步行导向的城市设计整合目标和原则

基于步行导向的公共活动中心区城市设计整合，是从步行者和步行城市生活的视角，对公共活动中心区的各种发展要素进行分析整合，借助城市设计特有的"二次设计"媒介，通过对支持步行城市生活的物质和人文环境的塑造来引导区内的步行城市活动及其活力，进而推动公共活动中心区经济、社区、人文等层面的综合协调发展。因此，对于公共活动中心区而言，步行导向既是一种设计取向，也是一种管理和实施取向。基于步行导向的城市设计整合，需要确立明确的整合目标和原则，并将其贯穿在公共活动中心区规划设计、开发建设及历时性运营发展的全过程中。

6.1.1 基于步行导向的公共活动中心区城市设计整合目标

（1）步行城市生活资源复合化目标

顺应公共活动中心区步行城市生活组织和发展的内在需求，对公共活动中心区的功能和设施资源，空间资源，交通基础设施资源，历史人文资源等，需要因地制宜地加以分析，并以资源共享和综合效益最大化为目标，对相关资源进行基于步行城市生活需求及活力的整合，促使各层次资源利用最优，各层次资源之间互动相应最强。基于资源复合化发展的目标，公共活动中心区的多层次步行城市生活资源相互影响，相互依托，共同促进区内发展的复合度，以及与城市及周边城市区域的多层次复杂联系和互动。

（2）步行城市生活环境生态化目标

我国人多地少、资源紧缺的发展背景，决定了我国城市建设必须走高密度紧凑发展的道路，而在各种功能和空间高度集聚的公共活动中心区，高密度人工化环境与宜人化环境品质之间的矛盾也愈显突出。同时，全球化背景下一些城市片面地将欧美发达城市早期的高层高密度城市中心区作为现代化、国际化的代名词，在片面追求高层高密度开发意象的同时忽略了公共活动中心区人性化、生态化的步行城市生活环境塑造，导致部分公共活动中心区环境品质不佳，难以吸引步行者及其活动。

在城市可持续发展背景下，基于步行导向的公共活动中心区，应以步行者需求和体验为核心，以生态化发展为目标和前提，合理设定公共活动中心区发展容量，推动公共活动中心区功能和空间的适度集聚发展；注重宜人尺度的公共空间和步行环境的塑造；引导高密度人工化环境和自然生态环境的平衡发展。未来的城市公共活动中心区将是一个开放、轻松、多元化的城市中心场所，而不是一个给人以压抑感的曼哈顿式的钢筋混凝土森林。

（3）步行城市生活体验特色化目标

在信息化、全球化的发展背景下，公共活动中心区的发展不仅面临城市内部其他区域和相邻城市类似公共活动中心区的竞争，一些较高等级的城市及其公共活动中心区，更可能面临来自城市群乃至全球范围内其他城市公共活动中心区的竞争压力，全球化资本在全球范围内的快速流动，更加剧了这种竞争压力。

为在全球化、区域化的竞争中占有一席之地，各城市、各级公共活动中心区之间都面临挖掘发展潜力，增强自身发展竞争力的迫切需求。特色化的发展整合，将是提升公共活动中心区发展竞争力的一种有效途径。

特色化的发展整合，包括功能发展的特色化、空间意象的地方化和特色化，以及人文发展的特色化等等；公共活动中心区发展的特色化整合，就是对公共活动中心区现有的发展资源进行综合整合，挖掘和提炼其中的特色化发展潜力，并充分利用各种潜在的发展机遇，促进公共活动中心区特色化发展要素的集聚和发展，进而形成有别于其他区域的特色竞争力。

6.1.2　基于步行导向的公共活动中心区城市设计整合原则

（1）步行城市生活组织的整体性原则

作为城市发展中的一个有机步行单元，公共活动中心区强调的不是内部局部发展的最优，而是基于公共活动中心区整体步行城市生活发展的"系统最优"。系统最优并不能保障公共活动中心区内部各要素、各局部发展利益的最大化，但能确保公共活动中心区综合发展效益的最优化。

同时，作为城市发展中的一个有机步行单元，公共活动中心区不仅仅强调内部发展的效益最优，更强调公共活动中心区与城市之间的步行城市生活"联合"和互动，通过公共活动中心区的步行城市生活综合优化及其与城市的良性互动，推动城市整体步行城市生活的发展。

因此，公共活动中心区基于步行导向的城市设计整合，就是促成公共活动中心区整体价值平台的建立和提升，即公共活动中心区内部各种发展要素互为配套，相互支持，最大限度地实现资源共享和价值最大化，使公共活动中心区内部任何个体项目的存在价值，都高于其单独存在的价值，从而形成基于公共活动中心区整体的价值传递（让渡）系统[1]。在公共活动中心区整体价值平台不断提升的过程中，新的需求不断产生，从而将促进公共活动中心区城市功能的丰富，空间环境的改善，以及公共活动中心区城市性的提升，这些反过来又进一步促进了公共活动中心区价值聚合度的上升，也就相应提升了公共活动中心区各单体项目的价值，促进了公共活动中心区发展的良性循环。

公共活动中心区整体价值平台建立在区内步行城市生活活力的基础上。反过来,公共活动中心区整体价值平台的提升,也有利于区内步行城市生活的进一步发展和繁荣。因此,公共活动中心区整体价值平台的建构,有赖于公共活动中心区基于步行导向的多层面城市设计整合。

(2) 步行城市生活组织的联系和多样化原则

联系和多样性是公共活动中心区有活力的步行城市生活发展的内在品质。

基于整体价值平台的公共活动中心区显然不是由一个个互相缺乏联系的独立个体组成。其联系机制蕴含丰富的多层次综合性内涵,既包括单一维度内部的要素联系,更重要的是基于公共活动中心区整体的多维度、多层次联系,如公共活动中心区内部多元互动的功能、空间及人文互动,以及其背后复杂交织的多元利益主体的驱动力等等。通过对多维度要素之间的多层次内在联系机制的剖析,有利于从步行城市生活的视角,将其优化整合形成完整的步行城市生活整体。

同时,公共活动中心区多维度、多层次发展联系的建立,有利于推动中心区发展多样性的发生。多样性是有活力的城市生活发展单位的天性。中心区应该能够提供多样化的选择和一种具包容性的环境,以容纳不同的人群和需求。人是具有独特个性的个体,不是简单的抽象存在,每个中心区都直接面临不同背景、年龄、肤色和性别的个体人群的集合,让中心区充满活力往往要付出远超出我们想象的努力。如保存和培育步行区域的多样性,提供多样化的步行城市生活体验,提供多样化的交往空间和有吸引力的场所等等。

多样性不仅仅体现在公共活动中心区物质环境的塑造上,更多地体现为公共活动中心区城市活动和人文发展的多样性。中心区由于能够提供各种可能的活动方式,使不同兴趣、不同生活习惯的人群各得其所,他们基于自组织的不同活动和行为就构成了中心区城市生活的丰富性和复杂性,也是其活力的源泉。如深圳华侨城以 OCT 广场为核心的社区级公共活动中心就具有这种城市生活的多样性和活力。笔者以为,这种多样性主要得益于:1) 多样化的人群构成。其一,该区域拥有大量的常住人口(既有高收入居住人群,也有附近城中村中的低收入居住人群,以及旅游学校的学生等等);其二,众多的主题乐园也带来了来自各地的游客,他们除了游览景区,一些社区公园和公共设施(如沃尔玛商场、酒吧街、饮食街等)也是他们常常光顾的场所;其三,一些周围片区的居民,也常常来到华侨城休闲;其四,多样化的企业和办公设施、酒店和休闲娱乐及文化设施,每天也吸引不同的人群来到该片区。多样化的人群共同推动华侨城的繁华和活力。2) 片区良好的城市环境和完善的城市生活配套设施,使不同的人群可以各取所需,吃、住、玩、旅游都各得其所,或者只是在优美的社区环境中闲逛,呼吸一点新鲜空气。3) 片区鲜明的发展特色,如一种天然的城市名片,吸引人们源源不断地来到该片区。这种多样性和活力为片区的居民、工作人员、游客和临时路过的陌生人等等,提供一种良好的城市环境和氛围,使他们乐于呆在其中,而不是匆匆忙忙地离开。

(3) 步行城市生活组织的日常城市生活空间原则

从日常城市生活空间视角,基于步行导向的城市设计,将提倡一种基于微都市的城市设计视角,鼓励规划设计和管理人员以及开发商、公众等去关注一些平常可能视而不见的城市生活环境的细节，从而更多地关注这些关系到普通市民日常生活需要的步行城市生活空间环境及其品质，更注重对公共活动中心区缩微化城市环境的人性化、精致化设计。

从日常城市生活空间视角，基于步行导向的公共活动中心区城市设计体现的是一种对不同个体的同等关怀，对人性的尊重，对使用者多层次需求的应对。如安全的步行环境的提供，尤其是为老人和小孩提供良好的游憩场所，为职员提供高质量的步行上下班和午间休憩的室外开放空间，为市民和游客提供有魅力的城市步行环境。又如通过整体的无障碍设计，保证残障人士能自由、自主地到达其可能去的任何地点等。

从日常城市生活空间视角，基于步行导向的公共活动中心区城市设计更注重片区的人文和谐发展。步行城市生活最终是由活生生的人的个体和群集活动来实现的，居住、工作、生活在公共活动中心区内的个人和群体共同组成了中心区的社会生态结构。多样化的个体结构、群体组合为中心区的城市生活提供了社会学意义上的多样性，而不仅仅是功能和行为意义上的多样性。为各个阶层的人群提供公平的选择机会，平等的交流机会和场所，和有活力的公共共享空间，是公共活动中心区构建的社会学意义所在。因此，基于步行导向的公共活动中心区城市设计的最高目标，是塑造微观的和谐社区，促进中心区的人文和谐发展。公共活动中心区人文和谐涉及的层面包括不同人群的共存和和谐共处，以及增加邻里之间的社会交往，通过各阶层、各种人群的相互融合和基于社区层面的共同生活，减少空间分异和阶层分层现象，创建基于微观层面的和谐社会细胞。

（4）步行城市生活组织的综合平衡原则

在公共活动中心区复杂的利益冲突和多层次矛盾发展背景下，基于步行导向的城市设计目标的实现，有赖于公共活动中心区多层面发展之间的综合平衡，主要体现在以下层面：

1）公共领域和私有发展的协调

传统中世纪公共活动中心区，公共的步行城市生活空间成为引导和制约各种私有发展的主导力量，公共活动中心区内部公共空间和私有领域的发展，呈现出一种相对协调的发展状态。当代城市发展中，资本的力量逐渐取代了公众约定俗成的制约力，成为主导城市发展的主要动力之一，尤其是在市场经济发展初期的我国城市，城市建设中公共领域和私有发展利益之间的冲突缺乏一种有效的制约和平衡机制，资本的力量往往凌驾于公众的利益之上，城市公共空间被侵占，公共利益缺乏保障的开发现象屡见不鲜。基于步行导向的公共活动中心区重构，就是希望通过引导和协调各种私有发展，重塑公共活动中心区内的公共空间领域，在公共活动中心区经济发展和步行城市生活活力之间寻求一种平衡和共赢。

2）发展与保护的协调

任何公共活动中心区，都可能存在现状保护与新发展之间的冲突。公共活动中心区不仅仅是城市经济和其他中心职能运作的核心，也是承载城市发展历史记忆和日常城市公共生活的市民空间。步行城市生活的发展，与特定公共活动中心区的历史发展保护和人文生态延续是分不开的，一个缺乏地方特色和归属感的区域，难以形成持久的步行城市生活活力。因此，发展和保护是公共活动中心区建构的一体两面，偏废任何一面，都可能损害中心区发展的整体和长远利益。在后工业城市背景下，对传统人文和历史环境资源的保护，也不能仅仅是出于发展休闲旅游业、促进中心区经济发展的功利性目的，对现有发展资源和发展历史的保护，体现了基于步行导向的可持续发展的深层次内涵。

3）特色和多样性的平衡

多样性是公共活动中心区城市生活发展的内在动力。同时，每个公共活动中心区又处于紧密联系的城市乃至城市群中心网络之中，是城市（群）整体运作网络中的一个核心节点。城市内部和城市之间各中心公共活动中心区发展之间存在着既有竞争又相互协作的微妙关系；每个公共活动中心区在维持自身发展多样性的同时，也需要逐步形成自身的发展特色和优势资源，以确保自身在公共活动中心区网络发展和竞争中的适宜地位。公共活动中心区发展的特色和多样性是相辅相成的，多样性构成公共活动中心区发展活力的基础，特色应当建立在公共活动中心区发展多样性的基础上，在追求专业化、特色化的过程中，如果不把握适宜的平衡度，就可能损害公共活动中心区发展的多样性。

4）紧凑发展和高品质城市生活环境的平衡

在紧凑、集约化发展的背景下，如何塑造公共活动中心区高品质的城市生活环境，是基于步行导向的公共活动中心区城市设计的一个矛盾焦点。通过立体化的功能、空间发展和交通组织，以及立体化的开放空间网络建构，可以在有限的发展空间内最大限度地挖掘城市生活发展的潜力，也有可能建构基于高密度发展背景下的立体化、缩微化城市环境，在加强不同功能、活动和设施之间紧密联系的同时，为各种活动和人群提供高品质的环境。这种平衡有赖于公共活动中心区整体的发展架构和精细化、人性化的城市设计过程及其实施。

6.2　公共活动中心区基于步行导向的多维度城市设计整合策略

前几章分别对公共活动中心区的功能、空间、交通维度的整合进行了分析，此外，公共活动中心区的发展还涉及人文和历时性发展维度。在实际的设计、开发和后期运营中，上述不同维度的影响要素既对区内步行城市生活有其独特的影响机制，也同时以一种整体性的机制推动区内步行城市生活活力。随着当代公共活动中心区开发迈向立体化、集约化和精致化，公共活动中心区多维度之间的一体化联系和互动就更趋明显。因此，基于步行导向的城市设计，需要从不同维度之间的整合入手，探讨多维度之间的发展衔接和互动，共同促进公共活动中心区的城市生活活力和繁荣。

6.2.1　功能、空间和交通维度的一体化整合

在高强度、立体化、精致化发展的趋势背景下，公共活动中心区内部的功能运作及其与空间结构、交通组织之间的相互配合将日趋复杂和一体化。一方面区内土地资源的高效利用需要完善的空间结构和交通组织的巧妙安排相配合，另一方面区内高质量的公共空间品质和高效率的交通组织将增加公共活动中心区功能发展的吸引力，拓展其辐射

范围，吸引多元化的消费人群并提高其消费欲望，从而推动公共活动中心区竞争力和活力的综合提升。

当前一些公共活动中心区公共空间步行城市生活活力的缺失，也与缺乏上述多维度发展要素的一体化整合意识有关。以深圳福田中心区 22、23-1 街坊公园设计为例。1998 年美国 SOM 设计公司对福田中心区南区的 22、23-1 街坊进行了综合城市设计，该城市设计通过对街坊/地块的重新整合，在两个街坊内部各安排了一个街坊小公园，规划设想为两个办公街坊组团的公共休闲绿地和步行城市生活核心，两个街坊小公园之间以一条特色步行街相连。该设想成为 SOM 城市设计成果的一处点睛之笔，并在深圳市福田中心区规划管理部门的支持下得以基本实现（图 6-1，图 6-2）。

图 6-1　福田中心区 22、23-1 街坊规划总平面图
来源：《深圳市中心区 22、23-1
街坊城市设计及建筑设计》，p11

图 6-2　"灯笼街"（特色步行街）夜景
来源：《深圳市中心区 22、23-1
街坊城市设计及建筑设计》，p33

目前该片区及两个街坊公园也已基本建成，笔者对两个街坊公园的使用进行了调查，发现该片区的步行城市生活活力仍有待提高。首先从交通组织上，原有的人车分流概念没有实现，环绕两个公园被各地块的车行道和路边临时停车所占据，并没能实现城市设计构想中的步行化目标；其次，连接两个公园之间的特色步行街构想也未能落实，街道两侧没有形成步行商业街功能，该条街道也变成了一个相对独立的停车空间；第三，由于功能配置和空间设计的问题，两个公园的活力也存在一定差异。从功能支持设施来看，靠西侧街坊公园及其周边街区内，有众多的适合普通白领消费的快餐店以及其他服务设施，布置在沿街的裙房当中（也与西侧裙房商业铺面的租金较低，这些利润不高的大众化餐饮设施容易生存有关），因此，在中午，很多职员选择在周边的裙房小店内就餐；而东侧公园的裙房，多以银行、高档次的酒楼为主，缺乏日常性生活配套设施，中午在此消费的白领人员较少。

从空间环境设计来看，两个公园的环境和景观设计都有些差强人意，并没有能够形成一个生机勃勃的城市开放空间场所。从具体环境设计分析，西侧公园，沿公园四周设置两排座椅，其中一排座椅上方设计了连续的木格栅遮阳长廊。笔者在上班时间的中午观察，许多职员在长椅上休闲、聊天或者谈论公务，或者只是坐在长椅上欣赏风景及对面的人群活动，人流较多，气氛活跃。公园外侧也集聚了众多的小摊贩，向中午休息的职员兜售水果及其他小吃等等（图6-3）。而东侧公园内部，只是种植了较多的树木，公园内部缺乏座椅等休闲、停留设施，其内部人流很少，与西侧公园相比明显要冷清很多（图6-4）。可见，公共活动中心区内公共开放空间的活力，与其周边的功能支持、空间环境设计及其互动整合密切相关。

图6-3 西侧公园人流较多
来源：自摄

图6-4 东侧公园人流相对较少
来源：自摄

相比较而言，悉尼城市中心CBD区，其步行城市生活就很有活力。笔者通过实地调研，认为有以下因素对其步行城市生活活力产生了积极促进作用。首先是悉尼CBD的街坊肌理相对均质细密，区内机动车道基本控制在3米宽，与国内一般车道宽3.5米相比，一方面降低了车速，也减少了随意变道超车的概率；街道两侧基本都设有路边临时停车位，从而形成CBD区较好的人车共存交通环境。类似的交通环境在曼哈顿中心区等细密化街坊中心区都有体现。其次，作为一个白领就业人流量非常大的中心区，工作日早上和中午白领人群的就餐和休闲交往空间设计就显得尤为重要。悉尼CBD的多数街坊，都设有地下或半地下的美食广场（Food Court），这些美食广场与地面街道以及沿地铁线设置的线性地下商业街都有便捷的步行联系。也有一些街坊在地面或者二楼平台设置室外商业空间或休闲广场。每到中午时分，这些商业或休闲空间内都人头涌动，热闹非凡，很多白领或三五成群，或独自小憩（图6-5）。

总之，基于步行导向的公共活动中心区功能、空间和交通维度之间的整合，需要以支持和完善步行城市生活为基本原则，加强公共活动中心区内部各种功能、空间和交通发展要素的联系和整合，强化其综合运作效益。综合前述研究和多地踏勘调研，笔者尝试总结相关整合策略如下：

图6-5 悉尼CBD中午时段的公共空间景观
来源：自摄

（1）建立公共活动中心区全天候的步行网络

为保障公共活动中心区步行网络的高效和全天候运作，必须为公共活动中心区步行者提供能够遮风避雨、阻挡日晒寒冬的全天候舒适步行环境。因此，在步行人流密集的公共活动中心区，有必要建立全天候的步行网络，使公共活动中心区内部各种功能和空间单位之间的步行联系，能够保持持续的畅通无阻。

所谓全天候的步行网络，是指满足公共活动中心区各种使用人群的全天候活动需求，为步行者提供连续不间断的公共活动中心区步行系统，以及步行系统与相关功能、空间和交通节点的紧密衔接和转换。全天候的步行网络纽带不仅起到串连各主要活动节点和目的地的作用，也起到不同交通出行模式的衔接作用，以及各种功能和空间联系的纽带作用。

全天候的步行网络的建构，首先要满足步行者全天候出行的需要，即提供连续的可遮风避雨的步行空间，使步行者能够在不同的气候条件下风雨无阻地展开步行城市生活；不仅仅是沿步行路径的全天候设计，在一些相对独立的交通节点，以及这些节点与步行网络的衔接之间，都应尽可能落实全天候的设计。如公交车站、的士上落点的候车区，应设置必要的等候遮蔽设施，使乘客在候车以及上车过程中，都不会暴露在日晒雨淋之中。

其次，全天候的步行网络，需要相关的功能和活动设施的连续不间断的支持。一个单调的，缺乏商业活动或城市设施的沿街界面，难以支持人们步行的兴趣，甚至会造成连续步行网络的间断。

最后，全天候的步行网络，需要区内其他交通出行模式和工具的支持，如与轨道交通站点相连，或与普通公交站点、机动车停车场、自行车集中停车处以及的士上落点便捷联系；使各种活动的使用者可以方便地进入步行网络，并且可以方便地换乘其他交通工具。

当前，我国高密度城市中心已开始重视步行网络建设，类似这样的努力，需要形成连续的全天候的区内步行网络，才能对片区步行城市生活产生最大化的支持作用。

（2）强化综合步行廊道的发展纽带作用

在公共活动中心区全天候的步行网络建构中，既有相对均匀的步行路径分布，也可能强调特定步行廊道的综合联系和整合作用，即综合步行廊道的建立。

所谓综合步行廊道，与公共活动中心区全天候的步行网络并不矛盾，它是对全天候步行网络中的重点和核心部分的强化设计和整合，从而形成全天候步行网络中更强有力的综合联系和发展主轴，如公共活动中心区内部主要的商业步行街，或者是包含多样化功能、活动和设施的空中/地下步行综合廊道，甚至是包含不同基面步行廊道的立体化综合步行廊道。

综合步行廊道的特征在于，通过公共活动中心区主要功能、公共活动空间与综合步行廊道的连接互动，以及各种交通转换模式与综合步行廊道步行交通的集中衔接和转换，有效地将公共活动中心区的主要功能和公共空间纽带与公共活动中心区步行城市生活整合在一起，形成公共活动中心区发展的综合纽带。其在公共活动中心区发展中首先起到了特定的发展轴的作用，各种生长单位沿着发展轴不断生长，拓展。此外，它还能起到明显的发展缝合作用，不仅仅是对公共活动中心区整体动线系统中的缝合作用（综合步行廊道在多种交通模式之间的衔接和换乘方面起到主要的联系纽带作用），也包括对公共活动中心区沿综合廊道的功能和空间缝合作用，以及对公共活动中心区社会人文生活发展的缝合作用。

　　如深圳南山文化中心区，通过在多个街坊的核心区域建设完整的二层步行街道，形成串联整个中心区域的综合步行廊道。该廊道与沿线的多功能开发形成不受机动车干扰的步行联系，并与部分建筑共同围合成放大的二层步行城市广场，吸引了大量休闲购物人群，也为整个公共活动中心区内的功能发展提供了有力的支持。该廊道向西通过步行天桥跨越现有城市干道延展到相邻社区，同时，未来也将向东通过多层次步行系统延展到规划建设中的后海中心区（图6-6）。

　　深圳福田中心区的中轴线系统设计，本意上也是形成联系南北的中心区主要步行廊道。在规划建设过程中也经历了多轮次的整体及局部规划设计研究。目前建成后使用效果并不理想，步行廊道内步行人流寥寥，未能发挥其对中心区发展的综合纽带作用（图6-7）。

图6-6　南山中心区二层综合步行廊道
来源：自摄

图6-7　深圳福田中心区北区中轴线步行廊道
来源：自摄

　　究其原因，笔者认为主要有以下几点：

　　1）中轴线定位游移不定

　　早期国际设计竞赛中，中标城市设计方案将中轴线设计为贯穿南北的绿轴。其尺度是一种类似天安门广场的"权力城市"的尺度，而不是一种支持步行城市生活的"市民城市"尺度。因此，虽然中轴线设想为一个主要城市开放空间，但其展示性意义大于其功能性意义，规划之初，其潜在使用者定位并不明确。后期规划设计深化中，在中轴线增加了书城、购物中心等商业配套功能，但绿轴也相应变成了相关配套建筑的屋顶绿轴空间，其整体性和延续性受到很大制约，设计构想中的展示性意义也打了折扣。

　　2）步行廊道尺度过于巨大，与主轴线两侧的建筑使用者关系过于疏离

　　综合步行廊道的建构，首先需要多样化的综合职能支持。我国一些城市公共活动中心区的大尺度城市设计中，趋向于形成大尺度的中轴线。这些中轴线如果功能单一，尺度巨

大，往往难以吸引和凝聚有效的步行城市生活，甚至有可能形成对轴线两侧功能发展的割裂作用。同时，如果能将多样化的活动和设施引入中轴线，其作为两侧职能发展的纽带作用就会明显增强，中轴线不仅仅可以布置停车和绿地，也可以引入商业、休憩娱乐以及文化体育等多种设施和职能。如结合中国居民酷爱美食的传统，有学者认为，在中国，把重要的开放空间和食街捆绑起来开发是带动新区活力的有效策略[2]。

3）步行廊道目前被深南大道分割为南北两段，尚未完全实现南北贯通的城市设计构想

综合步行廊道的空间拓展，也有多样化的设计策略，如拓宽主要的步行街道，形成人车分流的商业步行街，或人车共存的步行林荫大道；或者结合公共活动中心区的大型商业步行街开发项目，形成依托特定开发支持的综合步行廊道（如费城市场东街的地下步行街）；或者设置强有力的不同开发项目之间的空中/地下步行廊道联系等等。如清华大学庄惟敏教授在对北京 CBD 规划的思考中曾经提出一种多功能输配环系统的理念。庄惟敏认为，在 CBD 这种高强度发展核心，应该在 400~500 米（步行所及）范围内建立步行系统和高架轻轨系统，实现人车分流。还可充分利用"输配环"空间，使高架、轻轨系统和步行绿化系统相融合，形成出行、观览相结合的综合环状系统[3]。笔者以为，基于全天候步行网络的公共活动中心区内部立体化"输配环"的建立，是高强度开发公共活动中心区功能、空间和交通整合的有效思路。

（3）强化围绕公共交通枢纽的功能和空间紧凑布局

从步行导向的视角看，公共活动中心区内部的主要功能，应围绕轨道交通站点/公交枢纽集中紧凑布局，使大量乘坐公交到达的人流，能够以最短的步行距离，到达区内主要的步行目的地。同时在功能容量分布上应强化公交换乘枢纽周边的开发强度，结合交通和公共活动核心发展公共活动中心区的功能核心，通过鼓励公共服务、商业配套设施结合功能核心布置，以最大限度地满足潜在的多元化使用者的需求；通过鼓励在功能核心附近增加开发强度，使公共活动中心区各种开发距离功能核心的步行距离最短化；通过对功能核心附近的土地用途进行有意识限制，加强功能核心周边土地利用的公共性、核心性和开放性，充分发挥功能核心的土地利用潜力。从功能核心向外逐步呈现功能开发强度和性质的梯度变化，以适应公共活动中心区的步行城市生活密度、流量和路径组织需求。新城市主义基于公交换乘的开发模式（TOD）中，将轨道交通站点周围约 200 米范围作为 TOD 发展的核心区，在核心区内应集中最高的发展强度，和最主要的公共以及商业服务职能。如果功能布局违背这一规律，将不利于鼓励和支持公共活动中心区内部公交加步行的交通组织模式及其运作效率。

当前我国一些公共活动中心区内部轨道交通站点设置以及土地利用布局的整合层面，还存在一定的脱节，一些轨道交通站点周边地段潜在的开发潜力并没有得到充分发挥。如深圳南山商业文化中心区城市设计中，主要的办公楼开发（包括一个 200 多米高的超高层标志性建筑），布置在远离地铁站点的位置，未来乘地铁来中心区上班的白领，需要步行约 700 米才能到达区内标志性的超高层办公楼，这明显不利于区内步行交通的高效组织（图 6-8）。

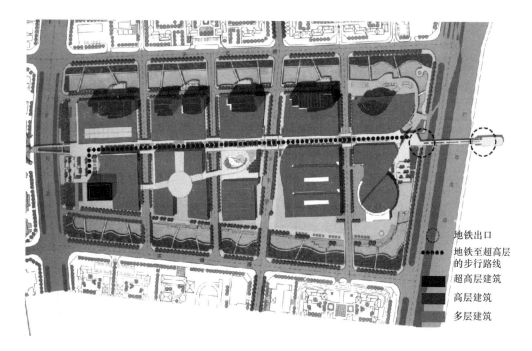

地铁出口

地铁至超高层
的步行路线

超高层建筑

高层建筑

多层建筑

图 6-8　深圳南山商业文化中心区地铁站点位置与开发布局分析

来源:《深圳南山商业文化中心区核心区城市设计》2004 年版本

　　此外,我国一些轨道交通站点周边的居住设施开发,常常大量开发大面积户型的豪宅,小户型的普通住宅供应较少。这种居住开发策略,一方面降低了站点周边辐射地区的居住人口密度;另一方面,富裕居民乘坐公交的需求远没有普通收入阶层那么迫切。从而形成公共交通设施和周边功能的错位发展。这种错位发展格局,也不利于在轨道交通站点周边最大化地吸引交通客源。

　　为落实公共活动中心区轨道交通站点周边的高强度功能发展,一些西方发达城市往往通过明确的土地利用控制,强化轨道交通站点周边的土地利用,如新加坡中心区和 Orchard 规划区的开发指导规划(development guide plan,简称 DGP)当中,采用了"基准加奖励"(base plus bonus)的密度控制原则。具体如下:MRT 站点 200 米以内区域,如果有少于 50% 的基地面积位于此区域内,容积率可以增加 5%,如果有多于 50% 的基地面积位于此区域内,容积率可以增加 10%[4]。这种通过土地利用控制有意识强化公共活动中心区轨道交通站点周边土地利用的政策值得我国城市公共活动中心区发展借鉴。

　　(4)强化建筑综合体与城市交通的相互渗透和融合

　　当前一些公共活动中心区项目的大型化发展趋势,也对公共活动中心区的步行城市生活组织产生了显著影响:一方面,大量的步行城市空间被纳入建筑综合体内部,公共活动中心区步行城市空间趋于室内化,单体建筑空间和城市空间的界限趋于模糊;另一方面,建筑综合体的大型化,导致其内部交通组织日趋复杂,与城市交通之间的衔接,也要求更为直接和紧密,一些大型建筑综合体更是直接将城市交通直接引入建筑内部,一些大型建筑综合体内部的共享空间,同时也成为一个城市交通衔接和转换的节点。大型城市建筑综合体与城市交通组织的相互渗透和融合发展，主要体现在以下方面：

1) 二层步廊系统与建筑综合体的衔接和融合

香港 CBD 开发中，基于人多地少，交通拥堵严重的发展现实，逐步发展了相对完整的二层空中步廊系统，并与地面和地下步行交通紧密连接，表现出建筑与城市交通相互渗透和融合的突出特征。

在香港 CBD，建筑综合体与二层空中步廊系统的结合主要分为三种典型类型。一类是将与二层空中步廊系统相连的建筑层面向城市开放，成为城市公共空间的一部分（由私人业主管理的私有化"公共空间"），香港湾仔区的中环大厦属于此类。中环大厦是三个方向二层步廊系统的交会点，一个方向与香港入境署相连，并直接通往湾仔地铁站（有多个出口与二层步行系统相连），另一个方向通往香港会展中心旧楼及新楼，并通过会展中心旧楼连接鹰君中心等商务大楼。香港金钟区的力宝中心也属于此类。力宝中心位于金钟区的核心位置，其二层大堂与三个层面的跨街天桥相连，并通过自动扶梯与街面步行系统相连。一些步行者常常在二层大堂内小憩（图 6-9）。

另一类是在与二层空中步廊系统相连的建筑层面设置公共化的步行环廊，结合步行环廊设置建筑内部的商业和服务职能，建筑内部的步行环廊除了满足通行需求以外，还常常设置临街的咖啡座或休闲座椅，成为延伸到建筑综合体内部的城市空间。此类的案例比较多，如湾仔区的海港中心和鹰君中心两个物业连成整体，在二层形成空中环形步廊系统，步行环廊向城市开放，并与周边的华润大厦、新鸿基大厦以及湾仔码头相连（图 6-10）。新鸿基中心也采用了类似的周边环廊设计，环廊中间是建筑交通核心和商业店铺（图 6-11）；而海港中心与新鸿基中心之间的某商住街坊，二层直接与空中步廊系统相连，并形成远离汽车喧嚣的二层露天步行街，沿街的骑廊内设置半露天的咖啡座或小酒吧，吸引了很多邻近街坊的商务人士光顾（图 6-12）。

图 6-9　力宝中心大堂与连接高等法院的
二层步行天桥直接相连
来源：自摄

图 6-10　香港湾仔区海港中心和
鹰君中心的步行环廊
来源：自摄

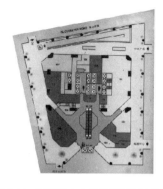

图 6-11　新鸿基中心的步行环廊层平面　　　　图 6-12　与二层步廊系统连接的某街坊二层步行街
　　　　　　来源：自摄　　　　　　　　　　　　　　来源：自摄

第三类是将延伸进入建筑内部的二层步廊系统与建筑内部的商业购物流线相结合，如香港金钟区的二层步廊系统中，金钟廊和统一中心二层均为商业，商业店铺之间的通道也同时成为二层步廊系统四通八达的建筑内部联系通道。金钟廊一个方向与高等法院、政府大楼、香港公园相连，另一方向与远东金融中心相连，还有一方向与地铁站、海富中心相连，复杂的步行人流与二层商业流线融合，对城市及建筑内部业主和店铺经营者而言，都是多赢选择。

以上三类的二层步廊系统与建筑综合体的融合，都有一个共同特点，即二层步廊系统与建筑内部公共空间（中庭厅堂以及垂直交通枢纽如电梯、自动扶梯、坡道）紧密衔接，建筑综合体成为多种交通模式转换，以及多层面步行系统相互衔接的有效节点，并形成香港 CBD 二层步廊系统中有活力的步行活动节点。

2）城市公共交通与建筑综合体空间的相互渗透

香港 CBD 中，由于二层步廊系统的整体连接作用，商务区内主要的步行活动主要在二层步廊层面展开，而建筑综合体的一楼，也部分或全部地向城市开放，成为容纳公交、的士以及私家车交通的综合城市交通空间。有的与地铁站点衔接的建筑综合体，更结合地铁形成多种交通出行模式之间的转换，如香港金钟区力宝中心的一楼，设置了集中的公交巴士站，并与地铁出入口相连，无论以哪种交通方式到达，都可以方便地换乘其他交通。

同样，香港一些超大尺度的街坊整体开发中，也体现了城市公共交通与私有开发相互渗透的发展趋势。如在机场快线九龙站，整体的街坊平台成为公共和私有空间的分界线，街坊平台以下对城市开放、机场快线、地铁以及多样化的商业、娱乐等公共活动，形成了 24 小时连续不断的公共人流和城市交通联系，保障了这种超大尺度开发的整体性和运作效率。

（5）强化公共活动中心区单体建筑空间与城市空间的整合

1）近地空间的开放化、城市化

高层建筑近地空间的开放化、城市化，有利于公共活动中心区功能、空间和交通发展的进一步融合。基于高密度紧凑发展的背景，多数公共活动中心区都面临公共开放空间和交通空间不足的矛盾。单体建筑近地空间向城市开放，将有效地缓解公共活动中心区的各种运作矛盾，同时，单体建筑通过对城市的开放，也引入了更多的城市人流和活动，有利于自身物业价值的提升。与欧美等发达国家和地区相比，无论是开发商将自身物业向城市开放的自觉意识方面，还是城市开发管理的有效诱导方面，我国城市公共活动中心区尚有较大的差距，许多公共活动中心区内的单体建筑，自我封闭有余，对城市和公众的开放意识不足，难以形成公共活动中心区基于功能、空间和交通一体化整合的综合发展效益。

2）城市公共空间的室内化

公共活动中心区步行联系廊道的室内化是单体建筑与城市步行空间相互融合的发展趋势之一。室内化的步行廊道，一方面提高了公共活动中心区步行廊道的舒适性，另一方面，由于步行廊道与公共活动中心区各开发建筑内部空间的日益紧密衔接和渗透，带动了相连各开发单位的商业人流和综合开发效益。因此，在市场经济发达的城市，各单体开发商往往乐于且自觉地将个体建筑开发与公共活动中心区整体的步廊系统相连接，从而促进了公共活动中心区步行系统的逐步拓展和完善。如香港湾仔区的中环广场，将其二层平面完全向城市开放，成为三个方向空中步道交会的节点式室内城市广场。而类似的开发案例，在香港 CBD 非常常见，从而推动了湾仔、金钟和中环三个 CBD 核心片区完整的空中步道系统的建构。同时，大型步行购物中心在公共活动中心区的出现，也推动了公共活动中心区步行购物空间的室内化。总之，公共活动中心区步行廊道的室内化，反映了公共活动中心区建筑内部空间和城市空间相互渗透、相互融合的发展趋势，也反映出连续的步行廊道网络在公共活动中心区功能、空间以及多种交通出行模式整合中的日趋重要的综合纽带作用。一些建筑内部步行廊道空间甚至充当了重要的城市节点空间的作用，如加拿大多伦多伊顿中心的室内中庭，其南北两端连接城市主要大街——杨格大街下部的两个地铁站，与地铁站相连的地下空间和地面空间的连接和转换主要依托室内中庭完成。而大量连续步行廊道网络中的核心节点建筑和空间，也成为多层面步行廊道网络交会的关键节点和人群活动的集散点，如明尼阿波利斯市中心的 IDS 中心，香港金钟空中步道系统中的力宝中心等。

3）街坊内部空间的城市化

欧美城市公共活动中心区中的一些商业性、休闲性的私有街坊，为了最大限度地吸引步行人流和活动，也出现了街坊内部空间的城市化发展趋势。如悉尼 CBD 著名的商业建筑维多利亚女王商业中心（QVB）对面的 Gallery Victorio 街区，一条垂直乔治街（George St.）的公共步行通道穿越整个街区，两幢板式高层平行布置在街坊两端，高层建筑之间由沿街的多层商业建筑围合成街区中庭。中庭及步道均以玻璃顶覆盖，形成街坊内部生气勃勃的公共空间。面向街区中庭和步道的空间，都作为商业空间和公共平台，形成多层次的视觉交流和互动。天空的阴晴变化，也透过玻璃中庭透射到街坊内部公共空间中来。同时，街坊中庭通过若干条细密的公共步道与周边街道网络紧密联系。开放街坊内庭及其与城市道路的多向度步行连接，形成街坊内部与城市公共空间的紧密衔接和相互渗透（图 6-13～图 6-15）。

图 6-13　悉尼 CBD 某街坊中庭 1　　　　图 6-14　悉尼 CBD 某街坊中庭 2

　　街坊内部空间的城市化，一方面为公共活动中心区提供了更多样化的公共活动空间和服务设施，促进了街坊内部细密化步行通道网络的形成，有利于区内步行城市生活的发展；另一方面也使街坊内部空间的商业价值最大化，并有可能形成集多种城市功能、活动和交通转换于一身的综合步行城市生活核心。这种发展趋势在我国一些公共活动中心区开发中也已出现，如深圳福田中心区的 Coco Park，就是结合地铁站和街坊内部城市空间的综合商业街坊开发，环绕街坊周边的商业体量共同塑造了一个多层面的街坊内部公共活动空间，在促进自身商业价值的同时，也为城市生活作出了贡献（图 6-16）。

图 6-15　悉尼 CBD 某街坊中庭 3　　　图 6-16　深圳 Coco Park 街坊内部城市化的"公共"街坊中庭
　　　　　　　　　　　　　　　　　　　　　　　　　　　来源：自摄

　　（6）推动基于功能、交通立体化组织的公共空间立体化综合拓展

　　对公共活动中心区空间利用的立体化拓展，将带来公共活动中心区城市设计理念的更新，即将传统的二维区划控制和平面化城市设计，转变为三维形态控制和立体化城市设计，在公共活动中心区立体化的三维空间网络中统筹安排建筑、环境、交通、市政、公共

空间等城市建设基本元素，提高其综合开发效益，并且为公共活动中心区塑造更为人性化的空间和良好的生活环境品质。

　　基于立体化拓展理念的公共活动中心区城市功能、设施和空间的立体化安排和整合，将使公共活动中心区越来越趋向于向多层次的垂直城市方向发展，各种功能、空间和活动的安排，通过不同层面的分离获得了更大的独立性，同时，垂直层面的紧密联系，也使各种功能、空间和活动之间，获得了更紧密的联系。公共活动中心区的整体运作效率，基于立体化的整体安排得以提升，同时，各种城市公共空间资源的紧缺也得以缓解，公共活动中心区的整体环境品质具有更大的改造和提升的余地。

　　如日本城市在高密度开发背景下，对城市道路空间的立体化利用也日益重视。日本1989年创立的立体道路建议制度规定，在把干线道路同周边区域作为一个整体进行综合性建设时，可以把道路的上、下空间作为建筑物来使用。如日本东京银座商业区改造构想中，为充分利用城市道路的立体空间，设想将高速道路纳入再开发建设的跨高速路整体开发中。城市道路空间的立体化开发，不仅有效利用了空间资源，也有利于将原有道路两侧的空间和步行活动重新连接和整合（图6-17）。

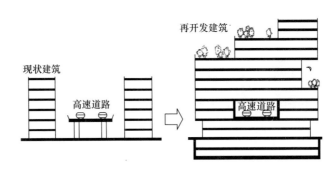

图6-17　银座商业区高速公路改建设想

来源：《东京的商业中心》，p. 153

　　当前我国一些公共活动中心区城市要素的立体化没有相应带来城市公共空间的立体化，从而使公共活动中心区立体化发展，没有转化为城市公共空间和步行城市生活环境的相应改善，交通组织的立体化没有和城市公共空间的立体化有机配合，产生一些生硬孤立的交通组织形态。如深圳南山中心区某十字路口，耗资数千万建成一个造型新颖、设施齐备的二层步行环廊（有自动扶梯和残疾人电梯等），但该步行环廊与十字路口四角的高层建筑二层空间毫无联系，行人仍然需要下天桥再进入各单体建筑大堂，而无法直接由二层进入大堂。因此，除了在十字路口缓解人车平面冲突矛盾以外，该步行环廊对公共活动中心区周边的步行城市生活组织再无进一步的贡献，更容易成为一种形象工程。

　　而香港湾仔区接入中环大厦的二层步廊系统，在与街坊周边的高架机动车道冲突时，巧妙地利用立体化的空间处理，使局部二层步行通道从高架桥下部穿越，从而保障了片区整体二层步行系统的连续性（图6-18）。

　　因此，我国公共活动中心区中基于步行导向的城市设计发展中，应逐步改变城市公共空间的平面化组织理念和惯性，鼓励运用三维系统控制和立体化城市设计的理念，拓展区内城市空间资源的立体化利用，如利用高层裙房屋顶空间作为新的公共活动和步行联系层面，充分挖掘地下城市公共活动空间的发展潜力等，并强化立体化公共空间与区内功能、交通组织的整合，以及与各单体开发之间的衔接，从而拓展公共活动中心区立体化发展整合的潜在步行城市生活综合效益。

图 6-18　香港湾仔区二层步廊系统的局部处理

来源：自摄

6.2.2　物质环境改善和人文软环境发展的整合

城市设计有两个根本性的原则，即追求品质和塑造城市性[5]。它反映了城市设计追求的两个层次的目标，追求品质与物质实体环境的高品质塑造对应，塑造城市性与城市发展的人文精神和人本意义相呼应。基于步行导向的公共活动中心区城市设计，也同样需要体现这两个层次的内涵，即一方面提升公共活动中心区支持步行的物质环境品质；另一方面强化支持步行城市生活的城市人文精神和特质的培育。两者的结合才能产生真正有活力和魅力的步行城市生活。

物质环境层面主要关注如公共活动中心区的公共和开放空间、街坊形态和肌理、步行环境及其品质、功能构成及其布局、建筑形态及界面处理等等；物质实体环境层面，主要目标是形成支持步行的公共活动中心区物质环境品质。

人文软环境层面主要关注公共活动中心区的历史发展背景和人文资源，以及当前城市发展中的使用人口构成、人际交往方式、活动构成和活动特征等等。人文软环境培育和发展的主要目标是创造支持步行的良好城市生活氛围和塑造城市性。基于后工业城市的发展趋势，公共活动中心区软环境的塑造也在公共活动中心区竞争力中扮演越来越重要的角色，如根据俄亥俄大学乔纳森的相关研究，城市公共活动中心区高品质、多元化的商品选择和多元化的城市生活氛围，使其对高素质人群具有更强的吸引力[6]。

公共活动中心区物质环境改善为区内步行城市生活发展提供了适宜的物质容器，而步行城市生活的形成和发展，还有赖于公共活动中心区多元化的特色人文生态的保护和培育。当前我国一些公共活动中心区的更新改造，虽然物质环境改善了，却也同时破坏乃至消灭了依附在传统物质环境基础上的人文生态多样性和地方特色。这种物质环境改善，带来的是单调统一的新环境，在抹去旧环境印记的同时，新环境也没有能够形成对步行城市生活的良好支持。

因此，一个有活力的公共活动中心区，其物质环境发展和人文生态演进应该是相辅相成、互动交织的综合发展。尤其是在高密度聚居背景下，公共活动中心区还应能够提供基于高密度聚居的人文和社会基础。这种基础来源于多种层面，如多样化的人群构成，有吸引力的事件和活动，邻近山、水或其他特色自然资源，丰富多样的特色人文场所和城市生活体验等等。公共活动中心区应该能达成人们愿意居住/工作及生活在同一地点并共享城市生活的愿望，而不是被迫集聚于某一高密度的场所。

以下从公共活动中心区物质环境改善与人文软环境互动整合的角度，提出初步的城市设计思考：

（1）提供多元化的城市生活设施和公共空间

"城市居民生活在城市中的乐趣来源于不期而遇的场景，不同的工作和娱乐的选择性，这些形成城市日常生活的一部分"[7]。基于步行导向的公共活动中心区城市设计，不仅仅是要提供一个舒适高效的步行环境，更要注重善用上述环境改善的努力，将各种城市生活设施和活动紧密联系，为使用者提供多样化的城市生活选择余地。如香港湾仔区的二层步行系统，将区内的商务办公楼、住宅、商业娱乐设施和各种文化展览设施（香港文化展览中心）以及体育运动设施（湾仔游泳馆和湾仔体育场）联系，并结合游泳馆和二层步廊设置了临海的二层公共休闲平台，为市民提供一个小憩和放松身心的公共场所。公共活动中心区内部多元化的公共开放空间网络恰恰是基于步行导向的城市设计更关注的，公共活动中心区的城市公共空间应该对所有的人群开放，不论贫富贵贱，都可以平等地共享公共空间的城市生活。公共空间尺度、氛围、特色的多元化，也使不同的人群可以有多元化的选择，某个有特色的公共空间往往成为特定人群集聚的场所，每个人都可能找到最适合自己的公共空间，享受惬意的公共城市生活。

同时，区内不同城市公共空间之间的衔接和过渡，也有利于形成连续的多元化的城市生活氛围。这恰恰是公共活动中心区最吸引人前往的魅力之一。

（2）推动公共活动中心区多样化的城市生活个体构成

通过鼓励公共活动中心区居住/工作人群的多样化构成，使不同阶层的人群都能分享公共活动中心区发展的利益，而不是由某些特殊利益群体独享，如区内房地产的增值，中心区环境的改善和公共空间的增加等等。当前的一些城市中心公共活动中心区居住设施开发，往往成为豪宅和富人区的代名词，这不利于公共活动中心区的人文协调发展。公共活动中心区内部应鼓励提供多样化的居住设施，尽可能地为区内不同收入的就业人群提供可负担的住所。经历了郊区化的影响后，欧美城市中心发展中，也逐渐意识到在城市中心公共活动中心区提供居住设施的意义，并且通过政府的干预，要求开发商在开发居住设施时，要按比例提供面向低收入人群的住房产品，出租或出售给低收入人群。这种政策引导思路值得我们借鉴。

（3）促进公共活动中心区人文活动的多样性及其活力

在一个适宜步行的公共活动中心区，功能的多样化混合，丰富的空间体验，以及历时性发展的叠合化，都有助于公共活动中心区人文生态的多元化，使特定公共活动中心区有可能形成多重性的性格特征。如喧闹的商业中心和安静的小花园并处、历史古迹和现代建筑杂存、高层豪宅（办公楼）和低层公寓相安无事；一边是历史悠久的古迹和凝重，一边是现代建筑和新开发的朝气和年轻；一边是快节奏、高效率的职业人流，一边是怡然自得地享受阳光和空气的老人和嬉戏的小孩。这种多元发展的混合，是公共活动中心区多元化步行城市生活需求的直接反映，也是公共活动中心区基于多样性、复杂性和矛盾性的多种要素综合作用的集中表达。

同时，公共活动中心区应该能够提供各种可能的活动方式，使不同兴趣、不同生活习惯的人群各得其所，他们基于自组织的不同活动和行为就构成了公共活动中心区城市生活的丰富性和复杂性，也是城市公共活动中心区活力的源泉。这种多样性和活力为公共活动中心区的居民、工作人员、游客和临时路过的陌生人等等，提供一种良好的城市环境和氛围，使他们乐于呆在其中，而不是匆匆忙忙地离开。一些公共活动中心区通过引入多样化的事件和人文活动，也为区内的步行城市生活注入新的活力，即使是中心区常住的居民和就业者，也会发现中心区对他们而言，同样充满新鲜感，并有可能带来多样化不可预期的城市生活乐趣。

一些传统的公共活动中心区，即使物质环境稍逊于经过大规模改造的"新"公共活动中心区，但传统公共活动中心区内含的多元化人群、场所生态和具有地方特色的人文生活景观，看似混乱嘈杂却常常是物质环境品质较高的"新"公共活动中心区所缺乏的，这也是一些未经改造的老公共活动中心区比全面改造后的"新"公共活动中心区更具活力的原因。因此，在传统公共活动中心改造中，应妥善处理物质环境改善与现有的历史人文生态多样性的矛盾，尽可能保护具有历史和人文发展多样性意义的传统功能、空间场所和特色人文遗产，以及区内多元化的传统居民构成。

（4）挖掘地方性发展环境的人文内涵

每一个公共活动中心区的发展，都深植于地方性的公共活动中心区环境、发展背景和发展历史，这些地方性的发展因素是支持公共活动中心区特色化发展的基本动力。挖掘、强化公共活动中心区发展中的地方性资源和潜能，是公共活动中心区迈向特色化发展的主要途径之一。地方化能形成公共活动中心区的可识别性，增加公共活动中心区的知名度和认同感，吸引特定的顾客和使用人群，以及外来的游客，从而推动公共活动中心区持续、稳定地发展和繁荣。

因此，粗线条、大尺度的规划设计以及机械的规划控制指标并不能激发出特定的公共活动中心区特色，公共活动中心区特色最有可能来源于该区段的地方性环境和人文发展的整合，如既存的历史建筑、人文风貌；又如特定滨水社区的滨水资源和地理环境特征，就很容易和其他城市区段的发展产生差异；而公共活动中心区现实发展中逐渐形成的功能、空间和环境特征，如独具特点的社区功能结构、空间肌理或标志性的节点等等，也有助于其人文特色内涵的发展。

同时，在后工业社会发展背景下，公共活动中心区的城市公共空间具有多元化、个性化、信息化的新特征，只有个性化的空间意象和场所特征，才能在全球化、信息化的城市发展竞争中获得先机。如芝加哥千僖公园设计中，运用了大量的高科技与景观设计相结合，体现出后工业城市公共空间的新特征，如千僖公园有一个大型的显示屏幕，轮流播放 1000 个普通芝加哥人的头像，表情、神态各异，形成一个特色景观。因此，在公共活动中心区展现后工业城市的多元化空间和景观特征，也是其公共空间发展的趋势之一。

总之，基于步行导向的公共活动中心区城市设计，就是以物质环境为媒介，通过对物质环境的操作和导控来强调以人为本以及对城市生活个体的关怀，人文和谐发展可以视为基于步行导向的公共活动中心区城市设计的最终目标。同时，也要注意到，公共活动中心区层面的人文和谐运作并不是城市设计层面所能完全控制的，需要多层面的共同努力和协作，城市设计及其控制只是达成公共活动中心区人文和谐努力的一部分，这种努力如果得不到其他层面的支持和配合，将难以达到预期的目标。正如美国城市设计专家理查德·马歇尔所说："作为文化意义的城市性是不可能通过设计来限定的，相反，限定它的是来自于控制我们社会的政治和经济等方面的力量。这些远远超出设计的范畴。"[8]

6.2.3　历时性的动态发展整合

公共活动中心区发展是一个长期的历程，期间可能经历经济环境的起伏、产业和功能结构的变迁、空间结构的调整和交通基础设施的优化等等。公共活动中心区即使在建设基本完成以后，仍然会在功能、空间和交通组织上不断地进行调整、完善，这些都是公共活动中心区历时性发展的表现。从历时性的角度观察特定公共活动中心区特定时段的发展，就如同观察公共活动中心区历时性发展的一个"时间切片"，不同时间切片的叠合，清晰地反映了公共活动中心区历时性发展的轨迹。因此，每个特定公共活动中心区的历时性发展分析，既是一种纵向的发展回溯研究，同时也是为了清晰地预测和引导公共活动中心区未来的发展。

基于步行导向的公共活动中心区历时性发展整合，主要体现在以下方面：

（1）推动公共活动中心区渐进演变的发展整合

剖析一些延续至今的传统城市中心历时性演进成功案例，基本上采取的是渐进演变的模式。在历时性的发展中，传统城市中心内部需要容纳越来越多的城市功能和人口，逐渐形成紧凑的、建筑密度极高的状态。基于步行可达尺度的小尺度的紧凑发展和建设，既有的空间架构得以延续，并在历时性的发展中不断填充既有的空间发展空隙，形成以建筑为底，以城市街道或公共空间为图的连续的公共空间网络和丰富的城市空间体验。这种渐进演变案例在日本和欧洲传统城市中心较为多见。其主要特点包括：1）传统城市肌理基本得以延续。如日本京都市中心，在土地私有制背景下，中心区的小尺度私有地块肌理，由于地价高企，小业主众多，土地整合协商复杂耗时，导致相邻小尺度地块整合开发难度非常高，客观上使历史形成的小尺度地块肌理至今得以基本延续。2）较强的历史人文保护意识。在欧洲诸多传统城市中心的现代化更新中，无论是政府、规划设计人员和普通公众（乃至开发商），都具有很强的历史人文保护意识，能够通过对传统城市中心发展特色和长期利益的坚守，来保持其历时性发展的整体性和延续性。

因此，历时性的渐进发展、演变和调整是形成公共活动中心区多样性和活力的必备条件，也是众多公共活动中心区成功运作的内在因素之一。无论是整体的规划建设，还是以街坊/地块为单位的独立开发为主导，都需要一个渐进演变的发展过程，避免快速全面开发的速成发展模式。其理由包括：

首先，在小规模的渐进变化过程中，城市发展的"错误"较小，而且相对容易得到纠正。对比之下，大规模的城市开发，必须努力减少其中的"失误"，因为它们更难被纠正[9]。小规模的开发使得经常的局部调整成为可能，同时，小规模的开发能够进行更有针对性的控制，也能允许更多的开发商、业主或者建筑师参与开发、设计和使用过程，并产生更好的多样性。小尺度的开发更容易在历时性的发展中保持公共活动中心区环境的延续性。不同时间进行的小尺度开发的叠加，既能够及时反映公共活动中心区特定阶段的发展需要，又由于其尺度较小而不至于影响公共活动中心区整体环境的延续，也形成了公共活动中心区历时性发展的真实记录。因此，亚历山大认为，城市"成片"开发是基于更替的概念，而小尺度增长是基于修补的概念。由于更替概念意味着对资源的消耗，所以他认为修补概念是更生态的。凯文·林奇也认为，"变化是不可避免的，必须延缓和控制变化，以防止城市产生明显的历史断层现象，并最大程度地保存与历史的延续性"[10]。

其次，在公共活动中心区发展的资金运作方面，与公共活动中心区快速和大尺度开发对应的是大量资本的快速进出；与渐进演变对应的则是渐进资金的运用。雅各布斯指出了"大量资金"和"渐进资金"对城市发展的不同影响。她指出，"大量资金"是破坏性的，作用如同"不受人类控制的恶劣天气——不是干旱，就是汹涌的洪水"。而"渐进资金"如同"灌溉系统，用涓涓细流来哺育稳定和持续的生长"[11]。

第三，一个公共活动中心区在很短的时间范围内建设完成，即使当初的规划是完善的，但随着公共活动中心区发展环境的变化，公共活动中心区发展的需求也必然会进行调整。如果在较短的时间内就全部建设完成，公共活动中心区就缺乏足够的应对新的需求和发展变化的弹性，同时也不利于公共活动中心区的可持续发展。在深圳的快速城市发展中，一些早期建成的城市公共活动中心区就已经面临改造重建的需求，或者正在进行重新改造。

总之，城市公共活动中心区的很多发展特质，多是在漫长的历史发展中逐渐积累、沉淀形成的，在长期的发展演化过程中，逐渐形成了历时性的发展特色，而历时性发展特色的形成和延续，有赖于公共活动中心区渐进演变的发展整合。

（2）新旧发展的有机融合与拼贴

即使在城市肌理延续，历史人文资源保护的背景下，每个公共活动中心区依然都需要面对新旧发展的协调问题，如新旧发展的拼贴和并置，传统建筑与现代风格之间的协调等等。

新旧发展的有机融合与拼贴强调"在不切断历史脉络的同时，适应现在和面向未来"[12]，即对公共活动中心区传统发展的保护不是静态的机械的保护，而是通过有机的更新形成动态发展。这种既强调各自历时性发展特性又相互协调的拼贴，通过适度的对比，真实地反映了不同历史阶段发展的特征，而不是通过简单的求同的协调和融合发展。如波茨坦广场开发中，戴姆勒·奔驰区块和原有的国家音乐厅之间如何衔接和过渡，是公共活动中心区城市设计的一个难题。皮亚诺巧妙地通过插入一个新的文化娱乐建筑，有效地解决了新旧建筑之间功能和空间架构的衔接和过渡。新的建筑内部有多样化的文化娱乐设施，和原有的音乐厅自然衔接形成整体，同时，又通过精心设计的波茨坦广场，与新开发之间形成对话。新建筑的插入强调对现有城市环境和肌理的尊重，强调既有的功能和空间架构的延续和发展（图 6-19）。同时，一段柏林墙作为东西柏林分割的历史记忆得以保留。

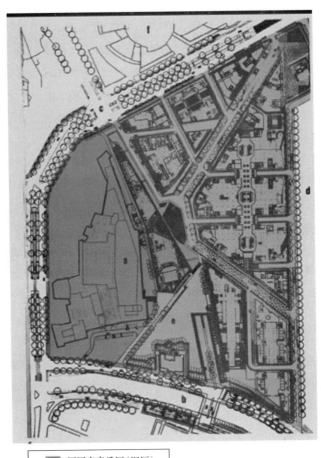

<table>
<tr><td rowspan="3">图例</td><td>■</td><td>原国家音乐厅（旧区）</td></tr>
<tr><td>■</td><td>戴姆勒·奔驰区（新区）</td></tr>
<tr><td>■</td><td>新插入文化娱乐建筑</td></tr>
</table>

图 6-19　波茨坦广场新旧拼贴示意图

来源：伦佐·皮亚诺建筑工作室作品集，第 4 卷，p162

图 6-20　波茨坦广场加建新建筑中保留传统建筑遗迹

来源：自摄

在波茨坦广场和老国家图书馆之间加建的新建筑中，也刻意保留了一部分位于现址的传统建筑遗迹（图 6-20）。而最重要的，是波茨坦广场城市设计对柏林传统街道肌理和街坊架构的尊重，从而部分地达成了城市规划管理者的"选择性重建"理念——即"借助于保留大部分原有路网，以期体现 1940 年前规划的空间构成元素"[13]。这种新旧融合和有机拼贴的城市设计策略，使该区新旧发展之间呈现一种相互交融的共生和协调发展状态。

新旧融合还需要相关开发引导政策和制度的保障。如在有关文化资产的保存方面，欧美城市发展了空间发展权转移的概念，即古迹不能拆，但政府有责任保障所有权人容积率以及使用的权利，将古迹所有权人的权利转移到其他地方的开发。同时，政府选出在都市景观中扮演重要角色的建筑物，在房屋税捐上予以减免作为鼓励措施，以唤起市民和业主对都市景观的重视。这些政策和制度的落实也值得我国城市借鉴。

此外，通过对地下城市空间的充分利用，可以缓解高强度发展与历史人文保护之间的矛盾，尤其是在历史保护地区。如法国巴黎莱阿拉商业区规划。莱阿拉商业区（Les Halles）位于巴黎市中心，西侧为卢浮宫，东为蓬皮杜文化艺术中心，原址为巴黎中央商场，1970 年代末期被改造为一个大型商业中心。在这样一个特殊历史环境中的再开发，采取了向地下空间拓展的策略，商业中心地上 2 层，地下 4 层，主要的商业空间、地铁以及机动车交通，均在地下城市空间解决，地面设置了大型的绿地公园，较好地解决了开发与保护的矛盾（图 6-21）。

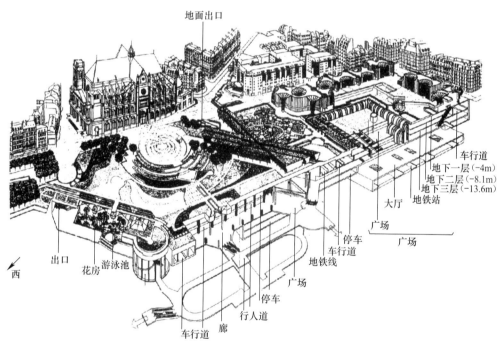

图 6-21 莱阿拉商业区商业广场及地下空间剖面图

来源：《城市规划资料集》，第 6 分册，p171

6.3 公共活动中心区基于步行导向的多层次城市设计整合策略

公共活动中心区的城市设计，涉及复杂的发展因素和多层次的城市设计整合，其中宏观层次的发展整合，包括城市乃至国家发展环境的影响，城市总体或分区发展定位或发展战略的调整，与其他公共活动中心区之间的发展竞争，以及与相邻城市环境的发展衔接等等；中观层次的发展整合，包括区内总体功能、空间发展结构以及整体交通组织结构的确立，以及区内各种发展单位之间的协调和整合等；微观层面的整合包括公共活动中心区局部街坊/地块、单体建筑开发以及局部环境细节设计等等。基于步行导向的城市设计，首先需要将相关理念和策略在不同层次的城市设计中加以落实；其次，要充分考虑不同层次的步行导向城市设计成果之间的衔接和整合，采取综合措施保证相关成果的最终落地。

6.3.1 因地制宜地确定公共活动中心区的整体城市设计结构

在现实的城市发展实践中，每个公共活动中心区都以一种个案存在，影响其建构的因素是多层面的，包括历史发展背景、现状的土地利用和空间格局以及人群结构、可供利用的发展资源、周边区域的发展的影响、现状中心区等级和未来发展潜力等等。为推动有利于步行城市生活的整体城市设计结构，需要将公共活动中心区置于更大的城市乃至区域城市群发展的整体背景中进行研究和考虑，落实其在相关城市总体或特定分区层面的发展原则、目标；研究特定公共活动中心区与城市整体步行网络以及周边城市环境步行系统的衔接；并在上层次规划和城市设计的导控下，因地制宜地建立公共活动中心区城市设计的基本设计结构：如清晰的城市形态和空间结构，综合的功能构成和合理功能布局，完善的步行网络，基于步行可达性的区内公共空间系统、开放空间网络以及高效的基础设施支持系统等。

基于步行导向的公共活动中心区整体的城市设计结构，需要具有以下特质：

（1）整体性

以步行导向为核心价值观之一，公共活动中心区整体城市设计结构应该清晰，明确，使公众或外来使用者能够方便地掌握，也使规划管理人员能够明确地判断，哪种建设是公共活动中心区鼓励的，哪种建设是与公共活动中心区整体空间结构有潜在冲突的。

同时，公共活动中心区的每一项城市设计决策，都应该有利于公共活动中心区步行城市生活整体性的形成和发展。每项新的行动，都应该有利于修复旧的整体性，或创造新的整体性。如纽约的分区法规定，写字楼的屋顶花园必须向公众开放，而且底层必须是商业服务，有时甚至规定其地下停车场和与地铁的接口向公众开放。类似控制推动每一项新开发为公共活动中心区的城市性和可步行性作出贡献，形成促进公共活动中心区步行城市生活的一种积极因素。在墨尔本和悉尼，仔细观察中心区的每一项开发，都注重类似的城市性塑造，从而推动城市和中心区整体的步行城市生活活力。

（2）可行性

基于步行导向的城市设计成果的落实，往往受到此时此地的现实发展条件的制约，需要充分考虑现实城市发展的局限性和成果的可行性。如上海陆家嘴 CBD 国际设计咨询中理查德·罗杰斯方案，该方案提出了紧凑发展的理念，即通过一个综合性的交通网络，缩短各处的步行距离，减轻区内对车辆交通工具的依赖，节省能源和控制污染。方案认为，城市设计应该把焦点集中在建立一个强有力的步行导向整体基础网络结构上，如开敞空间、交通系统、运输网络等。因此，提出了一个鲜明的圆环形的城市空间形态方案（图 6-22）。该方案获得了评委的好评，但同时，评委也认为，基于该方案的特点，方案实施前，大量基础设施网络要提前建成，仅实施一小部分难度较大。由于方案城市形态的完整性和相关

城市设计要素的紧密联系，在较长建设时期中，要有一
套严格的控制法规。以上这些实施的前提在当时的发展背
景下是很难实现的，由于具体实施可行性的原因，该方案
并没有被上海市政府采纳[14]。

（3）持久性

公共活动中心区基于步行导向的城市设计战略，如地
下步行网络还是空中步行系统选择，公共交通模式选择
等，必须有持久性，以适应不断变化、发展的情况，且不
损害最初的构想。同时在不同的发展阶段，围绕最初的
"中心实质"，保持发展的连续性和弹性适应。好的步行导
向开发框架应鼓励和引导开发，而不是窒息设计师的创造
力，或损害开发商的经济利益。只有达成公私之间、各开
发主体之间利益的合理分配和巧妙平衡，基于步行导向的
城市设计才有可持续发展的空间。

图 6-22 陆家嘴 CBD 国际设计
咨询罗杰斯方案
来源：《上海陆家嘴金融公共活动
中心区规划与建筑——国际
咨询卷》，p. 45

（4）创意性

诸多传统公共活动中心区建设现状往往不尽人意，一些新公共活动中心区由于缺乏基
于步行导向的整体城市设计导控，各种开发建设呈现出零散、毫无关联甚至是相互矛盾的
尴尬状态。在这种背景下，如何通过有效的梳理、改进，融合到公共活动中心区基于步行
导向的整体框架中？或者面对公共活动中心区发展的多层次、多向度复杂问题和矛盾，如
何提出清晰的步行导向发展思路和发展架构？这些困惑需要对公共活动中心区发展的独
特、有创意的解决思路。一个高质量、富有创意性的城市设计方案，能有效激发公共活动
中心区内在的发展潜力，充分提升公共活动中心区价值，也有能力为公众和市民带来更多
的福利。一个良好的步行导向城市设计结构的形成，往往体
现出设计者敏锐的城市设计意识和超强的城市设计协调能力
（图 6-23）。

（5）地方性

不同发展阶段、不同区位和发展背景的公共活动中心
区，其基于步行导向的城市设计成果应具有鲜明的地方性特
征。以公共活动中心区的步行网络设计为例，不同的气候和
环境条件下，适应性的步行网络设计策略也不尽相同。如在
北美气候寒冷的城市公共活动中心区，地下空间步行网络或
空中封闭的天桥步廊系统，由于不会受到寒冷气候的影响，
能够保持四季如春的步行环境，而备受欢迎；而香港 CBD
地区的空中连廊系统，则多采用通透、有顶盖的步廊形式，
是适应当地炎热多雨的亚热带气候的因地制宜的设计策略。
同样，亚热带地区能够遮阳、避雨并容纳多样化城市街道生
活的骑廊等步行空间，更受当地居民的青睐，并发展成为适

图 6-23 深圳前海中心区城市设计
竞赛 James Corner 中标方案
来源：前海湾滨海休闲带及水廊
公园景观详细规划，2012 年

应当地气候的商业步行街的一种空间原型。在步行空间的使用时段上，亚热带城市公共活动中心居民更愿意在夜晚享受清凉的户外步行生活和交往活动。

因此，基于步行导向的整体城市设计成果，应该是一个整体的动态适应的城市设计框架。这个框架，基于公共活动中心区特定发展背景、现状和条件，综合基于其发展目标的理性定位、具体操作的可行性等要求而制定。同时，这个框架有能力挖掘区内步行城市生活的充分潜力，也具有创造性的空间构想和设计品质，足以吸引特定的使用人群，以支持公共活动中心区良性、可持续的经济、社会和人文发展。这个框架不是一蹴而就的，往往需要很长时间的酝酿，如经过多轮次的工作坊、设计论坛或高水平的规划设计竞赛，汇集众多专业人士、城市领导以及普通市民的智慧，才有可能逐步达成共识。而其中，基于步行导向的设计理念能否为各方普遍接受并付诸相关政策配套以及具体设计策略，是城市设计是否具有"步行导向"特征的关键。

6.3.2 建立环环相扣的城市设计开发导控机制

基于步行导向的整体城市设计成果一旦得以确立，就为后续的开发导控和建设管控确立了基本目标和蓝图。即使是这样，如果缺乏有效的实施路径，理想蓝图也会在具体实施过程中遭遇到各种障碍，甚至有完全落空的危险。在国内众多新公共活动中心区规划建设中，这种案例并不鲜见。如浦东陆家嘴中心区规划之初，也雄心勃勃地以巴黎德方斯CBD为范本，试图实现类似德方斯的整体人车分流架构。但在具体深化过程中，囿于德方斯范本的高投入，对规划建设控制和管理的高要求，以及城市发展背景和经济发展水平的显著差异，这种宏大的开发蓝图在当时看是不现实的，也缺乏足够的可操作性，因此一种更为实际的开发蓝图的出现也就在情理之中。

随着城市经济实力的增强，居民生活水平的不断提高，作为公共核心的公共活动中心区，也就承载了更高的期望和可能。近年来，一些基于步行导向的类德方斯样本，已经陆续得到实现。如北京中关村、深圳南山活动中心区等案例，都部分实现了德方斯整体分层的城市设计构想，也为国内基于步行导向的空间探索提供了可贵的研究样本。而在深圳福田中心区地下空间规划，以及北京朝阳CBD东扩区地下空间规划中，对地下城市空间的整体规划和集约化利用也已经在逐步地变成现实。深圳前海CBD及后海中心区，在相关案例探索的基础上，也在城市街道生活塑造、功能混合及空间立体化建构方面，正在进行多层面、极具想象力和超前性的探索。因此，我国城市公共活动中心区基于步行导向的城市设计既是大势所趋，也潜力巨大。在这种背景下探讨基于步行导向的城市设计成果如何有效落实，更具实际意义。

公共活动中心区基于步行导向的开发控制，主要包括三个层面的内容：1）确立公共活动中心区基于步行导向的整体城市设计成果；2）落实公共活动中心区基于步行导向的开发导控；3）历时性发展过程中基于步行导向城市设计成果的深化调整及其落实。

欧美城市公共活动中心区综合开发中，普遍重视完善的开发控制机制的建立。20世纪60年代以来，西方国家在城市设计实践中逐步强调"公众参与"和"过程规划"（Process Planning，注重实施效果的规划，主张在实施过程中寻找并解决各种问题）。如在费城公共活动中心区的更新设计中，E. Bacon 提出"循环反馈"的城市设计程序，并在"社会山"及"市场东街"等项目中成功运用，即通过设计者与社区有系统地交互作用和反馈，使设计思想、过程、政策不断往复地审议修订，以形成最终的行动方案[15]。公共活动中心区的城市设计，应具有"循环反馈"的城市设计程序特征，具体体现在：

（1）公共活动中心区不同城市设计层次间的承上启下和相互影响：每一个环节的调整都会影响上一层次的成果和下一层次的实施。

（2）公共活动中心区内不同街区或产权地块城市设计引导和控制的联动性：一方面，对公共活动中心区的整体性控制必须要落实到每一个街区或地块的具体的城市设计引导中；另一方面，具体街区或地块的城市设计调整反过来可能影响到区段整体控制的调整。

（3）城市设计实施过程的反复性，包括公共活动中心区整体设计架构的反复调整以及公共活动中心区局部城市设计的深化、优化和反馈等等。

近年来加拿大温哥华的滨水综合社区开发中，政府主要通过三个循序渐进的步骤来实施调控。这三个步骤包括：政策综述指导开发、官方发展计划和基于现有政策基础上重新分区制度。政策综述（Policy Statement）指导开发主要提出地区未来发展的基本规划原则，这些原则适用于整个开发过程，如规定了未来阶段的开发类型及数量，公共利益的保证等等。虽然政策综述规定了开发的一些基本参数，却可以最大限度地保证灵活性，并且能够适应未来详细发展计划的必要调整。官方发展计划（Official Development Plan）是在政策综述的制约和规定下形成的一个阶段性发展计划，它是由市议会通过的具有法律性质的文件，确定整个地区的总体布局和概念，其目的是保证开发权利和地区公众参与积极性。重新分区政策（Rezoning）则在官方发展计划的基础上详细规定了区内各街坊/地块的开发细则，包括街道设计、公园和公共空间设计、大型建筑、城市设计、开发形式、设计导则和法律协议等等[16]。

从上述分析可知，温哥华政府对滨水综合社区的开发控制，形成环环相扣的严谨机制（图 6-24）。宏观的政策综述严谨概要且不失灵活，从整体上对综合社区的发展进行全程引导和限定；中观的官方发展计划，成为明确和平衡各方发展利益的具有法律效力的规划文件，并且落实了政策综述的基本原则，进一步深入确立综合社区的整体发展结构；重新分区政策则是对综合社区整体发展结构的落实，主要从微观开发层面明确了具体街坊/地块的开发设计要求，同时也保障了开发商的应有权益。这种机制，贯穿着公众参与和公私协调的过程，从而最大限度地保障了综合社区开发运作的公开、公平和公正。

温哥华市中心综合社区的开发控制经验启示我们，在公共活动中心区概念性城市设计阶段，应重点确立公共活动中心区的基本发展目标、主要的发展概

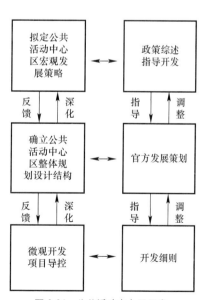

图 6-24 公共活动中心区开发
控制循环示意图
来源：自绘

念和方向性的发展策略。在公共活动中心区控制性详细规划和整体城市设计控制阶段，则应根据前期策划或概念性城市设计成果及其确定的公共活动中心区基本发展策略，编制完整的公共活动中心区规划和城市设计成果；在现有规划架构背景下，尽可能将成果有效落实到相应的控制性详细规划/法定图则层面。在微观开发落实阶段，需要制定明确的地方性城市设计导则，尽可能将相关城市设计要求落实到各街坊/地块的土地利用要点中；并因地制宜地灵活运用多种城市设计控制手段（如综合指标控制、建筑设计方案捆绑出让、进行个案性的城市设计研究等等）加以落实。

6.3.3 动态持续的城市设计反馈和调整

基于不同开发控制层次的环环相扣和动态循环，公共活动中心区的步行导向城市设计及其管理也将是一个动态连续的城市设计过程。一个完整、清晰、持久可行的步行导向城市设计结构，为公共活动中心区的发展提供了坚实的基础，但在历时性的发展过程中，一方面，基于步行导向的城市设计成果从概念的产生，到形成城市设计成果，再到具体项目的开发实施，总是有一个时间的延迟现象。另一方面，随着步行导向城市设计的深化和落实，各种不确定的因素的影响以及新的问题和矛盾也纷纷显露，从而有可能导致相关城市设计成果的"失效"或部分"失效"。原因主要有以下几点：

（1）随着时间的推移，原先城市设计决策产生的决策环境已经发生改变（如发展背景、发展需求等等）。

（2）在具体的开发建设项目尚未落实的情况下，先期形成的城市设计成果往往无法预料未来开发项目的各种可能性，也就自然可能与拟建新投资项目的需求之间产生冲突。

（3）重要空间或核心节点城市设计成果往往需要进行多轮深化调整以使其具有可实施性。如深圳福田中心区城市设计深化过程中，原来以绿化和地下停车为主的中轴线上，基于土地价值、功能混合等多种因素的考虑，陆续增加了中心书城、大型商业娱乐开发等新增项目。尽管在城市设计理念上基本保留了原有城市绿色中轴线的构思，但在具体的实施过程中，也结合新增加的开发项目对中轴线设计进行了多轮的城市设计调整。

为减少或避免上述的城市设计成果"失效"，需要建立基于步行导向的连续性城市设计反馈和互动机制，即根据公共活动中心区开发建设节奏和进度，对城市设计成果落实进行连续的评估和反馈。如对已审批开发项目实施效果的评价，可能会引发对中心区整体城市设计控制目标的重新评估，以及可能的对后续开发项目城市设计控制原则和目标的调整。深圳福田中心区十三姐妹街坊形态控制的不断调整就是一个典型的案例。根据SOM的城市设计导则，区内所有高层建筑立面风格，乃至外立面细部比例都有严格的规定。规划管理部门对先期开发项目进行建设后评估和反馈后发现，这种连续竖条窗设计风格控制对办公空间室内采光影响较大，因此后期的单体开发控制中，对外立面风格的控制尺度就相对放宽很多，也给建筑师提供了相对更大的设计空间。

为保证城市设计反馈和调整的整体性和延续性，需要建立以下动态调控机制：

（1）制定清晰明确的步行导向城市设计导则

基于步行导向的公共活动中心区整体城市设计概念，需要以明确的城市设计成果形式加以落实。一些公共活动中心区的城市设计政策或设计指引总是存在指向不明确、意图含糊不清的问题，为了使城市设计成果更好地服务于区内开发建设，有必要建立具有针对性的清晰明确地方性导则。"任何政策、导则或设计，如果不能被明确地看作是对一个或更多的城市设计目标的回应，都不会为好的城市设计带来任何贡献。同样，任何政策、导则或设计如果不能就开发形态的一个或更多方面作出清晰的表述，便会流于晦涩而不能产生任何效果。[17]"

地方性导则针对的是具有特定文脉或特征的地段，通过将一般城市设计政策和特定地段乃至特定开发项目紧密结合，有可能得到更为深入或具针对性的对策。这些政策有对特定功能发展的鼓励政策，如纽约剧院区政策要求在新开发中设置剧院，以确保该地区传统文化职能的延续；也有对开发商提供公共空间的奖励政策，以及基于特定目的而实施的强制性开发规定，甚至包括对具体的开发细部、街道铺地材料和质地的规定等等。

反过来，地方性导则表达得简洁明晰，也有助于各方对控制意图的准确和迅速理解。"与所有的设计政策工具一样，最有效的纲要、框架及图则是促进性的、全面的，它们鼓励革新的设计，以最易于理解、使用的形式告知开发申请人、专业人员及公众，并且将政策性信息和指示性的设计理念相结合"[18]。新城市主义的城市设计导则倾向于精简成简单明了的规则，并可以在一张纸上清晰表达，故被称为"一页纸导则"。新城市主义的领军人物Calthorpe指出，传统的"文字与数字上的规范"关注土地使用、道路布局、公路标准等问题，却完全不包括对期望中的城市形态的设想与展望。新城市主义的城市设计图则不同，它们利用图形的方式阐述各种重要设计准则，例如街道剖面、建筑体量，特别是建筑与街道的关系（即私人房产如何界定公共空间）。正如Duany等所说的，"这种图则规定了它确实需要的，而不规定它不需要的"[19]。波特兰市中心城市设计的成功，在很大程度上来源于其城市设计控制图则的成功。在美国传统的区划控制基础上（事实上，分区制被证明是一种影响城市设计质量的、略显迟钝的工具），波特兰建立了一个清晰、有效的政策框架，该框架由一份城市空间设计策略及一组公共活动中心区基本城市设计导则组成[20]。该导则已被简化为设计列表，以便于评价所有为市中心设计的项目。这种简洁明晰的公共活动中心区城市设计控制指引，使公共活动中心区开发的所有参与者都能一目了然地了解公共活动中心区发展控制的主要内容，也有利于公共活动中心区开发控制过程中相关利益各方的沟通和协调。在实际的审批管理中，管理者利用勾选清单的形式，把"波兰市中心城市设计导则"的主要内容转化成设计评审时必须要对照的清单。在评审的过程中，评审官员就可以按照清单的条目与导则一一对应来评价设计方案。由于实际的设计并没有对错之分，所以，评审官员也非常注意详细地对设计评审过程进行记录，以应对有可能出现的规划申诉。

基于明确的针对性控制目标，地方性导则及其实施有利于推动公共活动中心区的城市发展特色。美国传统的分区制度，对不同的地段普遍采取统一的控制工具，难免形成千篇一律的城市景观。1960年代初，纽约市政府对分区管制进行改革，采用了特定区（Special District）等制度。特定区制度就是根据特定区域的发展实际，提出针对性的管制策略。如纽约"第五街特定区"的设立是为了保证第五街的商业繁荣和商铺的延续性，防止地产商过度开发办公楼，限制广场、航空售票处和银行的设立。该计划规定沿街不得作为办公楼的出入口，建筑高度的 24 米以下裙房部分必须沿建筑线兴建，保证街道界面的延续性，街道东侧的建筑高层部分也要沿建筑线向上建，不得退缩，以维持第五街的"墙面"景观；街道西侧高层部分必须后退 15 米，保证与对面办公楼的间距。另外，如果开发商加入一定数量的住宅，将给予增加 20％楼板面积的奖励，以保证 CBD 中城区的功能混合使用，防止夜晚出现的"死城"现象[21]。

（2）鼓励和推行公共活动中心区协调建筑师制度

基于步行导向的城市设计，也需要对公共活动中心区整体的空间结构、建筑形象、公共空间场所系统和氛围等进行整体控制。这些控制往往是软性的，不同人群、不同个体仁者见仁，智者见智，容易产生意见上的分歧和实施上的不落实。为应对上述问题，一些公共活动中心区引入总建筑师或协调建筑师制度，统一协调和控制区域内的建筑和城市景观设计，协调区块内不同功能和个体的建筑设计，在保持整体风格控制的同时，又能够充分发挥各单体建筑师的设计才能和创造性，形成统一和谐又有变化的城市建筑群体；也可以通过设立有效的规划审批制度和相对固定的专家审查队伍，使评审专家组成员能信息充分地了解公共活动中心区区域发展的目标、历史以及规划控制的来龙去脉，更有效地实施弹性控制和管理。如法国国家图书馆周边地区设计就采用了协调建筑师制度。中标建筑师起到协调作用，指导地块内的多个建筑师。由协调建筑师制定该地区详细的城市设计导则，地块建筑师的图纸需经过协调建筑师同意才能报建，以保证形成有指挥的大合唱。

与协调建筑师制度类似的是总建筑师制度：总建筑师可以由政府主管部门或市民组织推选，总建筑师并不直接参与各单体开发的建筑造型、空间形体以及空间环境的具体设计，而是通过制定城市设计或建筑设计细则规范，针对某一特定规划地区，向设计各单体的责任建筑师阐述该地区应有的环境景观形式，引导到营造良好环境景观上来，并向他们提供一些能被居民、政府部门、设计者及开发商共同认可的设计构想。各街区（分区）建筑师则以总建筑师制定的设计细则和现行的设计规范为依据，进行各街区和各单体的详细设计，实现设计的多样化[22]。总建筑师制度在保持整体风格控制的同时，又能够充分发挥各单体建筑师的设计才能和创造性，形成统一和谐又有变化的城市建筑群体。

以波茨坦广场城市设计为例，公共活动中心区的总体城市设计方案确定以后，设计招标以总体城市设计的中标方案为蓝本，要求对各区块进行深化设计。最后，皮亚诺在戴姆勒·奔驰公司所拥有的区块（也称作德比斯地块）中标，索尼公司所在的区块由赫尔穆特·杨胜出，而 ABB 和 Terreno 公司拥有的 A＋T 地块由 Giorgio Grassi 中标。

在各个区块的城市设计中评价最高的也许是皮亚诺担任总建筑师的德比斯区块，皮亚诺的成功之处，不仅仅在于其独创性的公共活动中心区城市设计方案，还在于该区块在制定的城市设计框架之下，是由不同的建筑师来完成各个单体，而不是像索尼公司地块的总建筑师和单体设计都由赫尔穆特·杨一手包办。其中，皮亚诺事务所完成了区内大约 60％的单体，其他的建筑师包括理查德·罗杰斯、拉斐尔·穆里奥、矶崎新等，都是世界顶级的建筑大师。很显然，皮亚诺事务所的作品为整个区域定下了基调，而不同建筑师的参与，也保证了街区建筑形式和材料的多样化。如理查德·罗杰斯事务所在林克大街上的作品就充满了高技表现和强烈的形式感。通过整体招标和分地块选择建筑师，为整个区域的整体设计提供了一个良好的前提。尽管该区域几乎集中了全世界最好的建筑师的设计作品，但整个区域给人的感觉是一个整体的结构，从总体到一些局部的细节都是如此。原因在于，皮亚诺作为区块总建筑师，在区块总体规划的基础上，对区块内各种类型和功能建筑的色彩和材料作了限定，其所选用的赤陶面砖的色彩与柏林城市的传统色调取得协调，尽管区块内各建筑的细部和构造处理各不相同，区块建筑群仍有很强的整体感，但同时也不显单调（图 6-25）。

图 6-25　戴姆勒·奔驰区块各地块建筑师的分布图

来源：《Infobox-the Catalogue》p. 154

　　波茨坦广场的城市设计实践启发我们，在总体建筑师的协调控制下应尽可能由不同建筑师承担整体开发中的不同单体建筑设计；使公共活动中心区的建筑设计既有整体的控制，又能适当体现不同建筑师的风格和个性；使现代公共活动中心区的快速建设过程中充分体现出整体性架构下的丰富性和多样性，在设计理念上尽可能尊重传统的发展、空间肌理和地方特色，使快速的建设进程不至于割裂与传统的历史的联系。在我国大量城市公共活动中心区的快速建设或全面更新中，这是很值得研究和借鉴的经验。

公共活动中心区的总建筑师（协调建筑师）也不一定是一个独立的个体，也可能是一个设计协调小组，或者一个具有连续性的设计评审专家小组，能够对公共活动中心区内部的开发建设进行持续的跟踪、评价，并且提出管理和控制建议。后者在我国目前的规划管理架构中更具有现实意义。如福田公共活动中心区城市设计中，深圳福田公共活动中心区开发建设办公室（简称中心办）作为一个综合的规划控制管理机构，对公共活动中心区的初期城市设计调整，以及后期各单体项目开发的控制，进行了持续的规划控制协调和管理。同时，中心办在具体项目的评审中，也注意相关评审专家小组构成中的稳定性和连续性，一些连续参加公共活动中心区内部项目评审的专家，实际上部分扮演了公共活动中心区"协调建筑师"的角色。

（3）多学科和专业视角的持续互动反馈

道萨迪亚斯指出，对于人类聚居问题，应当"从不同角度，用系统方法加以考虑，即以经济师、社会学家、政治家、行政人员、技术专家和文化艺术家的眼光来看待人类聚居的全部知识"。当代公共活动中心区的发展，涉及的学科越来越多，专业化程度日益提升，在公共活动中心区多维度、多层次综合的背景下，综合化程度越来越高，从单一学科、单一视角试图提出问题的解决方案显然不现实，公共活动中心区发展整合需要多学科、多种技术手段的综合运用。基于这种背景，"城市设计和规划的范例正从单边设计机构的大型单一行为转变成有明确设计目标去界定一组不同的物质状态的合作设计行为"[23]。

在公共活动中心区交通规划中，城市设计师往往只是从定性的角度分析公共活动中心区的交通组织，缺乏专业的定量分析。而专业的交通规划部门，可能又缺乏城市设计师的综合城市设计视野。因此，在公共活动中心区交通规划中，需要这两个专业的共同合作，以及交通管理等相关部门和商家、业主等的共同参与。以深圳中航片区城市设计为例，中航片区位于深圳市华强北商业中心西侧，现状以商业住宅为主，该城市设计是对中航片区的整体更新改造，片区现有建筑面积约 35 万平方米，新规划增加的面积约 32 万平方米。美国事务所 SOM 提供的整体城市设计方案得到了甲方和规划管理部门的基本认可（图 6-26），但在片区开发容量大幅度增加的前提下，该方案仅仅对中航片区内部交通组织进行了初步的定性分析，缺乏深入的定量交通规划研究，因而基于城市设计方案的交通规划的可行性也无法确定。在这种背景下，规划管理部门要求引入专业交通咨询公司，对片区交通进行深入研究。相关专业公司（MVA）的交通研究分析，从更大城市范围的交通组织分析入手，提出片区外部交通优化建议，同时对 SOM 的城市设计方案提出了专业的交通规划意见。交通研究分析了地铁 1 号线建设对未来片区交通分担量的评估，并建议设地下通道连接华富路和地下二层商场，服务新增的高密度开发；在保持振中路交通流量的同时，建议以地下商业加强片区南北分区的步行联系，并在振中路设置集中的过街人行通道。在步行交通组织方面，强调

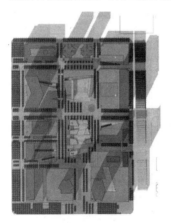

图 6-26　SOM 中航公共活动
中心区城市设计方案
来源：世界建筑导报，2005 年
增刊：中航城规划与城市设计
专辑，p.12

建立空中步行通道和地面步行区，建议加宽行人道至少 6 米；并在地下一层设置与公共活动中心区地下商业和地铁站等公交节点相联系的地下一层行人系统；交通研究提出结合片区西侧中心公园地下停车库建设，通过跨越华富路的地下通道与中航片区内部完整的地下二层停车系统连通，提出了将其拓展为连接华强北中心区的地下连续停车系统的构想（图 6-27）。虽然该设想的可实施性仍有待进一步落实，但对于中航片区和邻近的华强北中心区而言，这是一个基于交通解决方案的极有价值的城市设计概念。这也反映出，多专业的互动和反馈，能够激发强有力的城市设计新思路。

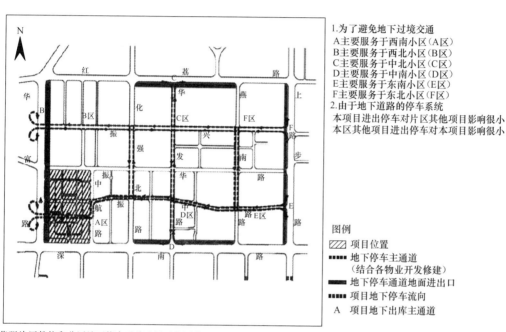

华强片区整体和分区地下停车系统及地下主通道

图 6-27　MVA 华强公共活动中心区地下停车系统概念方案
来源：世界建筑导报，2005 年增刊：中航城规划与城市设计专辑，p. 88

同时，在高强度发展背景下，大量高层建筑在公共活动中心区的集聚，会显著改变公共活动中心区的风环境，增加公共活动中心区的热岛效应，并可能降低一些街坊/地块采光、日照标准，进而影响相应区域的室外步行生活及使用者的行为模式。为减弱高层密集建筑发展对公共活动中心区步行城市生活的负面影响，需要综合社会、人文、心理、环境和景观生态等多方面的学科和视角，为公共活动中心区步行城市环境发展提供一种综合解决方式。如德国斯图加特市采用整体性都市规划/设计，以保存和创造一个健康的气候。都市气候学家被吸收到规划设计成员当中，保证将自然环境纳入到都市规划程序当中。相关的工作由化学研究室统筹协调，在方案规划阶段，化学研究室就开始提供咨询意见。长期的努力使城市环境改善，有效地降低了都市热岛现象[24]。

可见，基于步行导向的城市设计，涉及心理学、社会学、行为学、管理学等多学科，也有赖于规划、景观、市政、环保、气候等多学科和专业视角的共同参与和合作。以中航片区规划设计为例，其主要的合作者包括：SOM 建筑设计事务所负责城市设计，SWA 事务所从事景观建筑设计，仲量联行进行零售规划，还有 MVA 负责交通规划。此外，一个由中航集团及和记黄埔的各种专业人员组成的团队在建筑、规划、经济、项目管理、市场和翻译等方面具有丰富知识，他们在做出一致和及时的决策引导并推动项目进程方面起到了关键性的作用[25]。多学科和专业视角的持续互动和反馈，有利于基于步行导向的城市设计成果的落实。

6.3.4　基于步行导向的城市设计成果的微观落实

基于步行导向的城市设计，在某种意义上具有一定的微观视野导向。因此，对公共活动中心区城市设计成果微观落实的讨论，主要是基于步行导向的城市设计视角和取向而提出的，因为大量的基于步行导向的城市设计成果，需要经过微观的开发控制才能有效加以落实。

国内一些新公共活动中心区开发中，尽管在早期城市设计中有良好的基于步行导向的城市设计设想，但在具体实施过程中却难以落实。笔者以为，主要的原因包括以下方面：一方面是城市设计成果本身缺乏法律效力的问题，需要通过将城市设计意图落实到有法律效力的相关层次规划来解决。另一方面是规划管理与土地利用管理的衔接问题。如果规划管理部门与负责土地出让的地政管理部门之间缺乏协调，就可能使已有的城市设计构思/成果难以体现到每个地块/项目的土地出让合同中。而土地出让合同是明确开发商开发建设责任和义务的重要法律文件，如果土地出让合同中缺乏相应的城市设计控制要求，自然在具体开发中难以理直气壮地要求开发商履行相关城市设计成果。此外，当前的规划管理管控往往将控制重点放在单体地块或独立开发内部，缺乏对街坊/地块之间以及步行可达整体区域范围的整体城市设计控制和协调机制及意识，这也容易导致一些系统性的城市设计成果无法落实。

公共活动中心区城市设计微观落实包含众多内容，本节主要以支持步行城市生活的步行网络及步行环境的微观落实为主。公共活动中心区整体步行网络中，局部的断裂或设计不完善，都会影响整体步行网络运作的效率和舒适度，因此，对公共活动中心区整体步行网络的开发控制落实，既需要整体的规划，也需要细致入微地落实到各具体的开发项目中，才能保证规划目标的实现。其内容主要包括：步行系统与各单体开发的微观衔接落实；步行系统及其支持功能和空间界面的落实；单体开发内部的公共空间及步行网络的控制落实；步行系统与公交枢纽及其他交通工具的衔接与转换的落实等等。综合国内外的经验，笔者提出以下建议：

（1）在街坊/地块开发中强制落实基于步行导向的城市设计成果

基于步行导向的公共活动中心区城市设计成果，需要明确地落实到各街坊/地块或公共空间建设中。在街坊/地块开发的城市设计导则中，应明确相关的支持步行环境的城市设计要求，如步行系统连接位置、标高、步道宽度以及造型要求，车库设置以及机动车出入口等。香港的《建筑物设计条例》根据特定地块的具体情况除规定 FAR、覆盖率等基本控制指标外，还包括地块内城市设计准则的确立，如对地块内行人天桥的位置、形式，车库的设置和出入口等都有具体规定和要求。以香港汇丰银行总行大楼所在地块为例，契约中根据该地道路狭小，往来行人较多，而规定底层不得占用，留作公众往来通道，并允许该行加高楼层，增建与底层通道面积相等的建筑。又如太古广场，契约规定该地块必须修建连接广场和地铁金钟站的行人天桥，以便公众行走[26]。

同样，在日本城市，除了严格的城市规划法规的控制，在街坊层面的开发中也通过制定详细的"城市建筑协定"等有关建筑物、构筑物的设计细则（Design Code），作为城市规划法和建筑基准法的细部补充，以控制这个街区的景观，确保步行交通面积以及道路的天空率和开放感。比较常见的设计细则包括：1）建筑物一层墙面的后退位置指定（确保步行交通面积）；2）建筑物一层的用途控制（商业设施的连续性）；3）店面招牌的大小、高度、位置（街道景观控制）；4）建筑高层部分的后退位置（确保道路的天空率和开放感）；5）建筑立面的设计样式、基调色彩、建筑材料（街道景观控制）；6）屋顶广告塔或看板的高度、设计样式等（街道景观控制）（图 6-28）。

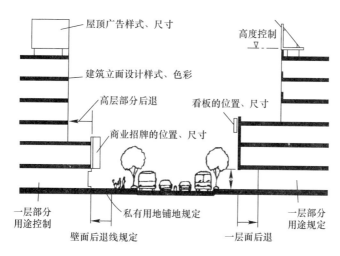

图 6-28　日本城市改建开发设计细则示意
来源：《东京的商业中心》，p59

基于步行导向的城市设计落实，有必要探讨在街坊/地块开发设计要点中逐步增加对步行设施和环境设计的明确城市设计导则和指引，如与周边街坊/地块的空中/地下步行系统的衔接点和连接要求的限定；以及步行街道景观和环境设计要求的限定等。如深圳南山商业文化中心区核心区地块城市设计导则中，已有相关的尝试，其地块开发控制图则中包括建筑地下空间、建筑形体、景观环境、交通系统、环境设施和照明等方面的控制内容，未来这些基于步行导向的城市设计导则的落实应逐步走向标准化、常设化，才能确保区内整体步行环境质量的落实。

同时，相关街坊/地块设计导则的落实，还有赖于精细化的规划管理和控制。如深圳福田中心区邻近商业骑楼的某地块开发中，为了适应地下车库通行的高度需求，人为将骑楼地面抬高，造成行人的不便和步行连续性的被破坏（图 6-29）。这种看似细微的细节设计问题，往往是由于缺乏精细化的微观城市设计控制引起的，也反映出在公共活动中心区微观步行环境的连续性和舒适性塑造等方面，还需要更多的细致入微的城市设计导控努力。

（2）空中步道系统与单体开发的衔接落实

在二层空中步道系统中，相邻建筑之间的空中步道的连接位置，以及连接高度及造型控制要求等等，是二层步行系统在单体开发中落实的主要控制内容。此外，二层步行系统接入单体建筑以后，单体建筑内部的功能和空间布局，如何支持和完善公共活动中心区二层步行系统的整体性和连续性，也是开发落实中的控制重点。从城市设计的角度，希望二层步行系统线路最简洁，清晰，避免在单体建筑内部的不必要的迂回；同时，有必要与单体建筑内部的中庭等垂直交通转换空间联系紧密，并保证二层步行系统在单体建筑内部的连接通道有足够的公共性，能保证公众通行不受干扰，同时也希望尽可能延长公共人流通行时间。因此，相邻开发之间的空中步道联系，需要相邻开发之间明确的城市设计控制和协调，如相邻开发之间的公共大堂应尽可能对齐，并与确定的空中步道连接点有最便捷的公共通道连接；同时，为确保空中步道系统标高的连续性，应确保空中步道层面相邻建筑楼面标高的一致性；此外，对与空中步道相连的建筑内部空间的功能，应有明确的城市设计控制，使其能够对步行城市生活形成有效的支持。如美国明尼阿波利斯市中心 2000 年人行步道系统规划中，颁布了空中步道系统建设的基本准则。市中心的 IDS 中心和西北中心，都是大师级建筑师设计作品（分别由菲利普·约翰逊和西萨·佩里设计），但都严格遵循了共同的城市设计准则，形成完整的步道联系，并与该市中心最主要的步行街——尼克雷特林荫步道通过中庭空间良好联系[27]（图 6-30）。

图 6-29　深圳福田中心区 22 /23-1

街坊骑楼局部设计的不足

来源：自摄

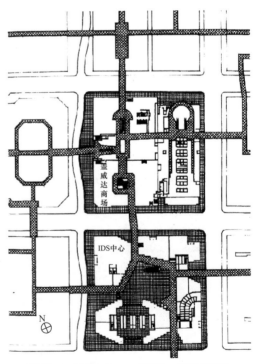

▓▓▓ 街面步行空间　　▨▨ 二层公共步廊

图 6-30　明尼阿波利斯市中心 IDS 中心

和西北中心街坊空中步道控制示意

来源：《城市·建筑一体化设计》p107

（3）地下步行系统与单体开发的衔接设计

地下步行系统与相邻单体建筑之间的衔接，也需要注重其与相邻单体建筑之间的主要交通转换空间的衔接，以及地下步行系统标高的连续性等等。同时，地下步行系统往往和公共活动中心区的轨道交通站点建设相结合，地下步行系统设计，应与轨道交通建设部门，各单体开发商，以及其他市政基础设施部门一起共同合作，保证与轨道交通站点、各单体开发之间的紧密便捷的衔接，避免与城市市政管网系统的冲突，并充分结合地下商业空间的开发，尽可能形成连续的地下步行网络，提高其辐射范围和使用频率。一些主要城市干道十字路口的地下过街设施建设，也建议结合地下商业空间进行综合开发，并将其拓展，与十字路口周边开发的地下城市空间进行整体规划和衔接，既有效地解决十字路口的人车分流问题，也能够充分挖掘城市核心地段的地下城市空间开发潜力，增强相邻单体开发之间的发展整合。上述构想的落实，既需要城市设计和管理部门有前瞻的城市空间立体化整合意识，也需要相关各方的沟通、理解和配合，以及复杂的利益协调过程。

（4）充分挖掘各种潜在的步行环境改善机会

全天候步行网络的落实，还需要借助于对公共活动中心区潜在的步行机会和步行城市生活发展潜能的充分挖掘，并将其落实到每一项新开发或改造中。作为公共活动中心区新开发或改造项目的开发控制引导的一部分，政府管理部门或相关城市设计人员有必要通过仔细的前期研究，探讨每一项新开发中对步行网络进行改善的潜能，并作为开发控制的先决条件提出；否则，在实际开发中相关问题就很容易被忽略，进而影响区内的整体步行网络。如英国伯明翰会展中心区城市设计研究中，就对区域内的步行城市生活现状和潜在的发展机会进行深入的分析，并以设计框架的形式，将中心区普遍的城市设计准则落实到街坊/地块层次的开发中（图 6-31）。

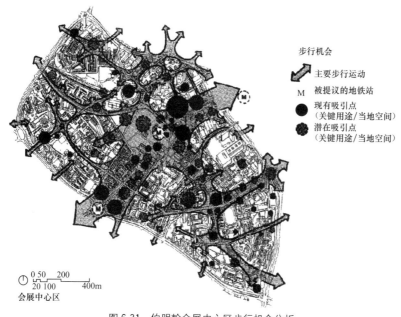

步行机会

→ 主要步行运动

M 被提议的地铁站

● 现有吸引点
（关键用途/当地空间）

● 潜在吸引点
（关键用途/当地空间）

0 50 200
20 100 400m
会展中心区

图 6-31　伯明翰会展中心区步行机会分析
来源：《城市设计的维度》，p245

综上所述，公共活动中心区全天候的步行网络，需要逐一落实到相关的街坊/地块以及公共空间的开发控制当中。通过明确的城市设计控制，以及多方利益主体之间的沟通协调，确保对公共活动中心区步道网络设计和建设的统一管理。

6.3.5 综合运用灵活的开发奖励政策

当今城市公共活动中心区开发中，单纯依靠严格的城市设计控制，并不能充分调动开发商改善城市步行环境品质的积极性和自觉性。基于步行导向的城市设计理念，应鼓励区内的开发项目，无论是公共建筑还是商业开发项目尽可能向城市开放，并提供多样化的城市步行和公共活动空间。但相关的步行连接设施以及步行环境改善，都需要相应的资金投入，没有适当的奖励政策，也很难推动相关城市设计改善措施的落实。为此，欧美城市普遍运用灵活的开发激励政策，鼓励近地面层的支持步行城市生活的城市设计：如在街道层面提供对公众开放的城市公共空间，在沿街面提供连续的骑楼，在街坊内部设置公众可通行的公共步道等等。一些非强制性的步行环境和设施改善措施，往往通过明确的奖励政策加以鼓励，并设定完善的配套落实机制使相关奖励政策更具可实施性。以纽约"格林尼治街特定区"为例，该区位于南曼哈顿金融区，紧邻原世界贸易中心双塔，该区设立的目的主要是管制该区的再开发，并且改善步行系统和车行系统的矛盾[28]。基于这个目标，设计人员重点关注通过该区的人流线路，以及可容许的建筑体量与区内人口和服务设施所创造的活动量的关系。其最终的城市设计方案中，设计人员起草了一个流线平面，以显示最佳的提高地铁可达性的运动模式，并使街面的人流、车流更顺畅，并改善紧急车辆和服务性车辆的交通条件，另外，还规划了一个高架人行商业大厅，并以天桥联系北面世界贸易中心建筑群和广场层以及 Battery Park City 的广场层（图6-32）。

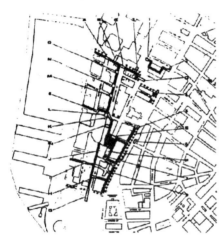

图6-32　格林尼治街特定区的
步行环境改善设计

来源：《An Introduction to Urban Design》

在此基础上，为了保证整个计划的实现，区内的每个街区都经单独的仔细研究以确定哪些改进措施是必要的，以及如果开发商乐于支持，哪些城市设计要素可以增加。街区的每一项改进措施都给予明确定义：地下交通大厅，拱顶连廊，长廊，开敞门廊，广场以及几种不同类型的人行天桥等，这些项目，因会增加开发商的开发成本，都给予额外的楼板面积补贴，这和1961年修改后的区划法中的广场补贴条例是相似的：如满足要求，建筑都获得容积率从10提高到15的奖励。新增加的楼板面积所带来的租金收入与这些街区改造项目的投资成正比，作为与补贴条例等效的另一种奖励形式，开发商可以建造标准层超过基地面积40%的塔楼，最高可达55%（同等情况下，矮而胖的建筑比高而瘦的建筑造价低，笔者注）。由于街区系统的建筑位置和相互关系在相当程度上已提前规划好，因此，对土地利用强度限制的局部放松并不会影响整体的设计框架。此外，城市设计人员还增加了一些强制性的城市设计准则，并不需要特别的花费，如通过保持沿街及转角的建筑线保护街道景观的连续性等。

然后，在法律专家的协助下，有关人员将这些城市设计准则转换成为相应的法律文件，这些文件制定得相当完善以至于区内各再开发项目无需城市规划委员会另外的批准，开发者只要查看区划文件中相关地块，就能确切了解需要进行哪些改进措施，以及为了使容积率增加到15还有哪些设施可以增加，因为当开发商达到容积率15的要求时，他完全可以享有所规定的20％的补贴，其建筑物的最高容积率可达18。

以格林尼治街特别发展区内跨越两个街区的银行信托大楼开发为例（图6-33），由于市政当局同意把分隔这两个街区的中间道路——塞达街出售给开发商，两个街区已合并成一个整体。为了使基地上原有的东西向步行交通畅通无阻，开发商就在封闭的街道原址上建造了一个穿越街区的走廊。同时，开发商为获得容积率从10提高到15的额外补贴面积，必须提供相应的公共改建项目或群众福利设施。首先，开发商必须建造分区规划图上所标明的所有步行交通设施，在两个街区之间必须建造三座规定的步行桥连接道。同时，开发商可以从一张工程清单中自由选择一项最先施工的项目。该开发商选择的工程是连接世界贸易中心和美国钢铁大楼的步行隧道，这条隧道并不

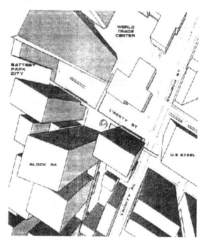

图6-33　银行信托大楼开发案例
来源：《An Introduction to Urban Design》

是直接与开发商的工地相连接的，但却体现了该特别发展区的一个基本思想：即形成一个人人方便的先进的公共交通系统。通过这些项目所获得的楼板面积补贴离达到容积率15的要求尚差950平方米，由于找不到这样小的可供选择的步行交通改进项目，开发商只得向专门为此事而成立的格林尼治街发展区基金捐献资金，这笔资金专门用来对特区内的地下铁道进行适当的改善。

当开发商所增加的福利设施达到容积率为15时，他有条件获得20％的额外容积率，不论开发商是否需要，他必须建造某些具有城市公共福利的建筑项目。在这项工程中，为了要补偿市政当局同意封闭塞达街而必须承担的地区改建项目，包括一个长达30m的商业连拱廊，一条大约56m长的商业街和一条高架步行通道，以连接一条通往世界贸易中心的商业人行桥和尚未建成的人行桥。同时，开发商决定建一个高架广场，同时在广场上种一定数量的树木，以谋求更多的额外补贴。而开发商采用了扩大塔楼标准层面积的补贴方式，同时，为了达到最高容积率18，开发商承担了两项改善工程——沿自由街（Liberty Strect）的一条连拱廊和位于华盛顿街中的一个广场。

格林尼治街特定区完整的开发奖励程序的最大优越之处，在于开发商可以自由进行某项具有补贴性的社会福利设施建设，而无需事先申请特别执照。原因就在于该特别发展区经过完整的城市设计程序并以完备的特殊区划条例反映出来。这种城市设计管理方式对城市设计及管理机构来说，可能比较复杂一些，但由于方便开发商以及其管理方式中体现的

弹性（如获得补贴的多种途径等）使得其城市设计的成果具有基本的实施保证[29]。

6.4　公共活动中心区基于步行导向的多方利益整合策略

6.4.1　推动政府、开发商和公众之间的利益协调

公共活动中心区基于步行导向的发展整合中，政府、开发商和公众利益主体之间，基于自身利益的出发点，自然有不同的诉求。对政府而言，通过推动公共活动中心区发展，提升城市形象，带动城市整体发展，同时，公共活动中心区的商业和商务职能发展，也能增加就业人口和税收。对开发商和私人业主而言，公共活动中心区有活力的步行城市生活，能够支持公共活动中心区房地产的增值，给公共活动中心区的各种商业发展带来更多的客流和商业机遇，并提升公共活动中心区各种商业机构的知名度和品牌效应。对于公众而言，公共活动中心区有活力的步行城市生活，能够为公众提供高品质的城市公共活动空间，以及多样化的城市公共休憩、娱乐和休闲环境。因此，如何综合这些不同利益主体的需要，整合各种发展利益，是公共活动中心区落实基于步行导向的城市设计成果的前提。如果能形成合力，将大大促进公共活动中心区内部步行城市生活及其活力的发展，相关的利益诉求可以在公共活动中心区的发展过程中得到平衡；如果各利益主体之间的意见难以统一，或者南辕北辙，公共活动中心区的整体发展就会受到诸多限制和阻碍。

（1）强化政府的主导和综合协调职能

对关乎城市发展兴衰的公共活动中心区，政府的主导和调控在公共活动中心区综合发展中必不可少。如 Joe Lang 认为，在城市建设过程中政府介入市场是试图使建设开发适应特定的需要。在公共活动中心区建设过程中，政府决策往往起着举足轻重的作用，城市的政治、经济发展目标，通过政府政策的制定，将公共活动中心区的建设纳入城市发展的总体战略之中，进而带动整个城市产业和空间结构的调整，提高城市的竞争力。

即使在以市场经济和私有化发展为主导的背景下，欧美城市多数重要的公共活动中心区开发中，仍然非常重视政府的主动和调控作用。如巴黎德方斯中心区的开发，就是政府推动和支持的典型案例。从 1958 年至 2007 年，巴黎德方斯开发历时近 50 年，其开发建设完全依靠 EPAD 这一由政府专门成立的公共机构的支持。又如法国的 ZAC（Zone D' Aménagement Concerté）即协议开发区制度代表了土地私有制度下的一种开发方式，由国家企业或者团体进行组织，由不同开发商参与的对成片地区的开发。它是通过委托城市规划设计部门制定专门的针对该区的土地利用规划（由于是一种针对性的规划研究和城市设计过程，使相关的公共活动中心区整体城市设计目标容易融入土地利用规划当中），以保证公众利益为原则，从而使开发规划控制在此框架内进行。法国对成片地区的改造和开发都是通过 ZAC 的方式来完成的。一般是由政府完成对土地的收购，再由不同的公共或私人开发商对其中的各个地块进行各自开发，但必须是在 ZAC 的指导下进行，位于城市重要地段的 ZAC，通常由市政府组织规划设计竞赛。

ZAC 的经验启示我们，政府主导和市场运作相结合是一种有效的公共活动中心区整体

开发管理和控制模式，且与我国城市发展国情有共通之处。我国城市发展具有土地公有制的优势，对于成片开发所需的土地集中过程，相对土地私有制而言更具优势；因此，我国城市公共活动中心区开发，尤其是区位重要、影响广泛的高等级公共活动中心区的开发建设，需要强调政府的主导和协调作用。基于政府的主导，保障城市整体发展目标的落实，有效地落实和保护公众利益，并对开发商市场开发行为进行有效引导和调控。

但当前我国一些城市公共活动中心区的建设、开发和管理，往往形成多个政府管理部门共存的多头管理格局，如交通、城管、规划、建审、工商、水务、电力、环保部门等等。这些部门从不同的部门视角对公共活动中心区的开发建设和维护实施管理，如果缺乏必要的整体控制和协调，容易产生各管理部门之间的扯皮或相互推诿，或者各行其是，导致公共活动中心区的整体环境缺乏协调和整合，进而有可能对区内步行城市生活的连续性、舒适性和安全性造成不良影响。典型的如中心区地铁线路与站点规划中，铁路部门与规划部门、土地部门之间的沟通和协调；中心区地下城市空间开发中，市政、交通、建筑和环保等部门之间的协调互动等。在地面公共空间建设中，同样也需要规划、市政、交通、城管等多个管理部门的密切沟通，以保障公共空间设想的落实。许多公共活动中心区建设中出现的轨道站点布局不合理、市政管网冲突、地下步行通道不连续等问题，部分都源于部门协调不足，不利于提高公共活动中心区整体的发展效益。

为改变这种多部门协调的不足，我国一些大城市中重要的公共活动中心区开发中，都设有代表政府行使综合管理职能的专职管理机构。如深圳福田公共活动中心区开发中设置有福田公共活动中心区开发建设管理办公室（简称福田中心办）。福田中心办作为一个政府派出机构，将福田中心区除征地拆迁、房地产证以外的地政、规划管理职能相对集中，从而有效地避免了不同管理职能部门之间相互扯皮、缺乏沟通的现象，保障了福田公共活动中心区开发建设从规划设计、开发控制到实施反馈等城市设计过程和成果控制的完整性和连续性。如福田公共活动中心区 22/23-1 街坊城市设计，就是由福田中心办提出命题，委托设计单位（SOM）进行城市设计咨询，根据城市设计咨询成果编制街坊城市设计导则，进而对街坊内部的十二个开发项目进行整体控制的一个典型的城市设计案例。该案例的实施也证实了基于政府管理部门对公共活动中心区实施整体城市设计控制的可行性。但在多数城市和量大面广的普通公共活动中心区，很难实施这种高行政成本投入的专门派出机构综合管理模式。此外，当这种专门管理机构完成主要使命撤销后，同样也面临日常管理运营过程中多部门之间的协调问题。如福田中心办撤销后，22/23-1 街坊联系两个街心公园的步行骑楼，在跨越民田路时，被机动车交通和连续的行人围栏打断，步行者需要绕行到十号路的十字路口才能过街，破坏了原有城市设计设想中步行线路的连续性和完整性。这说明相关部门之间还存在管理和协调上的盲区（图 6-34）。

类似的问题在许多中心区也同样存在。这些涉及基于步行导向的城市设计成果落实的多部门开发管理协调的问题，需要从行政管理机制完善层面寻求突破。

（2）推动和完善公众参与

公共活动中心区基于步行导向的开发控制，必须建立在公众参与的基础上，以平衡公共活动中心区各项发展和公众利益之间潜在的矛盾或冲突。由于发展的矛盾性和复杂性，

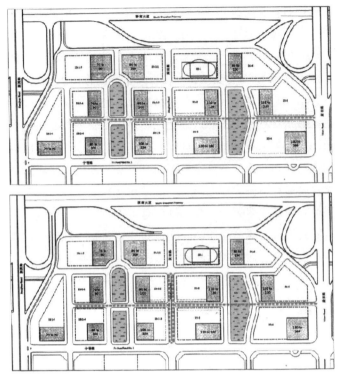

■ 公共绿地 ▦ 步行街 ▤ 人行围栏

图 6-34 深圳福田中心区 22/23-1 街坊城市设计中的骑楼步行街被人行围栏打断
来源：自绘

公共活动中心区城市设计及其控制中的公众参与往往涉及面很广，尤其是一些城市高等级公共活动中心区的发展规划，对城市或地区发展往往影响深远，其引发的关注程度、社会和舆论反响，往往也使其成为当时当地的关注焦点和标志性事件。

欧美发达城市和地区的公众参与机制已经相对成熟和完善，公众参与机制在公共活动中心区城市设计中的发展和落实，也对区内基于步行导向的城市设计起到良好的促进作用。如香港铜锣湾地区是香港重要的商业中心区之一，该地区商业设施和步行人流众多，人车冲突严重，公共和开放空间不足。为改善该片区的步行城市环境，香港规划署展开了铜锣湾地区步行环境规划研究，整个规划研究过程启动了公众参与程序。在公众参与活动中，主要的规划设想如优化行人环境，建设铜锣湾步行者天堂等都得到公众的支持。一些主要的步行改善措施，如在启超道设置全天步行道等具体设想也获公众认可。但启超道改为全天步行道的设想，仍需要与相关私人业主单位进行洽商，如要求一业主关闭原设于启超道的停车场，并调整相关的货运车路线等。同时，在轩尼诗道下设置地下通道，连接铜锣湾和时代广场的设想也获多数公众认可，但也有一公寓内业主，因担心地下通道施工干扰而反对该设想。同时，也有人士提出可探讨扩展轩尼诗道地下网络，结合地下商业建设彻底缓解区内人车冲突的设想。政府规划管理部门，对相关的公众意见都作了详细的解释和回应。公众参与肯定了规划部门通过轩尼诗道地下通道结合地下商业开发，吸引私人建构参与的价值，并意识到未来拓展这一地下商业及步行通道网络对整个中心区发展的潜在整合意义[30]。

我国目前许多公共活动中心区城市设计中，已经开始重视公众参与机制的建立，但实施效果并不尽如人意。如一些公共活动中心区开发中，缺乏常设性的公共活动中心区发展咨询和公众参与机制。相关发展规划、城市设计研究往往由政府或开发商委托专业规划设计机构制定完成，尽管相关编制单位在调研和规划过程中会进行必要的前期调查，了解相关业主或使用者的具体意见，但这种"公众参与"的广度和深度完全取决于规划编制单位的自觉性，并没有强制性的规定。同时，这种"公众参与"也是相对被动的，公众没有被有效地吸纳到具体的规划设计的过程中来，也没有日常有效的公众意见的传达机制。一些公共活动中心区在规划设计编制完成以后，会进行相应的公示和收集反馈意见，但由于公众对规划设计的过程和意图，缺乏深入的了解和沟通途径，这种事后求证的公众参与方式，所起的作用也就相对有限了。因此，与欧美城市的成熟实践相比，我国城市建设中公众参与的广度和深度还有待提高，公众参与的实施和运作机制有待进一步完善。

首先，基于步行导向的我国城市公共活动中心区城市设计运作，在强调政府宏观导控作用的同时，应进一步强化社区居民的参与和合作，提前化解公共活动中心区发展中可能存在的各种利益冲突和潜在矛盾。一些涉及社区居民利益的项目，必须得到社区居民的支持。公共活动中心区的各种发展规划和建设项目的决策，应有相关的公众沟通和协调机制。当地社区民众，对公共活动中心区步行城市生活的质量评价、问题及其改善，都有切身的体会，他们对社区步行环境改善的意见，应该得到尊重和重视。因此，基于步行导向的日常城市空间设计取向，公共活动中心区城市设计中，要求规划设计人员，能够深入社区，了解当地社区民众的意见和需求，并通过多层面的沟通和协调，使相关设计能够获得来自不同利益团体、不同阶层的意见和反馈。尽管具体的设计措施并不可能获得所有人的一致认可，对持反对意见的群体或个人，也需要仔细倾听其意见，设身处地地考虑其立场，并在落实和实施过程中，尽可能地照顾不同阶层或群体的利益，使基于步行导向的城市设计真正成为协调地方发展利益、促进各阶层沟通的一种发展润滑剂。

其次，基于步行导向的公共活动中心区城市设计运作，应鼓励和培育公共活动中心区内部各种民间组织和社团的发展。公共活动中心区，作为一个完整的城市生活单位，有可能基于共同的发展利益，形成各种公共活动中心区民间利益组织或团体。这些民间利益团体往往最了解公共活动中心区发展的实际状况和现实需求，对涉及公共活动中心区发展利益的方方面面也最为关注。因此，这些民间利益团体往往对内以公共活动中心区各项发展的协调者身份存在，对外则往往以公共活动中心区的利益代言人的身份出现，因而在落实公共活动中心区的公众参与机制方面往往扮演重要的角色。

一些公共活动中心区内部的社区协调和发展事务，如商业标识的统一管理、步行环境及设施的统一整治和维护、不同业主之间的纠纷协调等等，也可以充分发挥民间组织和团体的作用，推动以社区自治方式优化公共活动中心区发展。一些民间自发协商确定的公共活动中心区开发协议，由于是在相关利益主体充分协商的基础上形成，反映了公共活动中心区发展的共同利益和相关利益团体的共同意愿，因而往往能获得较大的认同感和执行度，对公共活动中心区的整体发展往往有较好的协调和约束作用。如英国在一些大都市中心区以及小城镇市集这种具有较强多样性的地方，公共活动中心区管理者被雇佣来协调各方面行动，扮演公共活动中心区的"看门人"的角色，提升市中心品质并将其投入市场运作，以及倡导城市改善的程序并使之付诸实践[31]。作为公共活动中心区对外的利益代言人，基于民间自发组织的协调机构，可以对公共活动中心区各项发展进行磋商，达成妥协和相互谅解，建立公共活动中心区内部发展相互沟通和协调的机制，并通过适宜的渠道，及时向相关政府管理部门表达社区意愿，充当社区民众和政府管理机构之间的桥梁，促进公共活动中心区发展的和谐和共赢。

最后，公共活动中心区城市设计和开发运作中，应保证政府决策过程的透明化，并提供更多的参与途径及技术配合，使普遍市民能充分理解中心区的城市设计理念、意图、运作程序和方法，让市民以各种形式能参与到中心区的建设中。同时也应设置常设性的公众参与和沟通机制，公众参与不仅仅是对公共活动中心区城市设计成果的公众展示和搜集意见，而是需要贯穿公共活动中心区建构的全过程。如在公共活动中心区发展策划和规划设计的初期阶段就需要充分与相关公众团体、社区组织沟通，听取相关利益团体的意见，明确区域内的主要问题和矛盾，才能有的放矢地寻找解决问题的答案。在规划设计阶段，应创造条件，使各种利益相关团体，包括居民、规划设计人员、政府、开发商等，能在一个平等的平台上讨论各阶段的设计成果。最后的城市设计成果也往往是多方参与、共同协商的结果，是集体智慧的结晶。同样，在规划管理和开发实施阶段也应充分保持畅通的公众沟通和协调机制。

（3）鼓励公私联合开发

在公众参与机制有待完善的背景下，我国当前的公共活动中心区开发中，政府和开发商无疑是举足轻重的影响力量。现阶段，我国多数城市公共活动中心区开发还是政府导向的，现有公共活动中心区的普遍开发模式是：政府掌握土地一级开发权，政府根据城市总体规划和经济发展的要求，确定公共活动中心区发展区位，进行基础设施建设等前期开发，变生地为熟地，再择机批租给开发商进行二级开发。这种模式有利于落实城市整体利益和公共活动中心区发展的公共目标，但同时也可能忽略了私有部门参与及合作的潜力。一些政府主导的公共活动中心区城市设计，往往超越了政府应该扮演的宏观导控角色，部分越俎代庖地行使了开发商市场决策的职能，如对公共活动中心区具体开发功能定位的主观设定，对公共活动中心区功能开发时序的理想安排等等。同时，由于政府在公共活动中心区整体开发规划的制定过程中缺乏与开发商的互动和与公众的沟通协调，政府的一厢情愿的发展设想与开发商对公共活动中心区开发的市场环境和自身发展利益的预期之间并不吻合，导致一些公共活动中心区实际发展与政府主观愿望错位甚至背道而驰的现象时有发生。

公私联合的开发模式，能充分发挥公共部门和私有部门各自的优势，实现公共活动中心区发展的双赢和多赢。一般而言，政府主导下的开发管理往往缺乏对市场发展和变化的敏感性，土地利用和空间资源使用决策容易与市场经济规律相脱节。而开发商具有丰富的市场运作经验和敏锐的市场触觉，以及专业化的开发运作和管理团队，但开发商往往缺乏对公共活动中心区公共环境和城市整体利益的关注和有意识提升的自觉意识。因此，公私联合的公共活动中心区发展模式，有利于相互之间取长补短，推动区内综合发展效益的最大化。如在区内功能、空间和交通发展的一体化整合中，公私联合开发具有独特的优势。轨道交通站点为地下步行系统带来持续不断的大量人流，为沿地下步行系统开发地下商业、娱乐和服务空间提供了可能。据调查，与轨道交通站点及其地下步行系统直接相连的单体建筑，其吸引的轨道交通人流量明显多于不与轨道交通站点及其地下步行系统相连的单体建筑，这也鼓励各单体开发主动要求与轨道交通站点及其地下步行系统相连。但由于地下空间的造价较高，与各单体开发建筑直接相连的地下步道，如果完全由政府投资建设并不现实，也不合理。因此，在轨道交通站点及其周边建设中，通过公私合作开发，由各单体开发商负责出资建设连接本地块和地铁站点的地下步行通道及其两侧商业设施，有利于轨道交通站点的公共投入和各单体建筑开发商的私人资本投入形成互补和互动。这种形式的联合开发，有利于加强轨道交通站点与各单体开发项目之间的地下步行通道联系，既为各单体开发项目带来源源不断的地铁人流，提高了各单体开发地块的土地价值和商业效益，也为轨道交通提供了更多的客源。同时，基于地下步行系统的地下商业、停车、服务空间的开发，也为城市带来额外的税收，增加就业人口，缓解城市地面的交通压力，有利于区内有限城市空间的发展潜力和效益的挖掘，使基于轨道交通站点的综合开发效益最大化。

在公共活动中心区公共空间建设方面，单纯依靠政府的公共投入远远不够，依托公私联合开发，可以有效解决公共活动中心区公共空间环境和设施投资不足的问题，如上海市普陀区太平桥片区开发中，政府和开发商达成对片区开发的整体合作协议，由开发商负责投资建设片区内部的公共空间——太平桥公园，其周边的部分土地则由开发商统一开发建设。此外，通过设立公共艺术基金，对特定片区的公共环境改善进行共同投资和统一运营维护等等，也有利于公共活动中心区内部环境品质的整体优化。在公共活动中心区全天候步行系统的落实层面，更是直接涉及公共步行系统与私有开发利益的关系，公私合作也显得至关重要。

公私联合并不意味着公私博弈的结束，而是公私博弈的一种更高的形式，即从传统的零和游戏转向共赢发展。同时，公私联合并不意味着把市场的发言权和掌握权完全放任给私有部门决定，政府管理部门应有相关的专业人才，使政府在与开发商的谈判中合理掌握公共与私有开发利益分配的平衡。一方面要从城市及公共活动中心区的整体利益出发，对开发商建设行为进行约束和限定，另一方面也要保证开发商合理的利润空间，保证项目的吸引力和开发商的积极性。因此，政府管理部门应有相关的规划、城市设计、交通、法律、金融、房地产运作、社会学方面的专才，根据对开发地点、项目性质和回报率的分析，平衡项目的社会效益、经济效益、环境效益，根据分析结果采取区别对待的公私联合和诱导政策，实现各方利益的共赢。

公私联合既强调充分发挥各自的优势和长处，也强调在公共活动中心区发展进程中的步调一致和紧密配合。政府在制定公共活动中心区发展计划之前，需要广泛深入地与私有开发部门沟通，了解私有开发部门的意见和潜在的投资意向，认真考虑和分析相关的发展建议，并结合公众参与意见，综合确立公共活动中心区发展的基本框架。这个框架既能保障政府整体发展意图的落实，也具有相当的灵活性。在随后政府主导的公共活动中心区发展计划制定过程中，仍然强调与私有发展部门的紧密沟通和互动，逐渐落实和深化公共活动中心区发展计划，这种合作和互动将存在于公共活动中心区发展的各个阶段。

当然，政府和开发商之间的公私联合，不能以公众参与的缺失以及公众和弱势群体利益的受损为代价。欧美城市的综合社区开发运作中，都非常重视三方利益主体之间的沟通、协调和互动。如为了满足综合社区开发的综合管理需要，温哥华发展了一种被称为合作规划的模式（the Cooperative Planning Approach），即管理人员、政治家、开发商和市民积极互动，各自充分发挥作用促进发展的一种模式。这种模式建立在一个高度自由的管理框架的基础上，它强调指引和激励胜过严格的规定，从而允许大量实时进行的学习和创新。规划程序分阶段地从大尺度和概念性逐步转向特定研究和控制。达成共识是一种持续不断的努力，相关事务总是尽量早地讨论和解决。在每个阶段都进行公众讨论，并尽可能强调其广泛性。公众和私人机构可以在一张圆桌上共同讨论设计中的实际问题。一般由政治家确定政策，并指定官员处理开发申请。政府的决定是最后的，并很少遭到上诉。最终的结果是，即使是最重要的都市开发项目，其重新区划的程序也很少失败。公众听证很平静，似乎所有的市民都对结果满意[32]。

（4）鼓励私人利益主体之间的开发协调

为推动公共活动中心区开发品质的提升和相邻开发效益之间的整合，公共活动中心区内部相邻土地业主或开发商等私人利益主体之间的联合开发，也是公共活动中心区步行城市环境发展整合的有效途径。在土地私有制的背景下，日本东京公共活动中心区的土地往往被细分为众多小业主地块的集合，限制了高土地价值地块的整体开发潜力。综合设计制度的设立，就是基于促进地块整合，提升城市环境和开发品质的目的。

按日本的城市规划法和建筑基准法的有关条例，属商业用途地域内的用地在建筑重建时，建筑面积率可以设计为 90%～100%，即从理论上来讲，在用地范围内可不留或留很少空地进行商业建筑的重建。这种规划法规，不利于城市中各种公共或开放步行城市空间的提供。为推进城市中心商业步行环境的改善，为行人尽可能多提供一些开放空间，日本建设省于 1970 年在修改建筑基准法时设立了综合设计制度。该制度规定，用地面积超过 3000 平方米的再开发工程，如果向一般市民提供部分开放的绿地、广场等开放空间，该用地可不受或放宽现行城市规划法设定的容积率、建筑覆盖率、建筑高度、墙面位置等规定的限制，同时奖励一定的容积率[33]。综合设计制度，鼓励了较小地块的集中开发，提高了城市中心土地的集约化利用水平，为市民提供了可观的步行城市空间，改善了城市步行环境品质。东京近年来的许多大型联合开发，如六本木新城等，都是综合设计制度引导下的土地集合开发的典型案例，并取得了良好的经济、环境和社会效益。

私人业主之间的联合开发，还包括商业街的商家或者相关民间机构自发的环境改善行动等等。这些自发的自下而上的环境改善行动，与政府自上而下的规划导控一样，都是公共活动中心区步行环境改善努力中不可或缺的一部分。

6.4.2 第三方协调机构的引入

在欧美公共活动中心区城市设计中，还有一种独立于政府、开发商及公众之外的组织——第三部门。第三部门团体是非营利性及半官方的组织，进行设计服务或担任中介与触媒的角色，有时他们也可以扮演开发者的角色[34]。第三部门可以协助尚没有设立城市设计组织的城市或大城市里不受政府重视的邻里或地区，向他们提供城市设计方面的服务或管理建议。比较特别的案例是纽约州的西莱卡斯市，政府没有设立城市设计组织，为此成立了由75位商业领袖组成的非营利性组织——都会开发局，共同讨论与中心商业区有关的问题。他们组成一个市中心委员会，公平地评估各产业每单位面积的价值，拥有立法通过市中心特别评议地区的权力。而在有固定的城市设计组织的城市，第三部门如果能和政府相互配合，也将促进政府城市设计工作的效率。如针对特别重要或复杂的城市设计课题，第三部门可以协助政府作相关研究，提供咨询意见，或对政府部门暂时难以顾及的地区或邻里提供城市设计帮助。在我国城市，类似的非营利性组织尚不多见，需要提供适当的政治、经济环境，培育类似组织的产生，但政府依然可以借助相关大专院校、政府体制范围内的研究部门，也可以鼓励非营利组织和民间团体的参与，协助政府职能部门、公众和开发商提高公共活动中心区城市设计工作的效率和实绩。

第三部门和私人开发商及民间利益团体的区别在于前者是非营利性组织，因而在城市设计方面的立场和出发点都有区别。第三部门在前二者之间起到联系和润滑剂的作用。在公共活动中心区的开发利益主体中，政府、公众和开发商作为当事人和利益主体，在公共活动中心区整体连续的开发中，往往需要一种有效的中间协调机构，作为三者之间沟通和联系的桥梁。第三方机构由于其利益中立性质，因而能在公共活动中心区发展的相关利益主体之间，起到有效的沟通和协调作用，并且能够在必要的时候，将相关的利益主体组织在一起，就公共活动中心区发展的重要议题进行全面深入的沟通和协调。这种公共活动中心区组织和协调机构，也能够在公共活动中心区发展的关键时刻，扮演重要的联合或推动的角色，促成基于公共活动中心区发展的共识，形成公共活动中心区发展的有关规章、条例，引导公共活动中心区的协调发展。

如美国新墨西哥州的Albuquerque市中心发展计划是一个强有力的第三方协调机构介入的成功案例[35]。该市中心前31版发展计划都是由市政府主导提出的，都因为没有获得有效的支持而失败。其后，一个由当地的社区和商业领导人组成的非营利的私人机构承担了提出市中心发展计划的任务，该机构命名为中心区行动小组（the Downtown Action Team，简称DAT）。DAT雇用了一家规划设计机构，并提出一个概念规划。相关的背景资料和信息的收集整理工作依靠政府相关部门、专业咨询公司等共同完成，同时也对大量的居民进行了调查和访谈，倾听他们对该区域发展的设想。这些前期研究工作为该规划的形成通过提供了强有力的支持。

随后，DAT召集了私人、公共和市政领导人及公共活动中心的土地拥有者等，他们共同讨论并研拟一个行动计划提交给市政当局。会议明确提出将市中心发展成为中等尺度的、以步行为导向的综合使用区域。战略规划提出：界定公共活动中心区的特色，增加就业，应对无家可归者的策略，发展公共活动中心区住宅，增加交通和停车设施，改善零售业的发展，建设一个文化、艺术、休闲区；与自然环境更好地联系；鼓励教育设施的提供等等。同时通过一个可能获得的公共活动中心和邻里发展项目的投资清单，鼓励邻里的发展。

在此基础上，一个被称为历史地区发展公司（Historic District Improvement Company，简称 HDIC）的发展联合体成立，该联合体包括 DAT，一个开发公司和一个非营利的组织。在三个月的时间里，一个总体规划逐渐形成，并通过复杂的审批，与社区团体、零售业主及政府官员的协商会议程序，一些重要项目的开发商或投资商也初步确定。

随后，HDIC 组织了一次为期四天的设计研讨会，大约有 1000 人参与了这个研讨会。经过公众评议和市长批准，最后通过了该总体规划。随后，HDIC 和每个开发商紧密合作，对每个项目的设计进行深入研讨并达成共识，保证其应有的建筑品质和经济合理性。所有的开发项目被最终综合到一个完整的交通中心规划中。即在这些发展项目的中央，在一个旧酒店的基地上，规划了一个联合运输转换中心。12 个混合用途的街区就围绕这个中心布局，其中包括一个 6 万多平方英尺的影剧院，4 万平方英尺的商业/办公空间和 90 个居住单元。其最终的发展目标是：10 万平方英尺的商业、350～500 个居住单元、5～9 万平方英尺的办公空间、一个舞台、一个新的市政市场和几幢教育建筑综合体。除了开发商的投资以外，一个慈善基金会提供了 500 万美元的资助，市政府和一个土地公司也承诺提供价值一千万美元的土地、停车和基础设施。DAT 的主席估计来自私人的投资达到 6 千万美元。而前期的总体规划程序耗资约 50 万美元。

这个案例启示我们，当地社区、公众和第三方私人机构的参与对公共活动中心区的形成是必不可缺的，只有得到公众和社区的认可和支持，并结合私人资本的参与合作，才有可能形成一致的目标、规划和行动计划，单凭政府及公共部门的美好愿望和一厢情愿的推动，不一定能与社区、公众和市场的真正需求相吻合。同时，这个案例也证明了一个强有力的发展组织和协调机构（本案例中的 DAT）在公共活动中心区发展的多方利益协调中所起的关键作用。一个高效的能融合公私部门、吸收社区和公众参与的发展组织和协调机构，也是实际运作过程中不可缺少的。该机构应该能够吸纳各方的领导人、公众和社区代表参与，并对公共活动中心区的发展进行有效的沟通和协商。

同样，在历时性的公共活动中心区城市设计推动和运作过程中，一个强有力的第三方协调机构也至关重要。公共活动中心区的城市设计是一个持续的过程，在公共活动中心区发展过程中各种情况都可能发生，基于公共活动中心区整体的发展目标，需要运用针对性的策略，来解决公共活动中心区具体开发中不同项目、不同利益主体引发的城市设计挑战。美国圣保罗旧城中心开发中的重要协调机构——旧城中心再开发公司（Lowertown Redevelopment Corporation），简称 LRC，就成功地应对了这种挑战[36]。LRC 是一个由城市发展银行、市场调查办公室以及毗邻地区规划中心组成的非营利性组织。LRC 和开发商、建筑师、政府官员、艺术家、企业家、媒体及公众合作，对旧城中心提出了"城市村庄"的发展纲要，并在项目开发进展过程中，采取多种方式和途径，以确保旧城中心城市设计目标的实现。LRC 利用多种方式影响公共活动中心区内各具体开发项目的城市设计质量，如通过与开发商的私下对话和通过建设性的意见来影响设计；在高梯大厦开发项目中，LRC 从城市设计的角度出发，希望该项目为一个中等规模的开发，但市长最后决策采用大规模开发，在此前提下，LRC 通过反复的沟通协商，并提供比选设计方案，引导项目的城市设计发展，并且在贷款合同中加入相关的设计导则（LRC 可以为项目提供贷款或贷款担保），以确保相关城市设计目标的实现；同时，LRC 聘请顾问与市政机构合作对旧城中心的候车亭、灯具及其他细节设计确立标准；LRC 在市长支持下，通过提供比选方案，与要求改变天桥选址和设计的开发商达成妥协，以保持旧城中心天桥系统的统一性和完整性，在这个案例中，LRC 成功扮演了调停人的角色；LRC 通过与多部门、专家和艺术家合作，重新规划设计并实施了旧城中心的核心开放空间——米尔斯公园，并通过影响公众舆论，避免了历史保护建筑白鹤大厦的被拆除。类似的案例还有很多，这些案例说明 LRC 成功地运用针对性的策略，在旧城中心发展中扮演积极的协调角色。

LRC 的成功经验启示我们，在公共活动中心区建构过程中，需要有强有力的城市设计组织和协调机构，美国大型城市开发项目中引入第三方协调机构的经验值得我们借鉴。由于第三部门的非营利性组织特征，使它能够在政府、开发商、公众及社区利益团体之间，扮演积极的沟通和协调角色。同时，在公共活动中心区持续性的城市设计发展过程中，需要各种协调机构能够在不同的具体项目中，灵活地采取有效的协调和应对策略，并最大限度地争取公共活动中心区开发中相关各方的支持和合作。我国城市公共活动中心区的开发建设和历时性发展中，也可以借鉴欧美城市公共活动中心区发展的经验，逐步引入类似的公共活动中心区城市设计组织和协调机构。

6.4.3 激发基于步行城市生活联系的触媒联动

"触媒"是化学中的一个概念，它在化学反应中的作用是改变和加快化学反应速度，而自身在反应过程中不被消耗。"触媒效应"即是触媒在发生作用时对其周围环境或事物产生影响的程度[37]。

基于公共活动中心区内步行城市生活发展的邻近性和联动性发展特征，公共活动中心区的开发中，良好的步行联系网络的拓展，以及特定开发项目带来的步行城市生活活力的增加，都有可能形成区内基于步行城市生活联系的发展触媒。在相关发展触媒的催化效应以及适当发展时机的推动下，公共活动中心区的发展，可能从一个街区的改造复兴开始，也可能从若干街区之间功能和空间联系的改善入手。再由近及远，通过滚动式的连接、完善和带动，逐渐扩展到整个公共活动中心区范围，形成基于步行城市生活触媒的公共活动中心区发展联动。

因此，基于步行导向的公共活动中心区发展，有必要充分利用各种潜在的步行城市生活触媒激发公共活动中心区联动发展，引导公共活动中心区历时性的动态发展和演进。

触媒联动策略是一种综合的发展策划和城市经营策略，它建立在对公共活动中心区发展的全面了解和对触媒作用机制的准确理解和判断的基础上。公共活动中心区发展中主要的步行城市生活触媒包括：

（1）轨道交通站点和其他快速公交枢纽

由于轨道交通带来的高可达性，使居住、商务、文化、娱乐、商业等各种城市设施自发向轨道站点集中，形成站点周围的高密度开发，并带动基于轨道交通站点的步行城市生活的发展。一般认为，在公交枢纽站点周围 200 米范围内，为 TOD 发展模式的步行城市生活核心区；在公交枢纽周围 500 米范围内，核心区以外，为 TOD 发展模式的步行城市生活影响区。基于 TOD 的发展理念，公共中心的主要步行城市生活，应在围绕交通枢纽的步行核心区内展开；从步行核心区向外，步行城市生活的频率、强度以及活力也逐步降低。因此，轨道交通站点是公共活动中心区步行城市生活触媒作用的典型例子。

（2）公共设施/标志性建筑作为触媒

一些高品质的公共设施/标志性建筑的开发，能够明显地提升公共活动中心区的知名度，带动地块周边的开发，提升整个公共活动中心区的土地价值和开发品质，以及步行城市生活的发展。一些标志性建筑的影响可能不仅仅是城市性的，甚至是全球性的，如西班牙毕尔巴鄂的博物馆，已经吸引了全世界的游客，带动了毕尔巴鄂整个城市的复兴。以标志性建筑作为一种城市发展触媒的策略，在后工业城市发展背景下得到越来越多的青睐。一些城市往往希望以标志性开发作为推动城市以及公共活动中心区知名度提升，促进经济发展的一种城市设计手段。

能够发挥触媒作用的标志性开发项目，必须具有足够的容量以带动相关功能的积聚，同时也需要高标准的设计和建设质量，作为后续开发的范本；同时以其鲜明的空间、建筑形态和环境景观特色，迎合当代公共活动中心区的休闲化、游憩化发展的趋势，或多或少地扮演了一种视觉或文化商品的角色。

（3）良好的公共空间和自然景观资源作为一种触媒

在高密度的城市发展环境背景下，良好的自然景观资源，既是开发项目获得推动的重要原因之一（如滨水地区的综合使用开发），也往往成为公共活动中心区城市生活可资利用的重要资源。同时，在公共活动中心区整体规划设计中，充分利用既有的自然景观资源，或者通过创造新的开放生态空间，以及连接既有的城市开放空间网络，都成为公共活动中心区提升环境品质，增强发展竞争力的重要手段。如美国纽约高线公园建设（图 6-35），通过将废弃高架铁路改造成为线性城市公园，为市民和游客提供了全新的高架步行开放空间，以及欣赏纽约城市景观的全新视角。高线公园的成功建设对周边地区城市发展带来明显的触媒效应。根据相关研究，2010 年高线公园沿线三分之一英里范围内的房产价格比高线公园建成以前增长了 10%，仅此项带来的房产税增值部分，就足以覆盖政府在高线公园项目上的相应投入。该项目的经济和社会效益还远不止此。至今我们在沿线仍能看到众多新的改造或再开发项目，包括邻近 34 街入口处正在施工的新中城商业发展项目——"哈德逊庭院"项目。这些新开发，给城市和周边社区带来新的财富效应，并成为激发城市新一轮发展的触媒。美国其他一些城市，如芝加哥、费城、底特律等，也开始考虑借鉴高线的模式，进行废弃的工业设施，尤其是铁路设施的改造性再利用实践。

（4）公共投资作为一种触媒

一些重要的公共投资项目，如公共活

图 6-35　美国纽约高线公园
来源：自摄

动中心区公共配套设施改善，重要的文化、市政设施的引入，都会对公共活动中心区的发展带来长远影响。一些高等级的城市公共设施，如文化、体育和休憩设施的建设，往往有可能成为公共活动中心区发展的动力和契机。因此，这些公共设施的选址和建设投入，已经成为带动特定城市公共活动中心区发展的重要策略之一，可以视为引导城市发展的关键"棋子"。但如果棋子运用不当，也无法发挥其触媒作用。如我国一些公共活动中心区，往往形成高等级城市文化、体育、行政等公共职能和设施的相对集中布局，这些公共资源的相对集中建设，具有典型的政府行为特征。由于缺乏功能混合的意识，我国一些行政中心、文化中心或体育中心的建设，往往存在功能单一，相关功能配套不足，公共活动中心区活力不尽如人意的问题。同时，由于这些公共设施多是由政府投资兴建，缺乏市场意识和经营意识，往往导致设施建成后经济效益偏低，维护费用偏高，政府每年需要投入大量的财政补贴维持这些设施的正常运营，这对于公共活动中心区的可持续发展不利。在市场经济转型背景下，一些城市政府已经逐渐意识到，需要通过有效的规划控制和引导，来实现这些公共投资效益的最大化。如深圳福田公共活动中心区规划中，北公共活动中心区初期规划中以文化、行政设施为主导，在后期的规划建设过程中，经历了多次调整，如在公共活动中心区周边增加居住组团以及商业办公楼宇，并在公共活动中心区中轴线上增设的书城项目中，有意识地引入了相关的商业服务配套，使该中心公共活动中心区功能单一的格局趋于改善。

公共投资作为一种触媒，不仅仅局限于大型的、高等级的城市公共职能和设施的建设。中心公共活动中心区内部公共环境和基础设施的改善，也同样视为一种发展触媒。如对公共活动中心区公共空间环境的投入和对公共活动中心区公共艺术的投资等等，都会对公共活动中心区的发展带来良性的影响。法国政府规定，要把公共建筑投资的1%拨给受委托的艺术家，进行环境设计的创作，即有名的"1%"政策。这项政策，不仅体现出政府对公共空间环境的重视，也从经费上保证了环境艺术设计的实施，同时为建筑师和艺术家建立了良好的合作机制，从而创造出很多富有魅力的新型城市空间。德方斯就受益于这一政策，区域内随处可见的艺术品，众多的公共文化设施，以及经常举办的各种高水准的文化、艺术活动，使德方斯发展成为巴黎重要的文化艺术中心。而西雅图公共艺术委员会一直以"公共艺术计划"（public art project）替代"公共艺术品"（public art object）的单一操作模式。通过配合不同部门或主题的城市公益活动，让艺术创作的过程和成果都值得市民参与分享和体验，而参与行动也不只是市民对艺术作品的欣赏和品评，更多地希望市民能亲身融入到作品的环境和氛围当中。如百老汇街上镶在人行道的各种"舞步"，每隔一两条街就会引诱行人在街上翩翩起舞[38]。

基于步行导向的公共活动中心区城市设计运营中，推动公共活动中心区步行城市生活发展的开发设想可能很多，潜在的发展触媒可能性也很多。在发展触媒的选择过程中，政府往往缺乏市场的敏感性，而开发商只关注于局部项目的利益，难以自觉地从公共活动中心区整体发展角度考虑，公众和公共活动中心区利益团体可能更多地关注公共活动中心区切身和现实问题的解决；因此，触媒的选择和确定往往是多方参与、反复协商和沟通的结果。如在 Albuquerque 市中心发展计划的案例中，与前 31 个规划相比，第 32 个规划不仅可行，而且获得了公众、私人和社区的支持，并得到市议会的批准。究其原因，除了多方利益主体的参与及合作以外，还有一个重要原因是发展触媒的准确选择。前31个规划都试图寻找一颗"神奇的子弹"（magic bullet），如一个会议中心或者市政广场。但公众和当地的社区认为，答案应该是一个复杂的、多面向的开发。同时，前31个规划都是以公共投资为主导的，第32个规划则包含了私有资本，它们来源于社区，这才是真正的"神奇的子弹"[39]。

总之，触媒是激发公共活动中心区步行城市生活形成和发展的催化剂。各公共活动中心区的历史发展背景及现状条件互异，所处的发展阶段不一，导致公共活动中心区形成的触媒也呈多样化。在公共活动中心区城市规划设计中，应有意识地设置可能激发公共活动中心区步行城市生活形成和发展的触媒。触媒的良好作用，不仅仅在于触媒类型的准确选择，还在于对触媒作用时机的把握。通过引入适宜的发展触媒，并对其作用时机进行适宜的把握或诱导，就有可能激发公共活动中心区发展联动性的形成和拓展。每一项新的发展，都对既有的开发起到了新的支持和活化作用，同时也可能给公共活动中心区发展带来新的机会，并进而联合起来，在新的方向上产生新的联动发展效应。在良性的联动发展的循环往复中，公共活动中心区内部各种发展之间，逐渐形成紧密交织的互动网络。

6.5 本章小结

本章基于步行导向的综合城市设计内涵，提出基于步行导向的公共活动中心区城市设计目标和原则，随后，本章从多维度整合、多层次整合以及多方利益整合的视角，分析公共活动中心区基于步行导向的城市设计整合策略。

多维度城市设计的整合，是对公共活动中心区与步行城市生活相关的功能、空间、交通、人文以及历时性发展等不同维度要素之间的综合互动研究。多维度城市设计要素在基于步行导向的城市设计整合中，更强调相关要素支持步行城市生活的相互支持和协调，以及相关要素在公共活动中心区基本发展单位——街坊/地块以及单体建筑内部的相互衔接和渗透，鼓励将城市功能、空间、交通以及公共步行活动引入基本发展单位内部，避免各发展单位的自我封闭和各自为政的发展，从而提升公共活动中心区基于步行城市生活的综合发展效益和活力。

多层次的城市设计整合，着重分析公共活动中心区不同层次城市设计的衔接和互动反馈，以强化相关城市设计成果的落实。多层次整合涉及基于步行导向的城市设计整体架构的确立，相关城市设计成果的动态调整和反馈，以及相关城市设计成果的微观落实等等。本章分析了基于步行导向的公共活动中心区城市设计发展和运作的全过程，并提出相应的综合的城市设计和管理策略。

多方利益的整合，主要分析基于步行导向的公共活动中心区城市设计成果落实中涉及的各方利益之间的沟通、协调和整合，是基于步行导向的城市设计成果落实的基本前提和保障。政府、公众和开发商作为区内基于步行导向发展的主要利益相关方，需要通过公众参与、公私合作以及私有开发主体之间的协调与合作，共同推动区内步行城市生活发展的综合效益，同时也应加强政府管理部门之间的相互协调。而第三方机构，作为一种非营利性质的中间组织和协调机构，在前述三方利益主体的协调和整合之中，可以扮演更有效的协调者的角色，推动公共活动中心区基于步行导向的城市设计成果的落实和完善。最后，基于区内步行城市生活的发展的邻近性和联动性特征，提出公共活动中心区基于步行城市生活联系的触媒联动策略。本章结构详图 6-36。

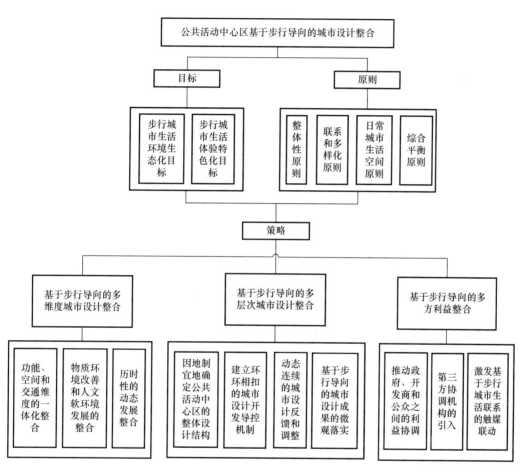

图 6-36　本章基本框架

本章注释

[1] 龙固新主编. 大型都市综合体开发研究与实践［M］. 南京：东南大学出版社，2005：210。

[2] 卿洄. 大范围城市设计中的规划控制［J］. 规划评论，2004，(4)：28-33。

[3] 庄惟敏. 关于北京 CBD 规划的几点疑虑和建议［J］. 建筑学报，2001，(10)：28-29。

[4] Urban Redevelopment Authority，Singapore Government. Downtown Core Area Planning Report，1996：36。

[5] 理查德·马歇尔，沙永杰编著. 美国城市设计案例［M］. 北京：中国建筑工业出版社，2004：2。

[6] 同［1］，p212。

[7] 同［5］，p3。

[8] 同［5］。

[9] ［英］Matthew Carmona Tim Heath TanerOc et al. 城市设计的维度：公共场所－城市空间 [M]. 冯江，袁粤，傅娟等译. 百通集团：江苏科学技术出版社，2005：202。

[10] 同 [9]，P202。

[11] ［加拿大］简·雅各布斯. 美国大城市的死与生 [M]. 金衡山译. 南京：译林出版社，2005，P307。

[12] 同 [9]，P195。

[13] 杨小迪，吴志强. 波茨坦广场城市设计过程评述 [J]. 国外城市规划，2000，(1)：40-42。

[14] 上海陆家嘴（集团）有限公司编著. 上海陆家嘴金融公共活动中心区规划与建筑——国际咨询卷 [M]. 北京：中国建筑工业出版社，2001：107。

[15] 李和平. 城市设计的可操作性探讨 [J]. 华中建筑，2002，(02)：79-81。

[16] 参要威. 温哥华滨水区复兴的策略机制 [J]. 建筑知识，2006，(5)：13-17。

[17] 同 [9]，p243。

[18] 同 [9]，p247。

[19] 同 [9]，p247。

[20] 同 [9]，p241。

[21] 叶明. CBD的功能、结构和形态研究 [D]. 上海：同济大学，1999：75。

[22] 李少云. 城市设计的本土化——以现代城市设计在中国的发展为例 [M]. 北京：中国建筑工业出版社，2005：161。

[23] 聂耀中. 重新开发再发展项目——中航城地区的最佳规划和设计实践 [J]. 世界建筑导报，2005，(增刊)：78-80。

[24] 哈米德·胥瓦尼. 都市设计程序 [M]. 谢庆达译. 台北：创兴出版有限公司，1990：96-97。

[25] 同 [23]。

[26] 赵勇伟. 大中型城市CBD综合使用街区单元城市设计 [D]. 广州：华南理工大学，1997：100-101。

[27] 韩冬青，冯金龙编著. 城市、建筑一体化设计 [M]. 南京：东南大学出版社，1997：104。

[28] An Introduction to Urban Design [M]. New York：Ledgebrook Associates Inc. 1981，p96-99。

[29] 同 [28]，p 256。

[30] http://sc.info.gov.hk/gb/www.pland.gov.hk/p_study/prog_s/pedestrian/index_chi.html

[31] 同 [9]，p 256。

[32] "Living First" in Downtown Vancouver, By Larry Beasley，温哥华市政府官方网站。

[33] 胡宝哲. 东京商业中心改建开发 [M]. 天津：天津大学出版社，2001：53-54。

[34] 同 [24]，p 213。

[35] http://www.specialtyretail.net/issues/january00/downtown dynamics.htm

[36] 中国城市规划设计研究院，建设部城乡规划司主编. 上海市城市规划设计研究院第五分册主编. 城市规划资料集第5分册城市设计（下）[M]. 北京：中国建筑工业出版社，1998：410。

[37] 金广君. 城市设计的"触媒效应"[J]. 规划师，2006，(10)：22。

[38] 康旻杰. 西雅图——"都市村落"的规划与实践 [J]. 建筑师（台湾），2003，(10)：58-65。

[39] 同 [35]。

第 7 章

公共活动中心区基于步行导向的城市设计展望

随着我国城市经济水平的持续稳定发展，以及城市产业结构的逐步提升和转型，公共活动中心区作为城市产业和空间结构发展转型的一个集中窗口，也在功能形态、空间结构及人文发展等方面，越来越多地体现出后工业化城市中心发展转型的诸多特征。

首先，公共活动中心区内的功能类型将日趋多元化，功能发展也将更趋复合化和平衡化，如职住平衡、商业办公与休闲娱乐功能的平衡等，公共活动中心区更多地转变为一个面对面的交流、娱乐、休闲活动集中地。其次，随着人们对生活环境品质的要求不断提高，未来的公共活动中心区空间环境将更趋人性化和生态化，其空间体验也更趋丰富、多元化；区内的人文特色发展也将更加鲜明。最后，随着城市公共交通网络的进一步发展和完善，公共活动中心区内外交通组织将更趋高效，大容量公共交通支持将逐渐成为普遍现象；内部交通网络更趋于一体化。与此同时，公共活动中心区未来发展也面临诸多挑战，如信息化/网络化发展和由此带来的虚拟网络空间竞争，是否会削弱公共活动中心区空间对步行者的吸引力？其次，持续的高强度集聚发展与可持续城市环境品质之间的矛盾如何解决？最后，公共活动中心区基于步行可达范围的集聚发展与基于大容量公交网络的网络化发展如何平衡？这些新问题，新趋势，也将带动公共活动中心区城市设计的新发展。

步行导向作为公共活动中心区城市设计的一种综合理念，也将顺应公共活动中心区的未来发展和转变趋势，在多维度、多层次的城市设计层面不断探索新的模式和策略，引导和推动公共活动中心区步行城市生活的持续发展和繁荣，进而推动步行城市的建构。以下尝试对我国基于步行导向的公共活动中心区城市设计发展趋势作初步的分析和展望。

7.1 强化基于步行可达尺度的集核化发展

基于步行导向的城市设计理念推动，公共活动中心区的各种功能和空间发展，可以依托步行城市生活进行高效集约的布局。因此，依托高强度基础设施的步行可达范围内的高度集聚发展，将是未来城市中心可持续发展的趋势；这种趋势也相应带来高强度的步行城市生活需求，由此产生的多元化城市生活体验，可以在信息化虚拟交流空间竞争背景下，确保公共活动中心区仍能成为吸引多样化、多层次人群汇聚的日常城市生活空间。

这种步行可达范围内的高强度集聚化发展，将使公共活动中心区无论在空间形态、功能强度以及基础设施利用等方面，都形成明显的集核化发展趋势。具体表现在以下几个方面：

7.1.1 高层建筑的集群化布局

所谓高层建筑的集群化，是高层建筑在特定城市区段范围内高度集聚，形成明显区别于周边城市区域的垂直集中城市轮廓线的发展现象。公共活动中心区往往是高层建筑集群化布局的主要城市节点之一。在不影响城市总体形态控制、历史文化环境保护要求以及内部城市生活环境品质的前提下，高层建筑在公共活动中心区的集群化布局，可以形成相对集约紧凑的发展，提高城市基础设施的集约化利用效率，避免高层建筑在城市范围内四处开发的无序格局。因而，公共活动中心区高层建筑的集群化发展，无论对区内的紧凑集约增长，以及城市空间形态的总体有序，都有其积极的意义。

高层建筑的集群化，以及持续的高层建筑高度竞赛，使一些城市公共活动中心区不断长高，增密，也使大量的垂直交通与水平交通转换节点化，公共化，城市化。尤其是一些超高层办公楼，每天可能有上万人出入，在交通转换节点会形成大量人流、物流的集聚，对城市水平交通组织产生的冲击可想而知。因此，随着高层建筑的集群化，公共活动中心区内部各种功能、交通和公共空间组织的立体化也将日趋显著，未来公共活动中心区的高层建筑集群化、立体化开发将更强化公共活动中心区内部整体或单体开发之间的各种水平和垂直联系，以满足集核化背景下的公共活动中心区综合运作效率。

7.1.2　公共活动中心区地下空间的深层次网络化利用

当前我国城市公共活动中心区地下空间的利用，基本还处于浅层利用层次；同时，相邻开发的地下空间之间，大都缺乏连通，不成网络和体系，难以体现出地下城市空间的集约化利用效益。未来随着我国城市公共活动中心区集约化发展程度的进一步提高，对公共活动中心区地下城市空间利用潜力的挖掘将是大势所趋。对公共活动中心区地下城市空间进行集约化利用的发展趋势，主要表现在以下可能的方向：

（1）地下空间土地利用类型趋于综合

未来地下空间的土地利用将趋于复合化，表现为从传统的停车、商业、市政设施空间，逐渐向综合娱乐、文化、商业、停车、交通集散和换乘空间、公共通道和防灾网络等复合化功能发展；尤其是围绕公共活动中心区的地铁换乘站，将会形成集合多种功能性设施的地下综合体，而且地下综合体的规模日趋扩大，功能趋于复合、齐备；同时，地下和地上空间的运作也将日趋协调，如通过大尺度、垂直的共享化中庭，可以使地下和地面，乃至地上的中庭空间融为一体，加强多层次空间和功能的立体化交通联系。

（2）地下空间利用趋于网络化

未来公共活动中心区地下空间的发展趋势是形成相互连通、联系更为紧密的地下城市网络。如利用地下公共步行系统，以及地下道路系统，将多个地下空间设施加以连通，并与地铁车站和大型地下综合体相连，形成地下空间利用的网络化发展趋势。如蒙特利尔地下城，就是一个典型的实例，也被公认为一种城市地下空间综合开发利用的理想模式。

（3）地下空间利用趋于深层化

地下空间利用的层次主要包括浅层、次浅层、次深层以及深层地下空间。其中，浅层地下空间：位于地下 10m 以上，是人员活动最频密的地下空间；次浅层地下空间：位于地下 10~30m 之间；次深层地下空间：位于地下 30~50m 之间；深层地下空间：位于地下 50~100m 之间[1]。当前国内城市公共活动中心区地下空间利用，主要集中在浅层空间。欧美及日本等一些发达国家城市，其公共用地（道路、广场等）的地下空间资源已在地表以下 50m 范围内得到较为充分的开发利用。因此，在地下空间资源挖掘方面，我国公共活动中心区仍有巨大的挖掘潜力。

7.1.3　公共活动中心区支持系统的高效集约化运作

各种土地利用和空间发展的高度集聚，对公共活动中心区的环境承载力提出了更高的要求。为适应高强度的城市节点发展需要，同时减少公共活动中心区发展对城市环境的负面影响，一方面强调高效的大容量公共交通网络的支持，另一方面也强调充足的城市市政基础设施和服务配套的支持，以及相关基础和能源设施的高效集约利用。

基于对公共活动中心区开发的高容量、大规模集聚发展趋势，也需要公共活动中心区配备高效的能源运作系统，以及强有力的公共交通和市政配套支持设施。

（1）高效舒适的大容量公共交通工具的支持

未来随着全球能源紧缺矛盾的持续恶化，各国对公共交通的投入也将持续增加。配合公共活动中心的集核化发展趋势，公共活动中心区将获得更多、更快和更舒适的大容量公共交通工具的支持。当前许多国家和地区都在发展城市群以及区域之间的快速城际轨道交通系统，这些高效、快捷、舒适的城市间轨道交通，将进一步拉近各城市及其主要的公共活动中心区的距离，再配合城市内部的轨道交通网络以及其他公交网络，可以实现不同等级、不同城市间公共活动中心区之间的便捷和网络化联系。同时，在各种公交支持政策的推动下，使用公交的成本也有可能逐步降低，公交将成为人们到达公共活动中心区的主要交通方式。

此外，在公共活动中心区内部的交通系统规划方面，更强调多种交通方式之间以及其与步行交通之间的点对点的无缝连接，使公共活动中心区内部的人流、物流和车流，能够以最短的路径和最高的效率进行转换。

（2）市政基础设施的统筹安排

通过市政基础设施的统一安排和建设，可以优化市政基础设施布局，节约市政基础设施的占地空间，同时，提高市政基础设施的运作效率，支持公共活动中心区的高强度发展。未来公共活动中心区的市政基础设施，将逐步实现市政管线的管廊化，运用高效的综合管廊系统、综合垃圾传送系统、地下能源储备系统、完整的城市防灾系统等等，提升公共活动中心区的基础设施运作效率。

（3）能源系统的高效、集约化运作

都市公共活动中心区是典型的消费型城市生活空间单位，作为一个耗散结构体系，它需要不断地从周围城市环境中输入物质、能量和信息才能够正常运作。在高密度开发的背景下，公共活动中心区的生态资源保护和能源消耗成为影响综合公共活动中心区环境的主要环节之一。未来公共活动中心区的开发建设和运营，将更注重总体环境足迹的概念，强调公共活动中心区运作的自我能量平衡，即通过公共活动中心区能源消耗和产出的平衡，尽可能将公共活动中心区运作中产生的污染物在单元内部循环利用，自我消化，形成一个相对稳定的生态循环系统，提高公共活动中心区的自我平衡和发展能力。要实现这一目标，需要对公共活动中心区能源系统及其运作进行统筹规划和集约化运作，运用现代科学技术，提升区内能源系统的整体协调和运作效率，达到节约能源、降低污染、提高效率的目的。在充分、高效利用自然和环保资源的同时，尽量减少资源的消耗和污染物的产出。如德国柏林波茨坦广场开发中，各地块内的建筑改变传统各自为政的做法，统一使用由柏林比瓦柯能源公司伯瓦格（Bewag）中心地区能源站用最先进的热电混合技术生产和提供的中央采暖、冷气和电力，其二氧化碳释放量与传统的能源供给方式相比减少七成[2]。

总之，基于集核化的发展趋势，未来城市发展中的公共活动中心区，倾向于通过各种城市公共职能和设施的高度集聚，形成高效立体集聚的步行城市生活"核"。集核化是公共活动中心区步行城市生活发展集约化、立体化和网络化共同作用下的趋势表现。集核化不仅体现在内部功能和空间的立体化集聚方面，也体现为内部运作的集约化和高效率。同时，基于后工业社会转型背景的集核化并不是高强度职能的简单、物理化集聚，而是在高技术、可持续发展背景下的高效益集聚。

7.2 推动公共活动中心区基于步行导向的生态化发展

在基于步行可达尺度的集核化发展趋势下，如何在有限的生态资源条件下，既满足和完善城市功能，又改善居住和工作环境，同时最大限度地保护生态资源和自然环境，实现高密度紧凑发展基础上的生态化，是未来步行导向城市设计面临的主要挑战之一。

7.2.1 鼓励和强化可持续生态设计策略

未来的公共活动中心区将鼓励并且强化区内可持续、生态化的规划和建筑设计理念及策略。基于可持续的规划设计理念，探讨在有限的城市发展空间内部如何高效容纳尽可能多的生态功能并合理布局，强化区内各种生态资源之间的相互支持和联系互动，创造公共活动中心区内部生态化的自然或人工生态环境网络等等。

在开发建设过程中注重各生态系统之间的内在协调发展，保障各种生态流的连续和畅通。如通过紧凑化、叠合化的公共活动中心区空间布局，在有限的城市发展空间中最大限度地保护自然绿色生态空间，提升环境品质；通过公共活动中心区立体化、多层次的绿色和开放空间营造，形成生态产出和效益，改善公共活动中心区综合城市环境品质；在公共活动中心区单体开发建设中，结合市场目标和经济可行性，鼓励环保节能建材的运用，运用综合的设计手段，加强建筑群体的自然通风、采光、节能、防噪设计，采用环保、节能的施工组织和施工技术等等。

当前欧美一些城市的公共活动中心区开发中，已经开始相关的探索和实践。如柏林波茨坦广场中心区从总体规划、单体建筑设计到环境、能源系统的设计，都有生态、节能和环保方面的整体考虑。在单体建筑的设计中，通过各种生态、节能措施的应用，建筑的平均耗能降低，有效地减少了高密度综合城区的热岛效应。如皮亚诺设计的德比斯公司采用双层立面，外层立面的玻璃板角度可以调节，从而达到调整建筑不同部位的窗户承受的风压力，减少噪声，改善自然通风和采光的效果。皮亚诺还在立面上大量使用了生态型的陶瓦饰面。据统计，各种生态措施使波茨坦广场戴姆勒·奔驰区块的建筑与全空调建筑相比，能源消耗减少了一半。同时，地块内19幢建筑都设置了专门系统，收集约5万 m^2 屋面上接纳的雨水，用于建筑内部卫生洁具的冲洗、绿化植物的浇灌以及补充室外水池的用水。同时该区在规划设计之初，就充分考虑了未来大规模施工运输和原材料组织，如在施工现场附近设置集中的混凝土供应基地，对开挖土方尽可能采取水运和铁路运输，以最大限度地减少对城市环境的干扰。未分类的建筑垃圾也通过铁路运输送到附近的分类工厂，将建筑垃圾进行分类、回收和最大限度地再利用（图7-1）。由于波茨坦广场紧邻历史悠久的市政公园——"the Grosser Tiergarten"和一些历史性建筑，规划管理部门要求公共活动中心区建设中损失的树木，要以同等数量在公园内重新种植。同时，柏林的水务部门会同政府相关管理部门，对公共活动中心区的地表水资源处理提出了严格的标准，如建设对相邻绿地地表水高度浮动的影响不能超过1m，并要求所有开发商协同执行。公共活动中心区的供热、供冷等能源系统以及电信网络系统都经过精心的整体设计，有利于能源在公共活动中心区内部的整体、高效利用[3]。欧美城市最新的一些公共活动中心区开发计划，更是将大尺度开发可能带来的潜在生态和环境影响，作为评估综合开发可行性的先决条件。如尚处于计划程序当中的温哥华福溪东南岸综合社区（Southeast False Creek，简称SEFC）开发，就对区内未来开发建设的生态环境影响进行了多层面的研究和评估[4]。

　　总之，通过公共活动中心区从设计到开发建设乃至运营层面的生态化发展努力，可

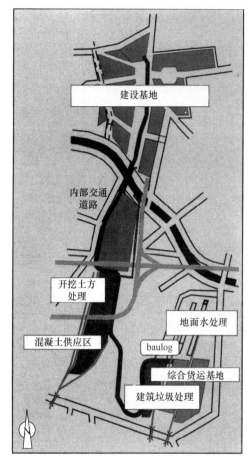

图7-1　波茨坦广场开发中的施工服务组织示意图
来源：《Info Box-the Catalogue》，p. 278

以有效地减少公共活动中心区对城市的综合发展负荷，同时，利用生态化发展模式挖掘公共活动中心区集约化发展潜能，提高公共活动中心区土地、空间资源利用效益。随着城市生态化发展技术的不断提升，以及基于公共活动中心区整体的生态化运营意识的增强，未来公共活动中心区开发运作的生态化趋势将更为明显。欧美城市公共活动中心区生态化发展的经验也表明，政府的节能、环保和税收等相关政策的配合，也有利于推动公共活动中心区的生态化建设运作的持续化、长效化。

7.2.2　推动公共活动中心区微观生态环境的精致化提升

　　公共活动中心区的集核化发展趋势，需要建立在良好的公共空间环境品质塑造的基础上。缺乏良好环境品质的集核化发展，并不能带来公共活动中心区步行城市生活及其活力的提升。只有依托高品质生态化的综合城市环境，才能形成高强度集聚发展与区内步行城市生活活力的相互支持和有效互动。未来公共活动中心区发展，在提升集聚效益的同时，也将非常注重公共活动中心区空间环境的生态化和精致化发展。这其中既包括对区内大尺度生态景观的精细化设计，如深圳前海中心区基于总体城市设计概念对生态

图 7-2　深圳前海中心区指状景观廊道
深化设计研究
来源：前海湾滨海休闲带及水廊公园景观
详细规划. 2012 年

指廊系统的多层面、专题化景观设计研究（图 7-2），也包括对小尺度开放空间和环境设施的精雕细琢。

7.2.3　鼓励公共活动中心区开发运营的生态化转型

随着各种功能和空间发展集聚强度的提升，未来公共活动中心区各项开发及其运作的复杂关联程度也将不断增强，同时，公共活动中心区整体、高效和网络化的空间联系和交通组织，也需要对区内各项开发运营进行更为精细化的整体控制，以达到节约能源，减少污染，提高效率的生态化运营目标。因此，未来公共活动中心区开发建设及运营的生态化、一体化趋势将更为明显。运用现代的信息网络技术，对公共活动中心区整体的公共空间系统、基础设施系统以及城市防灾系统等实时跟踪、动态调节和持续管控，实现智慧型城市中心发展目标。

7.3　引导公共活动中心区基于步行导向的网络化发展布局

后工业社会是继工业革命以后人类社会发展的又一次革命。以知识经济和信息技术为代表的后工业城市，无论在城市功能、生活方式和空间使用方面，都在逐渐发生革命性的转变。城市结构趋于网络化、多中心并存。公司的小型化，将产生更加多元的、个性化的需求，更多的人倾向于在小公司发展，而不是传统的稳定的大集团。后者更多地依赖大规模的办公空间，即传统的 CBD 区域；前者使就业地点的分布更加均匀，散布于城市各地。因此，以中心区为起点或终点的集中交通流量逐渐转变为均匀地分布在城市各个区域和各个时间段，使城市道路得到更可靠、更均衡、更高效的使用。更为细致和更为多变的城市肌理将产生对那些相互联系而不是相互隔离的文化活动和市政服务的需求。这些倾向为围绕紧凑的和生态上可持续发展的社区规划城市的做法提供了经济学方面的依据[5]。

在这种背景下，公共活动中心区在城市中的发展，也倾向于从传统的等级式布局向均质分布的网络式布局转变。未来城市发展中的公共活动中心区布局的网络化，是对未来城市发展综合性、复杂性和联动性不断增强的一种回应，是未来城市网络化发展趋势的一种表现，也是对未来城市可持续发展需求的一种落实途径。同时，公共活动中心区布局的网络化动力，也来源于基于步行导向的公共活动中心区城市生活发展需求，即公共活动中心区作为一个相对完整的步行城市生活单位，在寻求内部步行城市生活的综合及完善的同时，也需要加强与其他步行城市生活单元之间的联系和互补。公共活动中心区的网络化连接，使这种联系和互补成为可能。因此，基于网络化联系的不同公共活动中心区之间应寻求潜在的功能、空间和城市生活特色的互补性和个性化，使每个公共活动中心区都能从与网络中其他步行城市生活单元的交互式增长中获益。

未来的公共活动中心区网络更强调网络节点之间的公共交通联系、生态开放空间联系以及信息网络联系。此外，建立不同公共活动中心区之间的连续步行网络也是必要的。以下对未来城市公共活动中心区网络化发展布局的主要途径作一展望。

7.3.1 基于邻近性发展的公共活动中心区网络化

单一公共活动中心区范围内过高密度的发展容易造成对公共活动中心区运作的负面影响，如环境过于拥挤，交通等市政基础设施难以负荷。因此，依托已有的公共活动中心区的发展，常常产生溢出效应，一些难以插入现有的公共活动中心区发展架构的功能，就有可能在公共活动中心区的附近形成新的集聚，从而带动新的公共活动中心区架构的发展。依托现有公共活动中心区的新中心区发展，可以最大限度地利用既有的城市基础设施和人气资源；并且，只要在功能和空间上形成与现有公共活动中心区的错位发展，并不会影响现有公共活动中心区的繁荣和活力。相反，相邻的公共活动中心区可以通过各种联系，可以形成更大尺度的功能混合和空间协调发展，如下曼哈顿金融中心区与中城区事务办公区的双中心由著名的第五大街串接在一起。整个中心区复合有商务办公、金融、专业服务、会议及展览、酒店及配套公寓、娱乐、文化休闲、高档零售等多种功能，表现出明显的丰富性。这种模式尤其适合于在各主要大中城市的中心城区发展。中心城区由于土地价值较高，现有发展较为紧凑，且在步行可达范围内多自然形成功能混合的架构，这为在中心城区基于邻近性的互相支持、互相促进的公共活动中心区网络的形成提供了可能性。

通过有效的步行联系，有可能在相互邻近的公共活动中心区之间，形成充满活力的边界，尤其是在功能互补的公共活动中心区之间，边界常常成为激发新的活动和联系的场所。这种充满活力的边界的存在，客观上促进了城市内部步行城市生活发展的连续性，避免人为地将公共活动中心区分割成为连续城市环境中的城市孤岛。因此，基于邻近性的公共活动中心区网络之间往往是相互交叠的，而不是完全的彼此相互脱离的关系，相邻公共活动中心区之间的交集也可能存在丰富的城市功能和空间意义，它有可能形成类似模式语言中的所谓边缘核心区域，它可能是多个公共活动中心区共享设施布置的最佳位置，也可能是公共活动中心区之间最具活力的城市公共区域（图7-3）。

基于邻近性发展的公共活动中心区网络，往往有可能形成更大尺度的城市中心区。在这种情况下，基于邻近性发展的公共活动中心区网络，也需要强有力的联系纽带，如连续的步行网络、自行车网络以及短途公交网络等等，都是建构基于邻近性的公共活动中心区网络的有效手段。

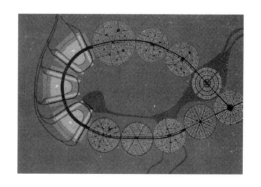

图 7-3　基于邻近性的公共活动中心网络
示意——步行城市及其管区示意图
来源：《世界建筑导报》2000 年
第 1 期 "步行城市"

7.3.2 基于大容量公共交通联系的公共活动中心区网络化

公共活动中心区公交枢纽化策略的落实，有利于建立联系不同等级公共活动中心区的公交网络。通过城市公共交通服务系统化、网络化的发展，推动基于公共交通枢纽节点的不同等级和类型的公共活动中心区的有效衔接和互动，进而推动基于大容量公交网络的公共活动中心区网络化发展。

基于不同公交枢纽节点发展的公共活动中心区，也有可能发展成为城市中不同等级的公共活动中心区（如城市主次中心、新城中心、分区中心、邻里中心等等）。以2003年的澳大利亚墨尔本规划为例，其市域范围内的城市公共活动中心区体系中的一个核心区域（CBD）、25个一级区域中心（新城中心）、79个次级区域公共活动中心区以及900多个邻里中心，基本上都接近或结合轨道交通站点布置。这样，在提高公共活动中心区的可达性的同时也促进了轨道交通的搭乘率的提高[6]。

新加坡在1991年的概念规划修订版中，提出了星状规划（"Constellation"）的中心体系（图7-4），以取代原有的城市环状规划（Ring Concept）。星状规划表现为以CBD为核心的放射状和潮汐状扩散相结合形成的中心网络，各中心之间通过MRT（Mass Rapid Transit）和其他公共交通相互连接。新规划的MRT站点也将由现在的48个增加到130个。结合高效的轨道服务，MRT将主要的居住和就业中心联系起来，通过公交车和轻轨线将MRT站点和附近的居住、工作、商业区以及不在轨道交通服务范围之内的地区联系起来。以Sengkang新城为例，平均每0.6公里一站，确保至少70%的家庭在站点周围400米范围之内[7]。新加坡的多中心网络状公共活动中心区规划，以及基于各级公共活动中心区及普通社区之间的多层级公交网络联系，有利于推动城市范围内更多的基于步行和公交服务的公共活动中心区发展架构的形成，也通过建构基于MRT站点的步行城市生活"核"，推动整体城市生活方式的"步行化"转型。

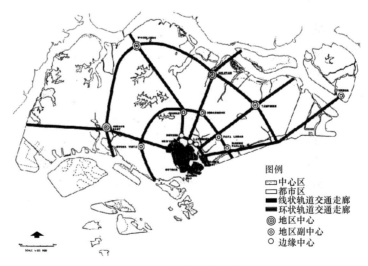

图例
□ 中心区
□ 都市区
■ 线状轨道交通走廊
■ 环状轨道交通走廊
◎ 地区中心
◉ 地区副中心
○ 边缘中心

图7-4　新加坡星状规划图

来源：The Transit Metropolis-A Global Inquiry, p. 174

我国目前一些大中城市正处于发展轨道交通的起步或完善阶段，一些都市群之间也正在推动城际快速轨道交通的规划和建设，如果这些高等级的城市轨道交通站点的布局能够和现有各级公共活动中心区节点布局相衔接，或者通过轨道交通站点的战略性选址，带动新中心节点的发展，并且依托既有的和新中心节点发展公共活动中心区的架构，将有利于以轨道交通网络为基础，以多层次公交枢纽节点为依托，形成基于城市公交网络的公共活动中心区网络，进而形成基于公共活动中心区集聚和放射的步行城市生活网络。

笔者以为，依托公交枢纽的公共活动中心区网络化发展，有利于在有限的发展空间限制下通过科学合理的规划，来引导城市的高效益和可持续发展；也有利于基于可持续发展背景的城市生活"步行化"导向和转型。因此，基于公交枢纽网络的公共活动中心区网络，也是未来我国大城市空间结构发展和演化的新趋势（图 7-5）。

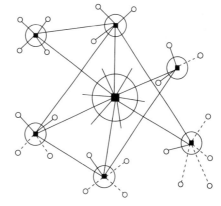

图 7-5　基于轨道交通的公共活动中心网络化
来源：the transit metropolis

7.3.3　基于城市生态和步行网络联系的公共活动中心区网络化

基于生态网络的公共活动中心区网络化，即在不同的公共活动中心区之间，以连续的城市生态网络进行衔接，形成不同公共活动中心区之间的生态网络联系。如多伦多的发现之旅是贯穿整个城市的多条绿色生态网络（包括市中心的发现之旅）。众多的社区通过绿色生态网络连接在一起。人们可以从每个社区，方便地进入发现之旅，享受自然生态空间，并可以方便到达与生态网络相连的其他社区。多伦多的发现之旅启示我们，通过城市中的步行和开放空间网络的建构，可以形成不同公共活动中心区之间的生态网络联系，也使每个公共活动中心区都可能便捷地与绿色生态网络相衔接。

欧美城市发展中也有类似的发展设想，如斯坦因（C. Stein）的区域城市（Regional City）理论是一种类似的基于生态网络的公共中心网络化模式。斯坦因的"区域城市"由若干社区（Community）组成，每个社区都具有支持现代经济生活和城市基本设施的规模。每个社区除了居住的功能外，还具备一至几项为这个组群服务的专门职能——工业和商业，文化和教育，金融和行政，娱乐和休闲。社区的周围有自然绿地环绕，既保持良好的环境，又控制社区的向外蔓延[8]。

法国建筑师鲍赞巴克曾经提出一种"开放式"街区的概念，他认为在传统城市的内向城市空间和现代主义宣扬的"公园中的高楼"之间，存在着"第三时间段"的形态，即集中的街坊和花园绿地交替出现、互相渗透，从而呈现出一种新的形态。同样，如果将街坊的单位扩大到公共中心，城市有可能呈现出各种类型的公共中心之间穿插以生态绿色开放空间的格局，高密度紧凑发展单元与自然开放空间交替出现，紧密联系，使每个公共中心既能形成繁华的城市生活氛围，又能最便捷地与自然生态环境接触。

我国学者俞孔坚在城市地段开发的网格模式中，提出通过建立绿色格网，将区域生态基础设施（Ecological Infrastructure）的生态服务功能导入城市肌体。绿色格网由以下几部分组成：绿干（区域 EI 廊道）、绿枝（与区域 EI 相连接的绿带）、绿脉（将生态系统的服务功能导入城市肌体）以及绿叶（公园绿地斑块，配送和滞留生态服务功能）[9]。通过这种绿色格网的建立及其与公共活动中心区内部生态系统的紧密衔接，可以在很大程度上缓解城区高密度开发给城市环境带来的负面影响，并且使城区的生态资源可以为多数人共享，而不是成为某些阶层及其豪华社区的装饰品。绿色格网和紧凑的公共活动中心区相结合，可以成为未来城市公共活动中心区网络化连接的一种可行的模式。如在柏林的中心区域规划中，绿色开放空间也成为联系波茨坦广场公共活动中心区、行政办公区以及新的 LehrterBahnhof 火车站公共活动中心区的纽带之一（地下轨道交通网络也同时将这三个公共活动中心区联系在一起）（图 7-6）。深圳前海中心区规划实施方案，利用现有城市水体设置了指状水廊道开放空间网络，该网络在将前海中心区划分为四个密集开发区块的同时，也将这些潜在的步行城市生活单元用生态网络紧密连接成为一个整体（图 7-7）。

图 7-6　柏林中心区域鸟瞰
来源：《Info Box The Catalogue》，p. 29

图 7-7　深圳前海中心区城市设计竞赛 James Corner 中标方案
来源：前海湾滨海休闲带及水廊公园景观详细规划，2012 年

在步行城市建构的大背景下，城市整体层面步行网络的建构也逐渐受到重视。城市整体步行网络（包括自行车网络）的建构，有利于强化不同节点的步行城市生活核心作用，并将各级公共活动中心区连接成城市层面的步行网络。城市整体步行网络往往与生态网络相交或重叠，从而成为公共活动中心区网络化布局的重要联系纽带之一。

7.3.4　基于信息网络联系的公共活动中心区网络化

在网络化、信息化发展趋势下，未来的公共活动中心区也将是各种信息流汇聚的中心，并通过强大的信息网络与其他公共活动中心区相互联系，每个公共活动中心区都有可能形成全球化信息网络的一个枢纽或节点，实现与全球各地的实时信息交流。

将现代信息社会信息交流的便捷性和人们面对面的交流紧密结合，成为未来公共活动中心区城市生活方式的新特征、新趋势。公共活动中心区内部既有各种面对面交往的公共社区交往，同时又通过现代信息网络相互联系，发展多样化的虚拟社区网络。需要明确的是，现代信息网络的高度发展，并不会降低人们面对面交往的需要和频率，相反，网络为不同背景、不同区位却具有相同爱好和兴趣人群的相识和交往，提供了更广阔的虚拟空间，也为现实环境中面对面的交往机会的增加提供了新的可能性。

同时，在未来的公共活动中心区步行城市生活空间中，各种信息化交流工具日趋普遍，如公共空间中的免费上网设备，实时的电子屏幕信息播放，个人的智能手机上网以及电脑无线上网等等，都使未来公共活动中心区的步行城市生活无时无刻不受到信息网络的渗透。

未来城市公共活动中心区的网络化编织，将有可能是上述一种网络化发展形式的运用，或者是多种网络化编织形式综合和互动的结果。公共活动中心区的网络化联系，源于公共活动中心区步行城市生活的相互联系和互补的需要，公共活动中心区的网络化发展，将为步行城市的建构奠定坚实的基础。

7.4 推动公共活动中心区基于步行导向的特色化发展

在后工业发展的背景下，未来的城市公共活动中心区都面临城市其他公共活动中心区、其他区域以及全球范围内类似职能公共活动中心区的发展竞争。全球化、信息化的发展趋势使这种竞争趋于常态化、白热化，未来每个城市公共活动中心区，作为一个完整的步行城市生活发展单位，都面临如何在激烈的竞争中保持优势和吸引力的挑战。从吸引步行者及其活动的视角出发，每个公共活动中心区都有必要寻求自身的发展优势和特色，增强自身在功能服务、空间环境、人文生态等层面的特色和竞争力，才能在激烈的城市竞争中保持应有的地位。在这种背景下，公共活动中心区的特色化发展，或者特色化生存，将成为未来公共活动中心区发展的趋势之一。

7.4.1 公共活动中心区依托新兴职能融入的功能特色发展

未来城市发展向后工业社会的转型，以及信息化的发展，将持续而深刻地改变公共活动中心区职能的构成和运作方式。由于信息化、产业化发展带来的新型职能的融入，为公共活动中心区带来功能特色化发展的新潜能。如高新技术产业、第三产业和生产服务性行业的发展，创意产业、设计产业的集聚，时尚文化产业的催生等等。未来的城市综合公共活动中心区，不仅仅是传统产业的兼容和完善，更强调新型产业的催化和创新。公共活动中心区的竞争、开放的城市环境为优秀人才的聚集、交往和交流，以及新思想、新理念的碰撞和孕育提供了良好的软硬环境，从而使公共活动中心区成为城市发展最新动向的展示场所，以及创新发展的源泉和基地。当前国内一些城市已经预见到这些新职能融入对传统城市区域带来的新发展机遇。如上海就提出依托高等院校集中的杨浦区，发展特色创意产业园区的规划设想。而一些城市中趋于衰败的传统工业区，由于租金便宜、空间灵活、位置适中，也成为各种中小企业集聚的创业园区，或者逐步发展成为艺术家们集聚的文化艺术区，如北京的 798 地区等等。这些新型的知识型、创意型产业的引入，可以使公共活动中心区的传统产业空间获得更高的附加值，从而激发公共活动中心区功能发展的新活力。

总之，在功能混合的前提下，未来的公共活动中心区将利用潜在的新职能融入的机会，形成公共活动中心区的产业或功能特色，以增强公共活动中心区功能结构的竞争力。

特色新职能的引入，应着眼于发挥公共活动中心区的潜质，使公共活动中心区潜在资源的发挥利用最大化。为了培育和支持特定公共活动中心区的特色职能的发展，政府可以通过各种优惠政策，鼓励相关产业进入特定公共活动中心区。公共活动中心区内部的民间联合组织，也可以发挥特殊作用，如阻止不适宜的产业或发展进入本公共活动中心区，通过民间联合共同促进特色职能的形成和发展等等。公共活动中心区特色职能的形成和发展过程中，市场的自发检验，公共活动中心区民间组织与政府规划管理部门的互动都必不可少。

7.4.2 公共活动中心区依托日常城市生活的场所特色发展

公共活动中心区日常城市生活空间及依附其中的人文场景和活动，是地方化城市生活和人文生态的一面折射镜，是公共活动中心区空间意象特色化的地方源泉。因此，公共活动中心区场所意象的特色化，不能只关注大尺度的宏观空间巨构，而应将更多的关注转向公共活动中心区的各种日常城市生活空间。

当前我国城市许多公共活动中心区，正在逐步丧失自身的地方性特色：要么是千篇一律的国际化的建筑样式和布局，要么是对传统建筑"风貌"的拙劣模仿，也有一些历史风貌保护公共活动中心区，试图以表面化、抽象化的"文化遗产"来招徕游客。大量的"旧城更新改造"使我国城市的传统建筑风貌特色流失严重，以至于有人惊呼，拥有数千年历史的多数中国城市，还没有建国仅两百年的许多美国城市"古老"。相反，在一些名不见经传的普通旧城区（正因为其普通，还没有吸引开发商的眼球，也没有纳入大规模旧城改造的范围，其地方性特色才得以发展延续），我们却能感受到浓郁的古朴民风，鲜活的市井生活以及普通但却让人备觉温馨的日常城市生活场景。

对当前我国许多传统城市公共活动中心区的大规模更新改造的反思，使越来越多的人意识到公共活动中心区地方性环境保护和延续的重要意义。渐进和有机更新思潮的逐步主流化，为传统城市公共活动中心区历史人文特色的延续带来了一线希望。未来城市发展中对传统和地方资源的保护意识将不断增强，对人文生态保护的理解也将不断深化。人们逐渐意识到，由历史建筑和特定人文资源形成的人文特色，也包括在其中活动的人群和多样化的活动所赋予的文化和场所内涵。对传统社区文化和历史遗产的挖掘、保护应该和公共活动中心区的城市生活再生并重。

基于对地方性环境保护意识和策略的转向，未来的公共活动中心区发展将强调基于地方性的空间场所的保护和营造。城市生活环境的重建有赖于每个地方环境的特色和可识别性。没有识别性，城市环境就会迷失在雷同或类似环境的简单重复组合之中。这种可识别性，并不一定是规划或全面更新所能带来的，相反，自发的或渐进的发展更有利于地方性场所和人文精神的积累、沉淀和不断地进行自我更新。

在保持和延续地域性特色的同时，公共活动中心区同样可以在引领时代特色方面发挥独特作用。如通过对历史建筑的保护或适宜的再利用，将新的开发与历史建筑、风土人群和地形特征之间建立人文和意象链接，使当地的自然景观、人文遗产和当今都市核心的生活时尚、新兴产业和生活方式相互融合，相得益彰，使当地传统和多样化的外来文化相互兼容，激励新的独具特色的人文发展。

总之，未来公共活动中心区对空间意象的特色化追求，除了反映后工业信息社会的影响以外，将更注重日常城市生活空间的品质和人性化关怀以及地方化环境特色的发展。这些都有赖于基于步行导向的城市设计的引导和推动。

7.4.3 公共活动中心区依托信息网络的后工业人文生态特色发展

在网络化、信息化发展趋势下，未来的公共活动中心区也将是一个信息化社区，未来的公共活动中心区有可能作为城市非物质流信息网络的一个枢纽或节点，建立与外界联系的虚拟网络节点，作为城市信息转换和交流的枢纽。

随着未来城市居民生活方式的改变，未来居民将有更多的时间待在所处的居住/就业社区，与单一的居住社区或就业社区相比，未来综合社区内部的人文交往将更为频繁，交往范围更为广泛。人们可能在社区内部讨论日常生活起居的琐事，也可能因为各种工作上的需要相互沟通和交流，并进而有可能产生新的创业机会。

未来随着信息化、网络化的发展，除了基于实体社区的人际交往，人们还有可能借助网络化的虚拟社区，拓展和延伸个人的社会交往空间。虚拟的社区网络，建立了日常活动社区以外的多元化城市生活和交往可能，也同时可以充当实体社区居民之间交往、交流的有效工具。目前，我国一些城市社区利用社区网络，来推动一些社区事务，召集社区活动，征求社区居民意见和建议，发布社区信息，组织社区维权等等，已经显示出了社区网络在维系和强化社区居民之间交往的有效作用。这种趋势，随着城市和社区事务发展的公开化、民主化进程的不断演进，将会持续强化。

新的交流和交往方式，会催生基于后工业社会背景的新人文生态的形成和发展。网络交往平台和现实城市空间相互结合，相互补充，也强化了社区交往的频度和深度。公共活动中心区作为一个多样化人群频繁互动特征明显的社区，将在这种新交往平台的推动下，激发各具特色的人文新景观和新生态。

7.5　本　章　小　结

本章在对后工业化城市发展背景和发展趋势分析的基础上，对我国城市公共活动中心区的基于步行导向的城市设计发展趋势进行了初步探讨和展望，主要包括推动基于步行导向的集核化、生态化、网络化和特色化发展。其中，集核化发展体现了基于步行导向的公共活动中心区步行城市生活集聚化发展趋势，并逐渐形成立体化、集约化、交织化发展的步行城市生活"核"。生态化发展体现出基于集核化的发展趋势，在公共活动中心区的开发建设中更强调可持续的规划和建筑设计。基于日常城市生活需求的生态化、精致化环境品质塑造，以及生态、可持续的整体管控和运营模式等。基于后工业化城市发展模式转型，未来城市公共活动中心区发展将呈现网络化的发展趋势，具体表现为基于大容量公共交通网络的公共活动中心区网络化，基于城市生态和步行网络的公共活动中心区网络化以及基于信息网络的公共活动中心区网络化等等。公共活动中心区的网络化发展，将加强以公共活动中心区为代表的步行城市生活单位之间的联系和互动，有效推动整体步行城市的建构。公共活动中心区的特色化发展，是在公共活动中心区日趋网络化布局基础上的一种必然趋势，也是各公共活动中心区吸引使用者并持续保持步行城市生活活力的有效发展策略之一。

本章注释

［1］ 参考北京市规划委员会、北京市人民防空办公室、北京市城市规划设计研究院主编. 北京地下空间规划［M］. 北京：清华大学出版社，2006：76。

［2］ 赵力. 德国波茨坦广场的城市设计［J］. 时代建筑，2004，（3）：118-123。

［3］ Info Box-the Catalogue. Berlin：NishenKommunikation GmbH & Co KG，1998：230-287。

［4］ SEFC 政府网站 http：//www. city. vancouver. bc. ca/commsvcs/southeast/

［5］ 理查德·罗杰斯、菲利普·古姆齐德简著，仲德崑译. 小小地球上的城市. 中国建筑工业出版社，［8］任春洋. 大都市地区轨道交通与公共活动中心区互动耦合研究——以上海为例［D］. 上海：同济大学，2005：67。

［6］ RobertCevero，The Transit Metropolis-A Global Inquiry，Washington D. C. ：Island Press，1998：173-174。

［7］ 李翅. 走向理性之城——快速城市化进程中的城市新区发展与增长调控［M］. 北京，中国建筑工业出版社，2006：191。

［8］ 任春洋. 大都市地区轨道交通与公共活动中心区互动耦合研究——以上海为例［D］. 上海：同济大学，2005：67。

［9］ 俞孔坚、李迪华、刘海龙等. "反规划"之台州案例［J］. 建筑与文化，2007，（1）：20-23。

结　语

　　城市公共活动中心区作为城市发展的重要核心和节点，在步行城市建构中具有举足轻重的作用和示范效应。城市公共活动中心区步行城市生活的发展，适应我国城市可持续发展的需求，也是城市和谐发展的一个重要展示窗口。城市公共活动中心区步行城市生活活力如何，是步行城市建构的重要表现之一。

　　当前我国城市，从政府到社会民众，都对各级公共活动中心区的开发建设表现出高度重视和关注。一方面，各级公共活动中心区的开发建设，对完善城市功能，塑造城市形象，增强城市综合竞争力有直接的推动作用；另一方面，各级公共活动中心区也与城市居民的生活需求满足及生活品质的提升有直接的切身利益。在大量公共活动中心区开发建设中，有不少成功的案例，但也暴露出诸多的矛盾和弊端。笔者经过大量的调查分析，认为公共活动中心区发展中存在的许多问题，很大程度上与缺乏基于步行城市生活的发展和整合意识有关，因而提出基于步行导向的公共活动中心区城市设计研究课题。

　　基于步行导向的公共活动中心区城市设计研究，试图从关注步行者和日常城市生活空间的视角，对公共活动中心的多向度发展进行重新审视，并运用城市设计特有的整合作用，综合公共活动中心区的各种城市生活发展要素和资源，重塑公共活动中心区的步行城市生活活力。

　　本书基于步行导向的城市设计研究，首先从公共活动中心区与步行城市生活发展相关的三个基本城市设计维度——功能、空间和交通维度的整合切入，提出基于步行导向的功能融合、空间编织以及交通协同发展目标，并基于相关问题和机制的分析，提出相应的分维度整合模式和策略。在分维度城市设计分析的基础上，本书从多维度整合、多层次整合以及多方利益整合三个不同视角，对基于步行导向的城市设计整合进行多方位的综合分析，试图建立基于步行导向的公共活动中心区整体城市设计框架，并归纳总结基于步行导向的相关城市设计成果的综合落实策略。最后，本书对我国城市公共活动中心区基于步行导向的城市设计发展趋势进行了展望。

　　本书提出基于步行导向的综合城市设计视角，是对已有相关研究的一种拓展和突破。本书提出的基于步行导向的城市设计，是一种基于步行城市生活及其活力塑造的综合城市设计理念，既涉及公共活动中心区整体的功能、空间和交通整合，也与区内的人文和谐以及历时性的动态发展演变息息相关，并具有综合性的人本化内涵、活力内涵、可持续发展内涵以及多种交通出行模式之间的综合协同内涵。因此，基于步行导向的综合性城市设计理念的提出，对当前我国公共活动中心区城市设计理论研究和实践的转向，具有积极的引导意义。

　　在此基础上，本书提出以街坊/地块作为公共活动中心区步行城市生活整合基本单位的研究思路，并提出针对性的城市设计整合策略。以街坊/地块为基本单位的步行城市生活整合研究，既强调街坊/地块外部支持步行的公共城市生活领域的发展整合及系统优化，也鼓励每个街坊/地块内部开发具有更多的城市整体发展意识，使各街坊/地块内部与城市发展之间建立多层次的联系、渗透、交融和互动，进而对区内乃至城市整体的步行城市生活发展作出贡献。

随后，基于公共活动中心区步行城市生活整合的特点、目标和原则，本书从多维度、多层次以及多方利益整合等视角切入，综合梳理了公共活动中心区基于步行城市生活的多方位整合，在多维度的城市设计整合中，强调区内多维度要素的交织互动、渗透融合以及综合协同；在多层次的城市设计整合中，强调整体城市设计结构的确立、环环相扣的开发导控、动态持续的城市设计反馈以及相关城市设计成果的微观落实；在多方利益的整合中，既分析了政府、开发商和公众等不同利益主体的沟通协调及合作策略，也重点讨论了第三方协调机构的引入和基于步行城市生活发展的触媒联动策略。未来基于步行导向的公共活动中心区城市设计研究，可以在上述基本研究框架的基础上，对相关的城市设计课题和发展趋势进行进一步的深化研究，不断充实和完善既有的理论框架。

通过相关研究，笔者意识到，基于步行导向的城市设计努力，能够从公共活动中心区步行城市生活活力塑造出发，有效整合区内多样化的步行城市生活资源，提升区内各发展单位的发展联动和综合发展效益。同时，基于步行导向的公共活动中心区城市设计，也受到众多外部发展环境和条件的制约，单纯依靠城市设计的努力还远远不够，需要借助强有力的外部支持条件，才能保障基于步行导向的城市设计成果的有效落实。这些外部支持条件包括：

（1）科学决策支持

在多数公共活动中心区开发由政府主导推动的背景下，政府领导及相关管理部门的科学决策，可以为基于步行导向的城市设计研究和落实，创造良好的政策和决策环境。科学决策首先建立在正确的指导思想基础上，如果缺乏人性化的城市建设理念，缺乏对普通公众和弱势群体的关怀和服务意识，而单纯地以经济利益为主导，或者以政绩意识和部门利益为出发点，普通市民和公众的权利、利益以及诉求，就很难得到应有的考虑和公正的对待，基于步行导向的城市设计也就无从谈起。其次，科学决策有赖于民主的决策过程，一些公共活动中心区的发展决策常常由政府领导拍板，开发管理部门往往沦为领导意图的忠实执行者，公众参与仅仅作为一种过场或形式，基于步行导向的城市设计的内在运行机制就难以落实，容易变成一种口号或宣传。同时，缺乏民主的决策过程，各方利益团体的诉求就缺乏畅通的渠道，也容易在实施落实过程中遭遇本可避免的阻挠或反对，造成不必要的内耗或反复。最后，主要决策者是否支持基于步行导向的城市设计理念，能否从高高在上的精英决策者身份转向与多方进行沟通和协调的城市设计参与者身份，也是基于步行导向的城市设计实践和成果落实的主要前提条件。

（2）公共空间系统规划支持

上层次规划应努力创造基于步行导向的城市设计的良好条件，如对城市整体的公共空间网络和步行系统的规划，或者形成引导各方共同参与步行城市生活塑造的良好激励机制。当前我国城市设计实践中，不乏以城市环境改善为目标的单项城市设计实践，但由于缺乏整体的公共空间和步行系统规划，这些相互孤立的城市设计努力，难以形成更大范围步行城市生活的整体发展和联动。

（3）公共交通发展支持

基于步行导向的城市设计，需要强有力的公交优先政策和公共交通网络的支持。公共活动中心区的交通协同发展，在很大程度上有赖于外部大容量公共交通的支持。如果城市的功能、空间发展和整体交通政策，能够实现有效的联系和互动，将促进区内步行城市生活的发展和繁荣。

可见，基于步行导向的公共活动中心区步行城市生活发展，是一种复杂综合的系统运作。城市设计在其中能够发挥积极的能动整合作用，但也需要相关支持条件的形成和发展。因此，基于步行导向的城市设计需要全方位的综合努力。

总之，公共活动中心区基于步行导向的城市设计整合研究，涉及多层面的政治、经济、人文、政策及投资因素，需要运用综合性的城市设计整合理念，推动公共活动中心区内各种发展要素的相互协调、激发和优化，共同形成推动区内步行城市生活发展的合力。同时，笔者也意识到，在现有的研究中，还有诸多不足，如限于时间、精力和篇幅，对一些层面的研究需要在后续的专题研究中进一步深化和完善。

参 考 文 献

英文文献

［1］ WayneAttoe and Donn Logan. American Urban Architecture—Catalysts in the design of Cities ［M］. Berkeley：University of California Press 1989.

［2］ Eberhard H. Zeidler. Multi-use Architecture in the Urban Context ［M］. New York：Van Nostrand Reinhold，1985：13.

［3］ Jon Lang. Urban Design-the American Experience ［M］. New York：Van Nostrand Reinhold，1994.

［4］ Jon Lang. Urban Design-A Typology of Procedures and Products ［M］. London etc.：Architectural Press，2005.

［5］ Jonathan Barnett. An Introduction to Urban Design ［M］. New York：Ledgebrook Associates Inc. 1981.

［6］ Info Box-the Catalogue. Berlin：NishenKommunikation GmbH & Co KG，1998.

［7］ FrancisTibbalds. Mind the Planner ［M］. March 1988.

［8］ Mike Jenks and Nicola Dempsey. Future Forms and Design for Sustainable Cities ［C］. Burlington：Architectural Press，2005.

［9］ Eberhard H. Zeidler. Multi-use Architecture in the Urban Context ［M］. New York：Van Nostrand Reinhold，1985.

［10］ RobertCevero. The Transit Metropolis-A Global Inquiry ［M］. Washington D. C.：Island Press，1998.

［11］ Ebenezer Howard. Garden Cities of Tomorrow ［M］. Massachusetts Institute of Technology，Cambridge Massachusetts：The M. I. T. Press，1965.

［12］ Stephen Marshall. Street Patterns ［M］. London and New York：Spon Press.

［13］ Brian Richards. Future Transport in Cities ［M］. London and New York：Spon Press，2001.

［14］ Alexander Garvin. The American Cities：What works，What doesn't ［M］. New York：McGraw Hill，1995.

［15］ Barry J. Simpson. City Center Planning & Public Transport ［M］. Van NostrandReinhold (UK)，1998.

［16］ Urban Redevelopment Authority，Singapore Government. Downtown Core Area Planning Report，1996：36.

［17］ Jeffrey M. Casello1 and Tony E. Smith. Transportation Activity Centers for Urban Transportation Analysis，Journal of Urban Planning and development，2006：（12）：p247-57.

［18］ Edited by Dr. JiaBeisi. Dense Living Urban Structure：Selected Papers of the International Conference on Open Building ［C］. Hongkong：The University of Hongkong，2003.

中文文献

[1] 梁江，孙晖. 模式与动因——中国城市中心区的形态演变［M］. 北京：中国建筑工业出版社，2007.

[2] ［美］约翰·波特曼，乔纳森·巴尼特. 波特曼的建筑理论与事业［M］. 赵玲，龚德顺译. 北京：中国建筑工业出版社，1982.

[3] ［加拿大］简·雅各布斯. 美国大城市的死与生［M］. 金衡山译. 南京：译林出版社，2005.

[4] 高源. 美国城市设计运作研究［M］. 南京：东南大学出版社，2006.

[5] 哈米德·胥瓦尼. 都市设计程序［M］. 谢庆达译. 台北：创兴出版有限公司，1990.

[6] ［美］刘易斯·芒福德. 城市发展史——起源、演变和前景［M］. 宋俊岭，倪文彦译. 北京：中国建筑工业出版社，2005.

[7] 中国社会科学院语言研究所词典编辑室编著. 现代汉语词典［M］. 北京：商务印书馆，2005.

[8] 卢志刚主编. 城市取样 1X1［M］. 大连：大连理工大学出版社，2004.

[9] ［英］克利夫·芒福汀. 绿色尺度［M］. 陈贞，高文艳译. 北京：中国建筑工业出版社，2004.

[10] 韩冬青，冯金龙编著. 城市·建筑一体化设计［M］. 南京：东南大学出版社，1997.

[11] ［英］理查德·罗杰斯，菲利普·古姆齐德简. 小小地球上的城市［M］. 仲德崑译. 北京：中国建筑工业出版社，2004.

[12] 沈磊，孙洪刚. 效率与活力——现代城市街道结构［M］. 北京：中国建筑工业出版社，2007.

[13] 龙固新主编. 大型都市综合体开发研究与实践［M］. 南京：东南大学出版社，2005.

[14] ［英］肯尼斯·鲍威尔. 城市的演变——21 世纪之初的城市建筑［M］. 王珏译. 北京：中国建筑工业出版社，2002.

[15] ［英］Matthew Carmona Tim Heath TanerOc et al. 城市设计的维度·公共场所——城市空间［M］. 冯江，袁粤，傅娟等译. 百通集团：江苏科学技术出版社，2005.

[16] ［英］弗朗西斯·蒂巴尔兹. 营造亲和城市——城市公共环境的改善［M］. 鲍莉，贺颖译. 北京：知识产权出版社，中国水利水电出版社，2005.

[17] ［英］大卫·路德林，尼古拉斯·福克. 营造 21 世纪的家园——可持续的城市邻里社区［M］. 王健、单燕华译. 北京：中国建筑工业出版社，2005.

[18] ［美］苏珊·戈瑞. 向大师学习——建筑师评建筑师［M］. 谢建军，李媛译. 北京：知识产权出版社，中国水利水电出版社，2004.

[19] 中国城市规划设计研究院，建设部城乡规划司主编. 上海市城市规划设计研究院第五分册主编. 城市规划资料集（第 5 分册城市设计上）［M］. 北京：中国建筑工业出版社，2005.

[20] 童林旭. 地下空间与城市现代化发展［M］. 北京：中国建筑工业出版社，2005.

[21] 潜心细绘京城蓝图. 北京市城市规划设计研究院优秀规划设计作品集［M］. 南京：东南大学出版社，2007.

[22] 胡宝哲. 东京商业中心改建开发［M］. 天津：天津大学出版社，2001.

[23] ［丹麦］扬·盖尔，拉尔斯·吉姆松. 公共空间·公共生活［M］. 汤羽扬等译. 北京：中国建筑工业出版社，2003.

[24] 北京市商务公共活动中心区建设管理办公室编. 北京商务公共活动中心区规划方案成果集

［M］. 北京：中国经济出版社，2001.

［25］ 唐恢一. 解析城市交通［M］. 哈尔滨：哈尔滨工业大学出版社，2001.

［26］ 李沛. 当代全球性城市中央商务区（CBD）规划理论初探［M］. 北京：中国建筑工业出版社，1999.

［27］ ［美］理查德. 马歇尔，沙永杰编著. 美国城市设计案例［M］. 北京：中国建筑工业出版社，2004.

［28］ 上海陆家嘴（集团）有限公司编著. 上海陆家嘴金融公共活动中心区规划与建筑——国际咨询卷［M］. 北京：中国建筑工业出版社，2001.

［29］ 陆化普编著. 解析城市交通［M］. 北京：中国水利水电出版社，2001.

［30］ 李翅. 走向理性之城——快速城市化进程中的城市新区发展与增长调控［M］. 北京，中国建筑工业出版社，2006.

［31］ ［英］拉斐尔·奎斯塔，克里斯蒂娜·萨里斯，保拉·西格诺莱塔. 城市设计方法与技术［M］. 杨至德译. 北京：中国建筑工业出版社，2006.

［32］ ［美］唐纳德·沃特森，艾伦·布利特斯，罗伯特·G·谢卜利. 城市设计手册［M］. 刘海龙，郭凌云，俞孔坚等译. 北京：中国建筑工业出版社，2006.

［33］ 罗竹风主编. 汉语大词典简编［M］. 上海：汉语大词典出版社，1998.

［34］ ［美］C·亚历山大等著. 城市设计新理论［M］. 陈治业，童丽萍译. 北京：知识产权出版社，2002.

［35］ ［英］阿萨德·沙西德，约翰·亚伍德著. 打造全球化城市——合乐的城市规划和城市设计探索［M］. 汪蓓译. 北京：中国电力出版社，2008.

［36］ ［美］柯林·罗，弗瑞德·科特. 拼贴城市［M］. 童明译. 北京：中国建筑工业出版社，2003.

［37］ 李少云. 城市设计的本土化——以现代城市设计在中国的发展为例［M］. 北京：中国建筑工业出版社，2005.

［38］ 北京市规划委员会、北京市人民防空办公室、北京市城市规划设计研究院主编. 北京地下空间规划［M］. 北京：清华大学出版社，2006.

［39］ 潘海啸，任春洋. 轨道交通与城市公共活动中心区体系的空间耦合关系研究——以上海市为例［J］. 城市规划学刊，2005，（4）：76-82.

［40］ 王朝晖. "精明累进"的概念及其讨论［J］. 国外城市规划，2000，（3）：34.

［41］ 邹兵. "新城市主义"和美国社区设计的新动向［J］. 国外城市规划，2002，（2）：36.

［42］ 赵燕菁. 从计划到市场：城市微观道路——用地模式的转变［J］. 城市规划，2002，（10）：24-30.

［43］ 孙施文. 公共活动中心区与城市公共空间——上海浦东陆家嘴地区的规划评论［J］. 城市规划，2006，30（8）：66-74.

［44］ 刘云月，刘颖. 城市运营关键词——中美现代城市开发的历史与历时链接［J］. 新建筑，2005，（1）：12-16.

［45］ 周卫华. 重建柏林——联邦政府区和波茨坦广场［J］. 世界建筑，1999，（10）：26-31.

［46］ 黄鹭新. 香港特区的混合用途与法定规划［J］. 国外城市规划，2002，（6）：49-52.

［47］ 孙翔. 新加坡"白色地段"概念解析.［J］. 城市规划，2003，（7）：51-56.

[48]　孙凌波，伯尼奥－斯波仑伯格，阿姆斯特丹，荷兰 [J]. 世界建筑，2005，(7)：112-116.

[49]　李志明. 从"协调单元"到"城市编织"——约翰·波特曼城市设计理念的评析及启示 [J]. 新建筑，2004，(5)：82-85.

[50]　梁江，陈亮，孙晖. 面向市场经济机制的主动应对——深圳福田公共活动中心区 22/23-1 街坊控制性详细规划演进分析 [J]. 规划师，2006，22 (10)：48-50.

[51]　John Zacharias 著，许玫译. 蒙特利尔地下城的行人动态、布局和经济影响 [J]. 国际城市规划，2007，22 (6)：21-27.

[52]　蒋谦. 国外公交导向开发研究的启示 [J]. 城市规划，2002，(8)：82-87.

[53]　卢柯，潘海啸. 城市步行交通的发展——英国、德国和美国城市步行环境的改善措施 [J]. 国外城市规划，2001，(6)：39-43.

[54]　韩冰. 密集立体型城市与循环生长型城市——以上海真如城市副中心启动区城市设计为例 [J]. 城市建筑，2005，(11)：11-15.

[55]　李云，杨小春. 公共空间量化评价体系的实证探索——基于深圳特区公共开放空间系统的建立 [J]. 规划评论，2006，(6)：37-44.

[56]　费麟. 一个建筑师关于城市交通问题的思考 [J]. 城市规划，2003，(10)：23.

[57]　卿洵. 大范围城市设计中的规划控制 [J]. 规划评论，2004，(4)：28-33.

[58]　庄惟敏. 关于北京 CBD 规划的几点疑虑和建议 [J]. 建筑学报，2001，(10)：28-29.

[59]　杨小迪，吴志强. 波茨坦广场城市设计过程评述 [J]. 国外城市规划，2000，(1)：40-42.

[60]　李和平. 城市设计的可操作性探讨 [J]. 华中建筑，2002，(02)：79-81.

[61]　参要威. 温哥华滨水区复兴的策略机制 [J]. 建筑知识，2006，(5)：13-17.

[62]　聂耀中. 重新开发再发展项目——中航城地区的最佳规划和设计实践 [J]. 世界建筑导报，2005，(增刊)：78-80.

[63]　金广君. 城市设计的"触媒效应"[J]. 规划师，2006，(10)：22.

[64]　康旻杰. 西雅图——"都市村落"的规划与实践 [J]. 建筑师（台湾），2003，(10)：58-65.

[65]　赵力. 德国波茨坦广场的城市设计 [J]. 时代建筑，2004，(3)：118-123.

[66]　俞孔坚，李迪华，刘海龙等. "反规划"之台州案例 [J]. 建筑与文化，2007，(1)：20-23.

[67]　孙晖，梁江. 唐长安坊里内部形态解析 [J]. 城市规划，2003，(10)：66-71.

[68]　孙靓. 城市空间步行化研究初探 [J]. 华中科技大学学报（城市科学版），2005，(3)：76-79.

[69]　陈燕萍. 芝加哥市中心：一个高效益的土地利用模式 [J]. 世界建筑导报，1995，(3).

[70]　何树青. 步行者的城市 [J]. 新周刊，2002-9-12.

[71]　仲德昆. 英国城市规划和设计 [J]. 世界建筑，1987，(4)：19.

[72]　邢琰. 规划单元开发中的土地混合使用规律及其对中国建设的启示 [D]. 北京：清华大学，2005：101-102.

[73]　叶明. CBD 的功能、结构和形态研究 [D]. 上海：同济大学，1999：75.

[74]　赵勇伟. 大中型城市 CBD 综合使用街区单元城市设计 [D]. 广州：华南理工大学，1997：100-101.

[75]　任春洋. 大都市地区轨道交通与公共活动中心区互动耦合研究——以上海为例 [D]. 上海：同济大学，2005：67.

[76]　梁江，孙晖. 城市中心区的街廓初划尺度的研究 [A] // 中国城市规划学会编. 规划 50 年

——2006 中国城市规划年会论文集（中册）［C］. 北京：中国建筑工业出版社，2006.

[77] 北京市城市规划设计研究院等编. 城市规划资料集（第六分册·城市公共活动中心区）［C］.
北京：中国建筑工业出版社，2003：2.

[78] 申建丽. 前门大街的"烦恼"［N］. 21 世纪经济报道，2007-9-24.

[79] 梁江，孙晖. 城市公共活动中心区的街坊初划尺度的研究［A］//中国城市规划学会编. 规划
50 年——2006 中国城市规划年会论文集（中册）［C］. 北京：中国建筑工业出版社，2006.

[80] 东京六本木山网站 http：//www. roppongihills. com

[81] 易汉文，托马斯·莫里纳兹. 来自城市用地开发交通影响分析的模式与模型［html］. 中国交
通技术论坛（http//www. tranbbs. com），2004/11/26.

[82] http：//sc. info. gov. hk/gb/www. pland. gov. hk/p_study/prog_s/pedestrian/index_chi. html

[83] "Living First" in Downtown Vancouver，By Larry Beasley，温哥华市政府官方网站.

[84] http：//www. specialtyretail. net/issues/january00/downtown dynamics. htm

[85] SEFC 政府网站 http：//www. city. vancouver. bc. ca/commsvcs/southeast/

[86] 2005 年深圳市步行系统规划相关资料.

[87] 《深圳市中心区 22、23－1 街区城市设计文本》，SOM，1998.

[88] 《城区繁华地段将建 8 个停车场》，南方都市报，2006 年 2 月 18 日，A23 版.

后　记

近年来国内城市公共活动中心区城市设计理论研究和实践取得的成就有目共睹，同时在高密度集约发展的大趋势下，公共活动中心区规划建设既有机遇，也面临人车冲突严重、公共空间匮乏、环境品质下降等众多问题；一些新中心区建成后缺乏活力和效率的案例也并不鲜见。

在这种背景下，笔者利用在华南理工大学攻读博士学位的契机，以基于步行导向的视角，对城市公共活动中心区城市设计进行了较为系统的研究。从中心区的功能融合、空间编织、交通协同、人文发展和历时性演变等多维度入手，探讨如何通过城市设计来激发公共活动中心区日常步行城市生活及其活力，进而带动中心区的整体协同发展。

2008年博士毕业后，笔者对该课题进行了持续深入的研究，在对博士论文进行修改和完善的基础上，本书强化了基于日常步行城市生活的人文视角，研究方法上更为关注中心区的各类使用群体及其多元化的日常步行城市生活需求；在研究内容上，在完善原有物质空间环境层面的城市设计策略研究基础上，拓展了城市设计运作层面的成果落实及可操作性策略；以及中心区历时性发展和演变过程中的政策和管理协同策略等。当然也囿于个人能力，书中也难免存在不足和错漏之处，恳请广大学者和读者批评指正。

在本书完成时，回首多年来艰辛的求学和研究历程，首先要感谢我的导师何镜堂院士。导师以渊博深厚的理论学识，严谨的治学态度，丰富扎实的研究经验，对论文无论是选题确定、篇章结构、研究思路，乃至文字内容推敲进行悉心指导，使论文不断完善。同时，导师宽怀仁厚的为人之道，也将使我终生受益。在论文进展经历困难的时候，导师的关怀和鼓励，至今仍历历在目。

同时也要诚挚地感谢孟建民院士、吴庆洲教授、孙一民教授、王鲁民教授、金广君教授、孙骅声教授等在博士论文评阅和答辩过程中提出的诸多宝贵意见，也感谢深圳大学建筑与城市规划学院领导和同事们的关心和支持，以及深圳市建筑环境优化设计研究重点实验室对本书付梓出版的资助。

感谢王绍森、陈一新、黄大田、杨华、杨晓春以及学友陈纪凯、郭卫宏、刘宇波、王杨、叶伟华、杜宏武、孟丹、窦建奇、王立全等对论文及书稿提出的宝贵意见。

感谢中国建筑工业出版社的陆新之主任、许顺法编辑对本书出版的支持和帮助。

最后，特别要感谢家人对我的理解和支持，本书同样凝结了他们的心血和汗水。感谢他们一直以来的悉心照顾和默默奉献。

赵勇伟
2017年8月